架构师前沿实践丛书

计算之道

卷 III：C++语言与JVM 源码

黄　俊　总主编

赖志环　主　编

U0361806

清華大学出版社

北京

内 容 简 介

《计算之道卷 III：C++语言与 JVM 源码》是一本深入探讨计算机科学与技术的图书。本书旨在帮助读者更深入地理解计算机内部的工作原理，并探索从高级编程语言到 JVM 源码等核心概念。本书适合对计算机科学和底层技术感兴趣的读者，无论是学习计算机基础知识还是进一步扩展技术视野，都能从本书中获益良多。

在《计算之道卷 III：C++语言与 JVM 源码》中，作者以清晰易懂的语言详细介绍了高级编程语言的工作原理。通过本书，读者将了解编程语言的特性和原理、计算机网络、JVM 等关键概念，从而更好地理解计算机执行程序的方式。以及将学习 JVM 源码，并了解 hotspot、全局模块等底层机制。结合实例和案例研究，读者将能够编写高效、可靠的高性能应用程序。

无论是学生、工程师还是对计算机科学感兴趣的读者，本书都将成为你不可或缺的参考资源。

图书在版编目（CIP）数据

计算之道. 卷Ⅲ，C++语言与 JVM 源码 / 黄俊总主编；赖志环主编.
北京：清华大学出版社，2025.3.
（架构师前沿实践丛书）.
ISBN 978-7-302-68300-1
Ⅰ. TP3
中国国家版本馆 CIP 数据核字第 20257FZ523 号

责任编辑：贾旭龙
封面设计：秦　丽
版式设计：楠竹文化
责任校对：范文芳
责任印制：刘海龙

出版发行：清华大学出版社
　　　　网　　　址：https://www.tup.com.cn，https://www.wqxuetang.com
　　　　地　　　址：北京清华大学学研大厦 A 座　　　　　　邮　　编：100084
　　　　社 总 机：010-83470000　　　　　　　　　　　　邮　　购：010-62786544
　　　　投稿与读者服务：010-62776969，c-service@tup.tsinghua.edu.cn
　　　　质量反馈：010-62772015，zhiliang@tup.tsinghua.edu.cn
印 装 者：北京同文印刷有限责任公司
经　　销：全国新华书店
开　　本：185mm×230mm　　　印　　张：19　　　字　　数：392 千字
版　　次：2025 年 5 月第 1 版　　　　　　　　　　印　　次：2025 年 5 月第 1 次印刷
定　　价：119.00 元

产品编号：103228-01

丛 书 序

Series Preface

本丛书是我讲授《混沌学堂 7 期》课程的总结，其中以"混沌学习法"和"混沌树"为核心构建三册书中的内容。"混沌学习法"是我从毕业至今所领悟的学习方法，"混沌树"是使用"混沌学习法"后在脑海中形成的知识树，可以将多个领域的知识，通过知识树的主干和枝干进行关联，形成不易遗忘的庞大知识体系。

我在实际工作和讲授课程的过程中发现存在两个知识死亡螺旋。其一，开发者不关注底层基础知识，仅通过强行记忆背诵上层框架和语言特性，如八股文等。框架多元化，不断有新的框架和语言涌出，脑力有限，不能全部记忆，然后逐步遗忘，最后又不得不随波逐流继续记忆，随着年龄增长，脑力跟不上知识的迭代，从而不得不放弃技术生涯。其二，为了找工作而强行记忆背诵八股文，工作后不学习底层基础知识（由于忽视或者没有时间），继续浮于业务本身，随着时间推移，公司的业务不可能长期存在，业务线垮掉或因个人原因退出公司后，就很难再找到其他业务的工作，然后逐步焦虑，仍然不沉下心学习底层基础知识，继续强行背诵八股文和上层框架，然后艰难找到工作后，不断重复，最后也随着年龄增长，精力不足而不得不放弃技术生涯。

存在两个死亡螺旋的根本原因在于没有使用正确的学习方法将吸收的知识形成长期记忆，死亡螺旋最后都因为精力有限不得不放弃技术工作。那么如何打破死亡螺旋呢？我们只需要找到一种学习方法，指导知识的吸收和关联记忆。这样的学习方法非常多，这里介绍的"混沌学习法"便是其中一种。笔者在讲授《混沌学堂 7 期》课程后，联合三位学生张仲文、秦羽、赖志环，对课程中讲授的内容进行编写，这三位同学的技术精湛，同时对"混沌学习法"有着独特的感悟，于是他们分别编写了这三册书籍，以"混沌学习法"为核心，对课程中讲授到的知识点进行详细阐述。本书首先介绍"混沌学习法"，其次才是内容本身。

本从书分为三卷。

《计算之道 卷 I：计算机组成与高级语言》（以下简称卷 I）首先介绍了计算机组成，涉及进制、逻辑门设计、CPU 设计、网络设计等，帮助读者建立计算机硬件基础知识的主干。随后，介绍了 Intel 手册、汇编、编译器原理，帮助读者建立计算机语言基础知识的主干。最后，介绍了 C 语言与 ELF，帮助读者理解计算机程序与进程之间的构建关系。ELF程序格式相当重要，将贯穿 Linux 内核和 JVM 源码的学习过程。

《计算之道 卷 II：Linux 内核源码与 Redis 源码》（以下简称卷 II）首先介绍了操作系

统的基础组成，然后介绍了 Linus 编写的 Linux 0.11 的基本原理。因为其中的编码是完全按照 Intel 开发手册上对于 Gate 门、分段、分页的机制构建的，所以需要读者具备卷 I 有关 Intel 手册、C 语言、ELF 的基础再进行阅读。随后，按操作系统模块详细分析了 Linux 0.11 的进程管理、内存管理、IO 管理等模块，然后以高版本 Linux 2.6 作为基础详细分析了内核数据同步机制，最后分析了 Linux 内核网络基本操作函数的源码，以 Redis 源码作为结尾，整合卷 I C 语言和本册操作系统的知识。

《计算之道 卷 III：C++语言与 JVM 源码》（以下简称卷 III）以卷 I 中对于 C 语言和汇编的知识推理为基础，首先介绍了 C++语言的基本原理。随后，以卷 II 中的计算机网络基本函数为基础，详细分析了 Linux 2.6 内核对于网络包的处理过程，包括 E100 网卡、硬中断与软中断的处理、TCP 层的处理过程。读者务必掌握卷 II 相关内容后再学习卷 III。最后，以 C++语言为基础，详细推理了 JVM 的初始化过程与核心函数。由于篇幅有限，卷 III 并没有完全对 JVM 的所有源码进行分析，而只是分析了启动过程与关键函数，目的在于帮助读者构建 JVM 知识树。编者将在后续书籍中详细分析 JVM 源码的枝干部分，但相信读者在掌握了本丛书的"混沌学习法"基础上，自行学习并不困难。

在阅读完这三卷书后，编者在这三位同学的字里行间看出了刻苦认真、坚持不懈的精神，他们对于"混沌学习法"的掌握已经达到炉火纯青，可以进行新知识的推理和关联，不再依赖强制记忆，对于新鲜出炉的上层多变框架与中间件也能轻易掌握并阅读源码。书中的内容包含了他们对于源码的大量理解，令人赞叹，相信读者在阅读完这三卷书后，会深刻理解并掌握"混沌学习法"的精髓，在脑海中构建自己的知识树，摆脱对新技术的恐惧，轻松掌握新技术。

混沌学习法

——《计算之道》丛书学习指南

在我以前的教学过程中，曾经得到如下结论。

- ☑ Java SE 的每个知识点就如同一颗星，所有知识点汇集就是一片繁星，会让人感觉到心旷神怡。我们需要将这些知识点（如基础变量、面向对象、线程、集合、IO）连接起来。

- ☑ J2EE 的框架基于 Jave SE 的内容构建，如 Tomcat、WebLogic、ActiveMQ 等，所有基于 Java 语言开发的框架皆是如此。我们将基于 SE 知识点开发中间件的过程称为点连成了线。

- ☑ 基于 Java SE 的其他技术，如 Spring 技术栈、Netty NIO 框架等，极大地提高了开发者编写代码的效率，并减少了错误的发生。我们将这些技术与 J2EE 的技术（包括上述中间件）进行组合，就得到了面，即线组成了面。

- ☑ 架构师需要全面撑握整个业务线和技术，因此应该是项目组中比产品经理更熟悉业务的人，同时对于技术也需要有过硬的基础。这时，架构师需要将上述技术栈与团队进行整合，然后把控好风险点，指导开发，控制进度，尽力确保项目不出现重大问题。在这一过程中，面组成了体。

上述结论仅从 Java 开发者的角度进行描述，即 Java 架构师。架构师不应区分语言。对于真正的架构师而言，编程语言只是工具，架构师的任务是依据当前场景选择合适的语言和框架。如果以整个编程为背景，再次进行总结，将会得出什么结论呢？

1. 编程语言进化史

编程语言经过数十年的进化，从底层语言逐渐演化成高级语言。

计算机由硬件构成，包括 CPU（控制、计算）、内存（存放数据和代码）、硬盘（持久化存储）、IO（读入和写出数据）。CPU 负责执行指令，根据指令操作内存、硬盘、IO。因为 CPU 只能识别二进制语言，而程序员无法直接编写二进制代码，因此计算机先驱开发了中间件，即汇编器。程序员借助汇编器，可以用单词结合助记符编码。例如，寄存器指令 movl $1,%eax，其二进制表示为 01010101010100000000。然后，由汇编器将单词和助记符转为二进制代码，由单词和助记符组成的语言称为汇编语言。

有了汇编语言，就可以面向 CPU 进行编程了。开发者可以使用单词 mov（移动）、add（添加）、sub（减）控制 CPU。但是，这样并不便捷。面向机器编程很枯燥，同时也很耗费精力，最好能以易于人类理解的方式编写程序。于是，就如同在汇编语言和机器语言中间加入汇编器一样，出现了 C 语言。然后，在 C 语言和汇编语言中间，再添加一个编译器，移动代码只需使用简单的代码段，如 int a=1，工作量大大降低。至于代码如何变为汇编语言，仅需交给编译器完成。

程序员在使用 C 语言时，因为需要学习的内容太多，常常感到压抑。如果说汇编语言是面向 CPU 编程，那么 C 语言就是面向操作系统编程，需要了解操作系统的内存管理机制（虚拟地址、线性地址、物理地址），就出现了指针的概念，并且需要手动分配和释放内存。如果程序员忘记释放内存，就可能导致内存泄漏等问题。那么，能否设计一门语言，去除不易理解的指针，自动管理内存分配和释放呢？这时，众多基于虚拟机的语言就出现了，如 Java 语言等。

总结编程语言进化史，其中的点、线、面、体分别如下。

☑ 点：二进制的机器语言。
☑ 线：面向 CPU 编程的汇编语言。
☑ 面：面向操作系统的 C 语言。
☑ 体：面向 JVM 的 Java 语言。

2. 操作系统的出现

操作系统进一步提高了编程效率。虽然可以用高级语言与计算机沟通，但是不能要求所有人使用编程语言（机器语言、汇编语言、众多高级语言等）直接操作计算机。

此时，一个用于管理硬件的软件系统——OS（操作系统）被引入。用户只需面向操作系统编程即可，对于硬件管理、安全保护等均由操作系统来完成。

但操作系统的引入带来了一个问题，即操作系统需要完成哪些功能。因为基础硬件包括 IO 设备、磁盘、内存、CPU，而用户需要在计算机中执行任务，会涉及设备管理（IO 设备）、文件管理（磁盘）、内存管理（内存）、CPU 管理（CPU）、任务调度管理（任务）。

为了在计算机中执行任务，出现了 Unix、Windows 两大阵营，Linux、MacOS 等系统都衍生自 Unix。这两个阵营面向不同用户，Windows 主要面向普通用户，而 Unix 主要面向程序员。目前，开发者使用最广泛的是 Linux 系统

根据对操作系统的理解，其中的点、线、面分别如下。

☑ 点：计算机硬件（涉及基础物理、电路原理、数字逻辑、计算机组成原理等）。
☑ 线：操作系统的管理功能（涉及设备、文件、内存、CPU、任务）。
☑ 面：基于这些管理功能实现的上层应用（如 QQ、微信等）。

《礼记·大学》中有这样一句话："知止而后有定，定而后能静，静而后能安，安而后能虑，虑而后能得。物有本末，事有终始。知所先后，则近道矣。"要学习计算机知识，就要做到定、静、安、虑、得这五个字，切记"学而不思则罔，思而不学则殆"。要以平常心

面对学习过程，切勿急躁，且对于知识学习，理应知其先后，即掌握知识的"点、线、面"。在掌握知识点后，可以通过学习"线"将之前点的碎片化知识进行整合记忆。同理，可以通过学习"面"将"线"的碎片知识进行关联。因此，最重要的就是知识点。

3. 高效学习

万事开头难，归纳知识点需要大量的时间与精力。从中医角度出发，笔者建议早起学习（6:00～8:00）效果最佳，并确保晚上有良好的睡眠。我发现很多朋友在学习中总是在欺骗自己，表面上看似努力学习到深夜，但由于大脑相当疲惫，这时的努力收效甚微。根本掌握不了任何知识点，只是欺骗自己学习过了，然后陷入恶性循环。最终，陷入学了还忘、忘了还得学的境地。

建议读者在最清醒的时候学习并记忆知识点，并且形成习惯，不要第一天学习，第二天就松懈，这无法形成长期知识点记忆，更不用说在学习"线"的时候对"点"进行关联。要做到高效学习，需要注意以下七点。

- ☑ 充足睡眠。
- ☑ 大脑清醒。
- ☑ 心无旁骛。
- ☑ 切记勿焦虑。
- ☑ 切记勿急功近利。
- ☑ 坚持一个月。
- ☑ 多门知识融合学习，抽取共同点，形成知识的"点、线、面"。

在做到以上几点的情况下，只要读者坚持不懈地学习，就会发现当底层知识形成了庞大的知识脉络后，理解新的知识（新语言、新框架等）就会变得非常容易。如此一来，之前用于培养底层知识脉络的时间，就能加倍偿还回来。你将发现，你可以用几分钟、几小时掌握别人花费几十倍时间都掌握不了的知识和问题。

4. 点、线、面再分析

当然，混沌学习法也有一些缺点如下。

- ☑ 学习周期较长，需要大量时间来积累点和线的知识。
- ☑ 需要培养对计算机的兴趣，没有兴趣，很难支撑下去。
- ☑ 对精神和肉体是一种折磨。刚开始使用这套学习方法时，将会痛苦不堪，从医学角度来说，人脑在接收新事物时将会非常抵触，因为需要产生新的突触，本身就是痛苦。
- ☑ 短时间内看起来好像并没有什么作用。短时间内由于没有积累太多的点，这时没法进行关联，更谈不上对面的构建。

不过掌握知识的"点、线、面"，能带来许多优势如下。

- ☑ 坚持学习后，将拥有旁人不具备的深厚内功（计算机底层）。
- ☑ 快速掌握任何新知识。
- ☑ 对任何线上问题，不管有多复杂，总会有解决方案和思路。
- ☑ 涨薪升值机会呈现指数上升。
- ☑ 不会因为技术的变更、年龄的增长而焦虑。
- ☑ 不会受他人贩卖焦虑和 PUA 的影响。因为你已经拥有了自己的学习方法和技巧，心坚如石，不受外界影响，反而能分析他们的手段来加强自身的学习。

不难看出，对于后期优势而言，前期学习的缺点是可以接受的。刚开始使用这套学习方法时，第一个月可能会感到焦虑不安，但坚持一个月后，将会习以为常。

为了证明这一点，下面以实例说明如何使用混沌学习法。这个例子非常简单，即 Hello World 程序。

```
01   // Java 描述
02   public class Demo{
03       public static void main(String[] args) {
04           System.out.println("Hello World");
05       }
06   }
```

```
01   // C 语言描述
02   #include<stdio.h>
03   int main(){
04       printf("%s","Hello World");
05       return 1;
06   }
```

以上分别为 Java 和 C 语言的实现，即向屏幕输出了 Hello World 字符串。很多图书和博客的 Hello World 例子仅仅只是给出代码输出字符串，草草带过，只教会了读者如何使用 javac、IDE、gcc 等编译工具，这会导致以下弊端。

- ☑ 无法让读者提升编程兴趣。
- ☑ 无法让读者对整个编程有一个宏观的认识。
- ☑ 浪费了学习机会。很多朋友学习编程语言时，就像一张白纸，但是由于这种例子仅展示工具和基本方法，可能给这张白纸画上了失败的一笔

接下来，我将使用混沌学习法重新讲解这个例子，分析其中的点、线、面。

分享一个很好的技巧，多问自己为什么。由于很多读者是 Java 开发者，我先以 Java 为例，提出以下问题。

第一个问题，这段程序在计算机中是如何存储的（引入编码和磁盘存储的知识点）。

第二个问题，这段程序在使用 javac 编译 demo.class 时发生了什么（引入了编译原理的知识点）。

第三个问题，Java 运行时，字节码是如何执行的（引入了 JVM、操作系统知识点）。

如果你能提出这三个问题，就已经掌握了混沌学习法的第一步，即定位知识点。这些问题涉及编码、磁盘存储、编译原理、JVM、操作系统。读者在找到这些点后，根据自己的知识脉络进行吸收转换。如果是初学者，可以把这些点作为学习目标，通过阅读书籍、搜索、实验、源码来补充知识。这些知识点会衍生更多的知识点，此时就构建完成了知识脉络。

对于 C 语言例子，可以提出以下问题。

第一个问题，#include<stdio.h>的作用是什么（引入宏定义知识点）。

第二个问题，printf("%s","Hello World"); 的输出原理是什么（引入函数知识点）。

第三个问题，对于 return 1;，为什么需要返回 1（引入函数知识点）。

第四个问题，gcc demo.c 自动生成了 a.out 文件，这期间发生了什么（引入了宏替换、编译、汇编知识点）。

C 语言提出的问题比 Java 多，随着问题变多，可以进行连线扩展的知识点就越多。以这些知识点为基础，进行混沌学习法的第二步，即知识点联想和对比记忆。混沌其实就是融合。读者可以将 C 语言与 Java 语言的问题进行结合，可得出以下问题。

第一个问题，C 语言需要#include<stdio.h>宏定义来引入 printf 函数，为什么 Java 不需要（可得出结论，Java 自动导入了 java.lang 的类，所以不需要手动导入）。

第二个问题，C 语言中使用 printf("%s", "Hello World")格式化输出，Java 为什么不需要（可得出结论，Java 也实现了代码格式化，但例子中没有使用）。

第三个问题，C 语言中需要使用 return 1，Java 为何不使用（可得出结论，C 语言编译器的不同要求需要有返回值，同时根据规范定义，需要保留返回值。而 Java 语言由 JVM 规范定义，主函数不需要定义返回值。二者共同点是都遵循规范定义）。

第四个问题，C 语言在 gcc 需要宏替换、编译、汇编流程才能执行，Java 为何只需要 javac 就可以执行（可得出结论，Java 也进行了这些流程，只不过在 JVM 中进行）。

读者可以体会到混沌学习法的魅力。通过知识点进行脉络扩展（找到初始知识点，然后往下关联）。通过对比联想记忆，同时学习多个知识点。通过对比学习，可以抽取多门知识的共同点，找到它们的核心知识点，然后进行脉络扩张。混沌学习法的核心是多问为什么，否则无法找到核心知识点。

说明

本学习法仅作为参考，读者可以从中进行优化扩展，有任何建议、想法、体会，均可加作者微信（bx_java）进行讨论。这套学习法就像最初的咏春，读者可以向李小龙学习，进而感悟出截拳道。

最后，我们来看看什么是"混沌视角"。

我以前喜欢玩魔兽争霸，通常用单机与电脑竞赛，选择难度为困难，每次都被电脑击败。于是，我通过命令打开了"上帝视角"，能看到地图上任何位置，于是排兵布阵，轻松击败电脑。

自从大三接触编程语言，我一直想找到这个打开编程的"上帝视角"的命令。我也迷茫过，怀疑过。直到某一天，我把常见的语言（动态语言、静态语言）结构和内容进行融合分析，结合操作系统、计算机组成原理、计算机网络，我发现编程的"上帝视角"真的存在，而开启这个视角的钥匙就是混沌学习法。

试想一下，如果打开了编程的"上帝视角"，就意味着不用区分语言，遇到问题能快速定位，不再纠结于如何学习。对任何新技术，只要看一下架构和功能，就能马上推测出底层实现原理。抓住语言共同点学习，一次学习，多语言共用。

我称编程的"上帝视角"为混沌视角，它是使用混沌学习法的关键工具。

5. 找到核心知识点

在混沌学习法中，我们需要找到核心知识点，然后进行对比学习、分析，扩展知识脉络。我们首先基于已知知识进行推理，具体如下。

- ☑ 计算机基础硬件：CPU、内存、硬盘。
- ☑ 用户不需要直接与硬件进行交互，而是通过命令或鼠标、键盘等外设与操作系统进行交流，由操作系统调度硬件完成操作。
- ☑ 编程语言也是通过某种方式与操作系统进行沟通。
- ☑ 如果多个机器进行通信，硬件需要支持网卡，操作系统需要支持网络协议栈。

可以得出结论，操作系统完成了一切任务。

操作系统和硬件将用户所处的环境分为用户空间和内核空间。就像在网站中编写的控制器，用户通过浏览器输入地址，然后可以通过 HTTP 协议访问控制器，从而获取返回结果。可以将操作系统提供的功能接口想象为一组控制器，用户要做的是通过编程语言调用这些接口。就像通过 HTTP 协议调用网页，用户与系统调用之间需要定义协议以完成操作，这就是系统调用。用户需要使用操作系统提供的方法将参数传递到操作系统，并从操作系统中获取结果。所以，HTTP 通过 TCP/IP 协议栈完成调用，而系统通过操作系统在单机上完成调用。

通过以上分析就找到了核心知识点，即所有编程语言都使用系统调用，以指示操作系统完成任务并获取结果。

计算机保存数据的地方是内存，内存的基础单元为字节。为了使用内存编程语言需要提供些什么？答案很明显，需要操作这些不同大小盒子的东西，也就是基础数据类型。基础数据类型让用户可以从操作系统中获取给定规格大小的盒子。如果需获取不属于这些规格的盒子，就需分配这些盒子的功能。如果只分配盒子而不释放，那么盒子用尽会导致系统崩溃。所以，用户需要归还盒子，此时有两种方法，程序自动归还或通过编程方式手动归还。在提供了基本操作后，我们需要在编程语言中为用户提供便捷的使用方法。

通过以上分析，可以得出以下编程语言需要提供的功能。

- ☑ 封装系统调用方便用户调用（线程库、IO 库、图形库、网络编程库）。
- ☑ 提供基础数据类型，以使用规格化的内存。
- ☑ 提供内存分配和释放的手段。
- ☑ 提供基础算法与数据结构（数组、链表、队列、栈、树）。
- ☑ 按照编程语言的特性，提供面向对象的支持（抽象、继承、多态）。

6. 混沌视角的妙用

掌握以上知识后，就打开了编程的"上帝视角"。接下来介绍如何运用混沌学习法和混沌视角进行学习。还是以 C 语言和 Java 进行描述，这两门语言最适合举例。有相当一部分读者是 Java 开发者，而 C 语言则保留了底层框架的基础操作，是操作系统的主要语言。

以服务端网络编程为例进行分析。C 语言的网络编程方式如下。

```
01    /*
02
03     * server.c 服务端实现。引入宏定义，它们封装了系统调用和常用算法数据结构
04
05     */
06
07    #include <sys/types.h>
08    #include <sys/socket.h>
09    #include <stdio.h>
10    #include <netinet/in.h>
11    #include <arpa/inet.h>
12    #include <unistd.h>
13    #include <string.h>
14    #include <netdb.h>
15    #include <sys/ioctl.h>
16    #include <termios.h>
17    #include <stdlib.h>
18    #include <sys/stat.h>
19    #include <fcntl.h>
20    #include <signal.h>
21    #include <sys/time.h>
22    #include <errno.h>
23    int main(void)                              // 主函数，将从这里开始运行
24
25    {
26
27        int sk,csk;                             // 服务端 sk 和客户端 csk fd（文件描述符）
28        char rbuf[51];                          // 接收缓冲区
29        struct sockaddr_in addr;                // socket 地址
```

```
30        sk = socket(AF_INET,SOCK_STREAM,0);              // 创建 socket
31        bzero(&addr,sizeof(struct sockaddr));           // 清空内存
32
33        // 设置属性
34        addr.sin_family = AF_INET;
35        addr.sin_addr.s_addr = htonl(INADDR_ANY);
36        addr.sin_port = htons(5000);                    // 设置端口
37        // 绑定地址
38        if(bind(sk,(struct sockaddr *)&svraddr,
          sizeof(struct sockaddr_in))== -1){
39            fprintf(stderr,"Bind error:%s\n",strerror(errno));
40            exit(1);
41        }
42        if(listen(sk,1024) == -1){                      // 开始监听来自客户端连接
43            fprintf(stderr,"Listen error:%s\n",strerror(errno));
44            exit(1);
45        }
46        // 从完成 TCP 三次握手的队列中获取 client 连接
47        if((csk = accept(sk,(struct sockaddr *)NULL,NULL)) == -1){
48            fprintf(stderr,"accept error:%s\n",strerror(errno));
49            exit(1);
50        }
51        memset(rbuf,0,51);                              // 重置缓冲区
52        recv(csk,rbuf,50,0);                            // 从 socket 中读取数据放入缓冲区
53        printf("%s\n",rbuf);                            // 打印接收到的数据
54        // 关闭客户端和服务端
55        close(csk);
56        close(sk);
57    }
```

Java 的网络编程方式如下。

```
01    public class Server {
02        public static void main(String[] args) throws Exception {
03            byte[] buffer=new byte[1024];                // 接收缓冲区
04            ServerSocket serverSocket = new ServerSocket(DEFAULT_PORT,
                  BACK_LOG, null);                         // 绑定端口同时创建服务端 socket
05            Socket socket = serverSocket.accept();       // 接收客户端请求
06            // 获取输入流对象
07            InputStream inputStream = socket.getInputStream();
08            inputStream.read(buffer);                    // 读取数据
09            socket.close();
10            serverSocket.close();
11        }
12    }
```

接下来，进行融合分析。从源码中我们看出，两门编程语言的步骤完全一致，即创建 Socket、绑定端口、接收连接、分配缓冲区、读取数据、关闭连接。

C 语言较为复杂，而 Java 通过 JVM 将 C 语言所做的一切进行封装。读者在阅读完三

册书后，打开 JVM 源码一看便知，Java 的 JDK 包中通过 JNI 调用了与 C 语言一样的操作函数。

进而，读者可以探索其他语言的 Socket 编程，会发现其实质也是相同的。这里只是以网络编程作为例子，读者可以将分析方法运用到编程语言的其他类库中，如线程、IO、集合等。你会发现都是相同的，只是写法不一样。

通过底层分析找到共同点，再通过混沌学习法融合分析，就看清了编程语言底层的设计实现，这样就开启了"上帝视角"。任何编程语言的原理，都符合共同的规律，即封装系统调用、提供功能类库。在使用编程语言时，就不再会畏惧任何东西。因为底层相通，只需熟悉语法，找到需要的系统调用，进而找到编程语言的封装类库，按照语法调用即可。

前　言

1. 为什么要写这本书

本书是《计算之道》丛书的第 III 卷。前两卷对计算机底层原理和计算机操作系统相关知识进行了深入探索，并结合混沌树进行串联。本书在前两卷的基础上进行扩展，使大家掌握的底层知识落地。同时，本书也是对混沌学堂课程内容的提炼和总结。

计算机网络是互联网和分布式系统的基石，了解网络协议、通信模型和网络编程是从事网络开发和系统架构的关键要素。

C++语言是一种高性能的编程语言，广泛应用于系统级开发、游戏开发和嵌入式系统等领域，掌握 C++语言的语法和特性对于提升开发效率和代码质量至关重要。

JVM 是 Java 应用程序的核心，它负责解释和执行 Java 字节码，并提供垃圾回收、内存管理和线程调度等功能，深入了解 JVM 的工作原理和调优技巧有助于编写高效的 Java 应用程序。

本书旨在对这三个主题进行综合介绍，帮助读者掌握扎实的基础知识，并理解它们在实际应用中的作用。

其实在现实学习过程中，大家经常学习计算机底层知识原理，但这种知识在工作中使用频率不高，又经常忘记。一边学习，一边遗忘，已经成为学习计算机底层知识原理的常态。有没有一种方法可以避免这种状况发生？这就是黄俊老师的计算机混沌学习法——尝试用混沌知识树，将计算机底层知识原理进行梳理，通过推理、推论的方式，提高大家对底层知识的理解，直到彻底掌握，不再遗忘。

本书适合以下读者阅读：希望学习计算机网络、C++语言和 JVM 基础知识的读者；需要深入了解网络编程的读者；在工作中遇到网络、C++语言或 JVM 相关问题，希望系统学习和解决的读者；需要深入了解计算机底层知识的读者。

2. 背景知识

本书假设读者已具备一定的编程基础和计算机科学知识。

最好是已经阅读过《计算之道》第 I 卷、第 II 卷的读者，理解本书内容将更为轻松。

本书将详细讲解 C++语言、计算机网络和 JVM 的基础知识，并提供实例和案例来帮助读者理解和应用所学知识。

3. 如何阅读本书

本书按照 C++语言、计算机网络和 JVM 的顺序组织，每个主题包含多个章节，依次递进地介绍相关概念和技术。每个章节都以清晰的流程和总结开头，帮助读者理解和记忆所学内容。

读者可以根据自己的需求和兴趣选择阅读顺序。如果已经熟悉某个主题，可以跳过相应章节，直接阅读感兴趣的内容。

第 1 章　C++语言的推理

在这一章中，你将了解从机器语言到汇编语言，再到 C 语言的语言演进过程，以及这些语言出现的原因和存在的缺点。也将了解 C++语言的出现如何解决人们对计算机软件的需求，面向对象和面向过程的思想差异。并将领略学习计算机底层知识的魅力和各个编程语言的共性。

第 2 章　C++语言的特性和原理

在这一章中，介绍了 C++语言特性的底层原理。同时总结了 C 类语言存在的问题。你将了解如何设计一门新语言，知道 Java 语言的出现是为了专注于业务需求的开发，你还将了解如何通过底层原理来学习不同的编程语言。

第 3 章　计算机网络推理

在这一章中，介绍了计算机网络下三层，同时让读者明确知道什么是计算机网络协议，计算机网络究竟研究什么。我们使用混沌学习推理方法，避免读者陷入大量名词堆砌的记忆。

第 4 章　传输协议原理

在这一章中，你将了解 TCP 是一个无比复杂的协议，需要解决网络传输中的许多问题。这些问题不仅涉及技术层面，还需要避免漏洞，如果存在漏洞被黑客利用，将会带来巨大损失。你还将了解 TCP 中很多解决方案可以在不同业务场景中被借鉴。关于 TCP 这个协议的细节，推荐阅读《TCP/IP 详解 卷 1：协议》。

第 5 章　Linux 网络包处理源码分析

在这一章中，深入分析了 Linux 网络接受数据包的全过程。在 Linux 操作系统中，最复杂的模块就是网络模块。在这里，你将了解 Linux 操作系统网络收包细节：涉及网卡驱动、网络子系统、协议栈，以及内核 ksoftirqd 线程等内核组件之间的交互。

第 6 章　应用层协议原理

在这一章中，你将了解最常见却又最容易忽视的 HTTP 协议。从网络支付出发，了解

HTTPS 如何保证交易安全。你还将了解直播所使用的核心技术。

第 7 章　Java Hello World 底层推理

希望了解虚拟机，首先要了解真实的物理机。在这一章中，首先介绍了 C 语言程序 Hello World 在真实的物理机下是如何编译的，编译后的二进制格式 ELF，以及 Linux 是如何执行 ELF 的过程，作为相关知识背景。基于这些相关知识背景，我们推理出 JVM 的设计目的。

第 8 章　Hotspot JVM 启动原理

在这一章里，你将了解 Hotspot 的启动过程，以 JavaMain() 函数为突破点，开启 JVM 源码的阅读。你还将了解类加载器，从 JVM 虚拟机的角度出发，介绍三层类加载器和双亲委派模型，为深入理解 JVM 原理打好基础。结合构建混沌树主干和枝叶的方法，将所学知识进行关联。

4. 勘误和支持

由于本书不可避免地存在一些疏漏或不够准确之处，欢迎读者批评指正。

致　　谢

Acknowledgements

在撰写本书的过程中，我要衷心感谢黄俊老师和他的混沌学堂，帮助我重新构建了计算机知识体系结构。在黄俊老师的工作和研究成果支撑下，本书得以诞生。

此外，我还要感谢我的家人和混沌学堂伙伴对我在写作过程中给予的支持。他们的鼓励和陪伴使我能够全身心地投入这项工作中。

最后，我要感谢所有阅读本书的读者。希望本书能够对您学习和掌握计算机网络、C++语言和 JVM 知识有所帮助，同时也欢迎您提供宝贵的反馈和意见，以帮助我改进和完善本书内容。

祝愿您在阅读本书的过程中获得愉快和有益的学习体验！

目　录

Contents

第 1 章
C++语言的推理

关于编程语言，在《计算之道》的卷 I 和卷 II 中先后介绍了机器码、汇编语言和 C 语言。以编程语言为基础，又陆续介绍了 Linux 操作系统、Redis、IO 原理等知识，并结合 Intel 开发手册，深入理解了计算机底层执行的基本原理。

既然已经掌握了 C 语言和汇编语言，为什么还要继续学习 C++语言呢？本章将回答这个问题。

本章要点

☑　C++语言的起源。

☑　C++语言解决了汇编语言和 C 语言的哪些问题？

☑　C++语言的特性和影响。

☑　面向过程和面向对象的思考模式有什么差别？

☑　总结编程语言的共通知识图谱，阐释编程底层的魅力。

1.1　编程语言演变过程

编程语言的演变是一个持续发展和不断进化的过程，经历了机器语言、汇编语言和高级编程语言的转变。

ISA 指令集属于机器语言，通过机器语言 01 控制 CPU 的执行。CPU 则控制计算机对应的硬件执行。也就是早期的程序员只需编写机器语言 01 就可以控制计算机执行任务。例如将寄存器 BX 的内容送到 AX 中。

```
1000100111011000
```

直接编写二进制指令对程序员来说非常困难且烦琐，因此需要一种更易读和易写的方式来编写指令。这就促成了汇编语言的出现。汇编语言使用助记符（mnemonic）表示指令，使得程序员能够更直观地理解和编写指令。汇编语言提供了一种更接近人类语言的方式表达计算机指令，提高了程序的可读性。

操作：将寄存器 BX 的内容送到 AX 中

1000100111011000　机器指令

mov ax,bx　　　　　汇编指令

尽管汇编语言相对于高级语言而言更底层、更复杂，但它在一些特定的应用场景仍然是必要的。汇编语言使程序员能够直接控制硬件，并提供更高级别的抽象和可读性，从而满足底层编程的需求。

汇编语言通过汇编器（assembler）转化为机器语言。汇编器是一种特殊的软件工具，它将汇编语言中的助记符和操作数（operand）翻译成对应的二进制指令，生成机器语言的可执行文件或目标文件。

相对于机器语言，汇编语言取得了很大的进步，但仍存在如下缺点。

- ☑ 汇编语言程序通常针对特定的硬件平台编写，因此在不同的平台上需要重新编写或修改代码。
- ☑ 汇编语言的语法和指令直接映射到底层硬件，因此可读性较差。
- ☑ 汇编语言编写的程序通常比较冗长和烦琐，需要直接操作底层的寄存器和内存。
- ☑ 由于汇编语言对底层细节的直接控制，容易引入错误，且缺乏错误检查机制。

当使用汇编语言给计算机编写代码时，如果需要移植到一个新的硬件平台，例如从 Intel 移植到 ARM 架构，由于汇编语言是与特定硬件架构紧密关联的低级语言，因此需要对每个目标平台进行大量的重写和调整。

因此，需要一种具有较高可移植性的高级语言。结合汇编语言的缺点和新语言的需求，C 语言于 20 世纪 70 年代初在贝尔实验室诞生。C 语言的设计目标是支持 UNIX 操作系统的开发，并提供一种灵活、高效且可移植的编程语言。

C 语言在以下方面对汇编语言进行了优化。

（1）类型系统：C 语言引入了类型系统，允许程序员在变量声明时指定变量的数据类型。这样做的好处是，编译器可以对变量进行类型检查，提前发现潜在的类型错误。类型信息还支持编译器进行优化，以生成更高效的汇编代码。

（2）系统函数：C 语言提供了一系列的系统函数和库函数，用于执行常见的操作，如输入输出、内存分配、字符串处理等。这些函数经过优化，底层实现使用汇编语言编写，以提供高效的执行和访问底层系统资源的能力。程序员可以直接调用这些函数，无须编写底层的汇编代码。

（3）指针：C 语言引入了指针的概念，支持直接访问和操作内存地址。指针在处理数据结构、动态内存分配和函数调用等方面非常有用。通过使用指针，程序员可以更细粒度地控制内存访问，减少不必要的数据复制和处理，从而提高程序的性能。

（4）条件分支和循环：C 语言提供了条件语句（如 if-else 和 switch）和循环语句（如

for 和 while），用于控制程序的执行流程。编译器对这些语句进行优化，生成高效的汇编代码。例如，编译器可能使用条件跳转指令（如 jnz、jmp）来实现 if-else 语句，或者使用循环指令（如 jmp、loop）来实现循环结构，以减少指令的数量和执行时间。

（5）函数调用：C 语言支持函数的定义和调用，使程序可以模块化和重用。编译器对函数调用进行优化，提高函数调用的效率。例如，编译器可以使用寄存器传递参数、内联函数展开、尾递归优化等技术来减少函数调用的开销。此外，C 语言的函数调用约定（如参数传递、返回值处理等）也是通过汇编语言实现的，以确保正确和高效的函数调用。

编程语言的演变过程如图 1.1 所示。

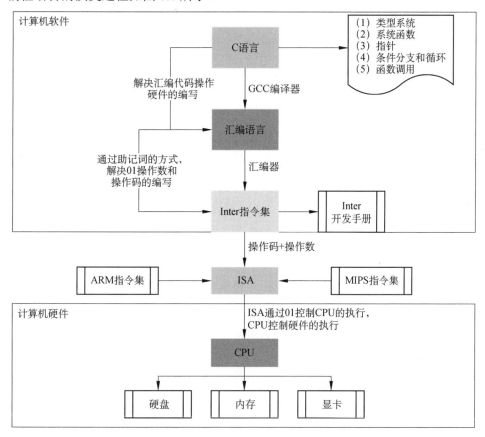

图 1.1　编程语言的演变过程

1.2　C++语言出现的原因

由上可知，控制 ISA 就控制了 CPU，而控制了 CPU 就控制了计算机。

为了方便编写机器语言，人们发明了汇编语言。

为了方便控制基于不同 ISA 架构的计算机硬件，人们又发明了 C 语言。

至此，汇编语言和 C 语言都是为了更方便地控制计算机而设计的。当计算机科学家解决了计算机领域的技术难题后，人类基于计算机的产品需求得到了全面的爆发。

下面结合一个代码示例来说明 C 语言可能会存在什么弊端影响了软件开发的生产力。例如，图书馆需要一个图书管理系统来管理书籍，用 C 语言的实现过程如下。

1.2.1 C 语言图书管理系统

以下是一个简单的 C 语言图书管理系统的代码示例。

```c
#include <stdio.h>
#include <stdlib.h>

#define MAX_BOOKS 100

struct Book {
    int id;
    char title[100];
    char author[100];
};

struct Book library[MAX_BOOKS];
int numBooks = 0;

void addBook(int id, const char* title, const char* author) {
    if (numBooks < MAX_BOOKS) {
        struct Book newBook;
        newBook.id = id;
        strcpy(newBook.title, title);
        strcpy(newBook.author, author);
        library[numBooks] = newBook;
        numBooks++;
        printf("Book added successfully.\n");
    } else {
        printf("Library is full. Cannot add more books.\n");
    }
}

void printLibrary() {
    printf("Library Contents:\n");
    for (int i = 0; i < numBooks; i++) {
        printf("Book ID: %d, Title: %s, Author: %s\n", library[i].id, library [i].title,
library[i].author);
    }
```

```
}

int main() {
    addBook(1, "Computer Systems:A Programmer's Perspective", "Bryant,R.E.");
    addBook(2, "Thinking in Java 4th Edition", "Bruce Eckel");
    addBook(3, "1984", "George Orwell");

    printLibrary();

    return 0;
}
```

示例中使用了结构体 Book 来表示图书的属性，然后定义了一系列函数来执行图书管理的操作，如添加图书 addBook、删除图书 removeBook、查找图书 findBook 等。

从上面的示例中可以发现，C 语言开发的图书管理系统存在如下问题。

（1）缺乏封装和数据隐藏：尽管使用了结构体 Book 和 Library 来封装相关数据和函数，但是在 C 语言中，结构体成员仍然是公开的，可以直接访问和修改，没有提供真正的数据隐藏和封装性。

（2）缺乏继承和多态：在示例代码中没有涉及继承和多态等面向对象的特性。无法通过继承实现类之间的关系和共享行为，也无法利用多态实现运行时的动态行为。

（3）需要手动传递对象指针：在调用函数时，需要显式地传递对象指针作为参数，以实现对对象的操作。这增加了代码的复杂性和冗余性，同时也增加了出错的可能性。

（4）难以处理对象之间的关联和依赖：在示例代码中，图书和图书馆之间的关联是通过直接引用结构体成员来实现的。

（5）缺乏错误处理机制：示例代码中并未添加错误处理机制。例如，在添加图书时，如果图书馆已满，程序只是简单地输出一条错误消息。没有提供更加健壮的错误处理机制，如返回错误码或异常，使得调用者无法准确判断操作是否成功，可能导致不可预测的行为。

1.2.2　C++语言的出现原因

当大家对计算机应用需求大爆发的时候，继续使用 C 语言进行开发，会发现效率低下，程序 bug 无处不在，程序员痛苦不堪。

程序员急需这样的新语言——C++语言出现：该语言保留 C 语言的核心特性，同时引入更多的功能和概念，如面向对象编程（OOP）、类、继承、多态性等。

（1）C++语言引入了面向对象编程的特性，使得开发者可以更方便地应用面向对象的思想进行软件设计和开发。

（2）C++语言提供了类和对象的概念，支持开发者将数据和相关的操作封装在一起，形成可重用的模块。这种模块化的设计使得代码更易于理解、维护和扩展，提开了开发效率和软件质量。

（3）C++语言还引入了强大的类型检查机制，包括静态类型检查和运行时类型信息，以及严格的类型转换规则。这有助于在编译阶段发现类型相关的错误，提高代码的健壮性和可靠性。

C++语言的出现如图 1.2 所示。

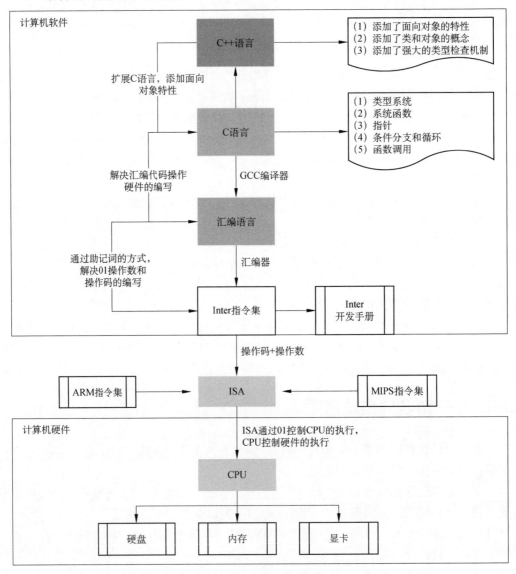

图 1.2　C++语言的出现

1.2.3　C++语言图书管理系统

以下是一个简单的 C++语言图书管理系统的代码示例。

```cpp
#include <iostream>
#include <vector>
#include <string>

class Book {
private:
    int id;
    std::string title;
    std::string author;

public:
    Book(int id, const std::string& title, const std::string& author)
        : id(id), title(title), author(author) {}

    int getId() const { return id; }
    std::string getTitle() const { return title; }
    std::string getAuthor() const { return author; }
};

class Library {
private:
    std::vector<Book> books;

public:
    void addBook(const Book& book) {
        books.push_back(book);
        std::cout << "Book added successfully." << std::endl;
    }

    void printLibrary() {
        std::cout << "Library Contents:" << std::endl;
        for (const auto& book : books) {
            std::cout << "Book ID: " << book.getId()
                      << ", Title: " << book.getTitle()
                      << ", Author: " << book.getAuthor() << std::endl;
        }
    }
};

int main() {
    Library library;

    Book book1(1, "Computer Systems:A Programmer's Perspective", "Bryant, R.E.");
    Book book2(2, "Thinking in Java 4th Edition", "Bruce Eckel");
```

```
    Book book3(3, "1984", "George Orwell");

    library.addBook(book1);
    library.addBook(book2);
    library.addBook(book3);

    library.printLibrary();

    return 0;
}
```

示例中使用了 C++语言的面向对象特性。通过类的定义将图书和图书馆分别封装为 Book 和 Library 类。每本书有自己的 ID、标题和作者属性，并提供了访问这些属性的方法。图书馆类包含一个书籍的向量容器，可以添加书籍和打印图书馆内容。

相比使用 C 语言，使用 C++语言实现图书管理系统具有以下优点。

（1）封装性更强：通过类的定义，可以将相关的数据和函数封装在一起，实现更好的封装性和数据隐藏。

（2）继承和多态支持：C++语言提供了继承和多态的特性，可以更灵活地组织类之间的关系和共享行为。

（3）对象关联和依赖更容易管理：使用类的对象可以更方便地处理对象之间的关联和依赖关系，通过成员函数和对象间的交互，实现更高级别的代码组织和逻辑。

（4）更高层次的抽象和封装：C++语言支持更高层次的抽象和封装，可以使用类的方法和属性，而不仅仅是操作数据的函数。

相对于 C 语言而言，C++语言在面向企业业务需求时，更容易设计优秀的代码结构。更及时地响应企业业务需求。所以 C++语言的出现极大地满足了企业业务需求。

1.3 面向过程和面向对象

1. 面向过程

面向过程关注：从 A 到 B 的过程中，你做了什么事？示例如图 1.3 所示，程序员早起去上班。

2. 面向对象

面向对象关注：从 A 到 B 的过程中，涉及的对象之间发生了什么交互。如图 1.4 的右侧，就是程序员早起去上班的面向对象交互流程。相对于面向过程而言，面向对象的逻辑更清晰，也更符合人类的思考习惯。面向对象也在面向过程的基础上，引入了多个概念：对象、属性、行为。

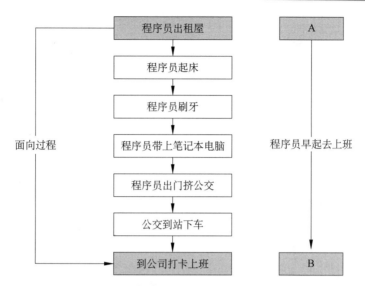

图 1.3　面向过程——程序员早起去上班

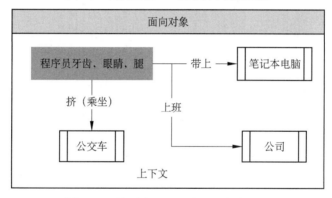

图 1.4　面向对象——程序员早起去上班

C 语言中没有关键字和编译器特性来支持这些面向对象的功能。

3. 突发事件

面向过程和面向对象如何应对突然添加的需求呢？例如，程序员早起去上班，要加入程序员早起后先上厕所的情节。

如果是面向过程，如图 1.5 所示。

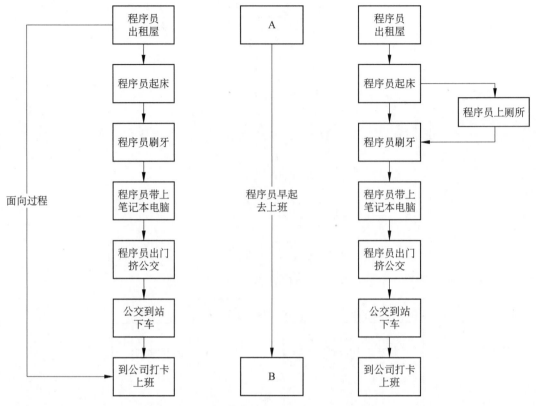

图 1.5 面向过程突发事件——程序员早起去上班

面向过程早期设计的流程已经不能使用了。它不包括程序员上厕所的逻辑，因此需要重写添加一个新的执行逻辑。这样添加一个突发事件，需要重新设计程序执行逻辑，表明面向过程应对突发需求的扩展性极差。

如果是面向对象，如图 1.6 所示。

面对突发需求，假设使用面向对象的方法来完成，就会方便许多，只需再增加一个上厕所的行为，一个厕所类，就可以通过调用这个方法来添加功能。

面向对象出现的原因是编程语言贴近于人的思考方式，让程序员在编写代码时，不是单纯地考虑数据流和代码，而是通过面向对象的分析和设计来完成工作。

面向过程和面向对象并不是绝对对立的，它们可以在程序中灵活地结合使用，根据问题的复杂性和需求的不同来选择合适的编程风格。

如果先掌握了 C 语言，再过渡到 C++语言时，必须摒弃一些编程习惯。因为 C 语言的编程习惯是面向过程的，而使用 C++语言的最主要原因是利用其面向对象的特性。

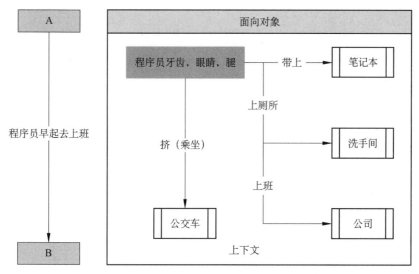

图 1.6　面向对象突发事件——程序员早起去上班

1.4　C++语言特性来源

为什么 C 语言只能创建 struct，而 C++语言可以创建 class 和 struct？C++语言的特性从何而来？如图 1.7 所示。

C++语言的规范由 ISO（国际标准化组织）定义，最新的 C++标准是 C++17（ISO/IEC 14882:2017）。C++语言规范的一些主要内容如下。

☑　语法和语义：C++语言标准规定了 C++语言的语法规则，包括关键字、标识符、表达式、语句和函数等的语法形式和用法。它还定义了变量的作用域、类型和对象的生命周期、运算符的行为等语义规则。

☑　类和对象：C++语言是一种面向对象的语言，C++语言标准规定了类和对象的定义和使用方式。它包括类的成员变量和成员函数的声明和定义、构造函数和析构函数的语法、继承和多态等特性的实现方式。

☑　模板：C++语言标准引入了模板（template）机制，支持定义通用的函数和类。模板可以实现参数化类型和泛型编程，使得代码可以在不同的类型上工作。C++语言标准规定了模板的语法和使用方法，包括函数模板和类模板的定义和实例化。

☑　异常处理：C++语言标准定义了异常处理机制，支持程序在运行时抛出和捕获异常。它规定了异常的声明、抛出和捕获的语法，以及异常的传播和处理方式。

☑　标准库：C++语言标准库是 C++语言的核心组成部分，提供了丰富的函数和类来支持各种常用操作，如输入输出、容器、算法、字符串处理等。C++语言标准规定了标准库的内容和接口，包括 iostream、vector、algorithm 等常用组件。

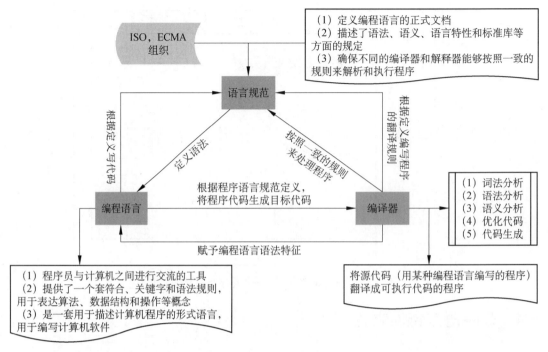

图 1.7 编程语言特性来源

此外，C++语言标准还包括其他方面的规定，如预处理指令、名称空间、类型推断、静态断言等。每个 C++语言标准都是建立在之前标准的基础上进行扩展和改进的，新的 C++语言标准引入了新特性和语言扩展，以提高编程效率和代码质量。

需要注意的是，C++语言标准是一个动态的规范，随着时间的推移会发布新的标准版本。开发者应根据目标平台和项目需求选择适当的 C++语言标准，并参考相应版本的规范文档进行开发。

所以 C++语言的特性来自 ISO 组织制定的规范和实现的编译器。在强大编译器的支持下，才让 C++语言的特性如此丰富。

1.5 其他编程语言原理推导

当前技术环境存在一条编程鄙视链如图 1.8 所示，即写汇编语言的工程师看不起 C 语言工程师。C 语言工程师看不起 C++语言工程师。C++语言工程师看不起 Java 和 C#工程师，Java 工程师和 C#工程师相互鄙视，等等。

然而，周末时，产品经理带着伴侣出去约会，一群程序员还在加班。

图 1.8　编程鄙视链

究竟什么编程语言最厉害？

不存在。因为编程语言均是为了满足具体的业务需求而开发的。若脱离业务本身来讨论什么编程语言最厉害，那就是不合理的讨论。

一门编程语言之所以能够流行，一个很重要的因素是它在某个领域取得了重要甚至主导的地位。例如，嵌入式和操作系统会使用 C/C++/汇编语言；云原生基础设施会用 Go 语言；企业级和 Web 后端服务会用 Java；机器学习与人工智能会用 Python。

这也是为什么 C/C++社区有许多底层专家，而 Java 社区则出现了许多架构师。前者可能每天和各种底层细节及段错误打交道，解决基础设施方面的问题；后者则享受着近二十年来海量的框架、库和实践经验，当其他语言还在构建工具和框架的时候，Java Web/企业开发就已经进入了联合作战的时代，对各种规模的服务都有成熟的解决方案。

1.6　编程语言的共性

针对面向对象编程，"上帝视角"的一句话是"万物皆对象"。

针对编程语言，程序员"上帝视角"的一句话是"编程语言都是相通的"，那么"相通"究竟是指什么？我们需要探究编程语言的共性，如图 1.9 所示。

语言社区：通过语言社区，我们可以了解语言的发展方向，同时认识一些较为前沿的技术和具体需求的最佳实践方法论。Java 语言近 20 年这么成功，得益于强大的语言社区和丰富的开源项目。

语言特性就是如何声明变量，编写函数，声明结构体和类，定义模块等。语言特性可以进一步细分为语法和语义两个方面。语法是编程语言规范定义的写法。语义指的是我们要描述的事物本身。

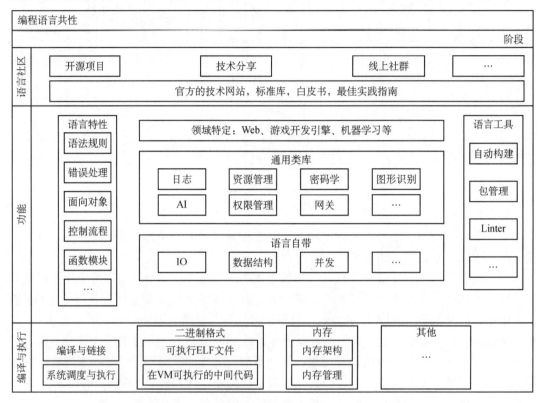

图 1.9　编程语言共性

语言特性、框架和通用类库是程序员解决具体需求必不可少的工具，它们涉及数据结构、容器、日志等，这些都是属于框架和类库的组成部分。

语言工具可以检查代码库中的常见错误，自动化复杂项目的构建，以及下载和安装依赖。

对于语言社区、特性、框架、类库和工具，不同的语言之间差异比较大。但是语言的编译与执行，基本所有语言都是一致的，或者说实现的原理基本一致。所以与其关注百花齐放的各种编程语言，不如关注底层相关的执行、调度、内存管理、网络和编译原理等知识。我们平时要多关注底层实现原理，这样才能形成计算机思维，对我们解决上层业务需求有莫大的帮助。

1.7　小　　结

本章要点总结如下。

- ☑　从汇编语言到 C 语言，再到 C++语言的发展过程，代表了计算机软件开发生产力的不断解放。
- ☑　汇编语言提供了对硬件的直接控制，但缺乏高级抽象和可移植性。
- ☑　C 语言通过提供更高层次的抽象和可移植性，简化了软件开发过程。
- ☑　C++语言进一步引入了面向对象编程的概念，提供了更高级的抽象和模块化能力。
- ☑　面向对象和面向过程在软件开发过程中的思考模式转变。
- ☑　编程语言的共性：引出计算机底层原理不变，推导出程序员要掌握的底层原理，提高解决计算机问题的能力。

本章混沌知识树如图 1.10 所示，大家需要关注 CPU、ISA、Inter 指令集、汇编语言和 C 语言，所谓的计算机底层原理就是挂在这几个主节点上的枝叶。

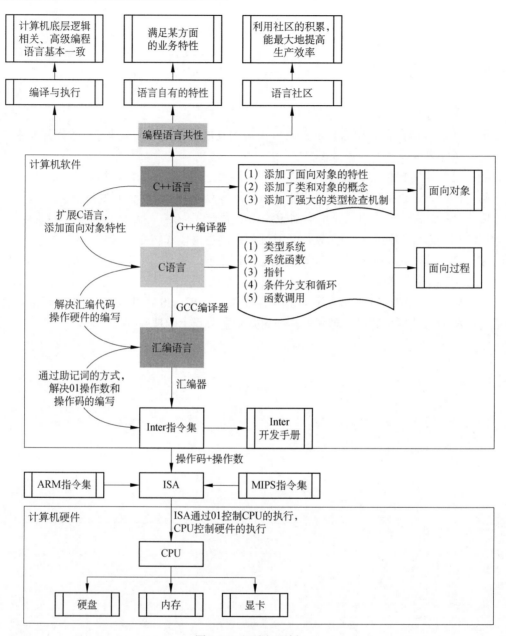

图 1.10 混沌知识树

第 2 章
C++语言的特性和原理

从上一章中，我们知道 C++语言在保留 C 语言的高效性和底层控制能力的同时，引入了面向对象编程和其他高级特性，提供了更强大和灵活的编程工具。C 语言语法在前面章节已有介绍，这里不再赘述。

本章要点

☑ 从面向对象概念出发，探讨 C++语言的一些底层原理。

☑ 类比 CPU 异常处理，C++语言异常处理和 Java 异常处理，展示学习底层知识的魅力。

☑ 介绍 C++语言的特性。

☑ 结合汇编学习成本，C 语言和 C++语言存在的最常见问题，推导其他高级语言的底层逻辑。

2.1　对象和类原理

根据上一章的内容进行推理，对象交互如图 2.1 所示。

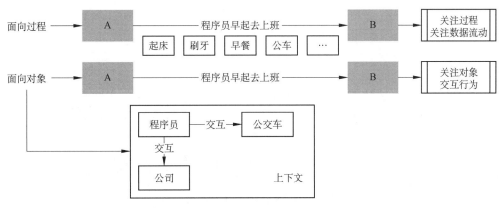

图 2.1　对象交互

面向过程关注从 A 到 B 都做了什么事情，关注数据流动。

面向对象关注从 A 到 B 有哪些对象，以及这些对象在上下文环境中都发生了什么交互。在这个过程中，面向对象引入了两个概念。

类（class）定义了一组属性（数据成员）和方法（成员函数或交互行为），描述了对象的特征和行为。

对象（object）是类的实例化，它是内存中的一个具体实体，具有类定义的属性和方法。通过创建对象，可以使用类定义的功能。

由于各个对象之间存在关系，同时需要隐藏对象的内部实现细节，只暴露必要的接口供外部访问。因此又引入了以下概念。

（1）封装（encapsulation）是将数据和相关操作封装在一起，形成一个类的特性。它隐藏了对象的内部实现细节，只暴露必要的接口供外部访问。这样可以实现数据的安全性和模块化，减少对外部的依赖。

（2）继承（inheritance）支持创建一个新类（称为子类或派生类），它继承了另一个已存在的类（称为父类或基类）的属性和方法。子类可以重用父类的代码，并可以添加新功能或修改继承的行为。

（3）多态（polymorphism）支持以不同的方式对同一个类进行操作。通过多态，可以根据对象的实际类型，在运行时选择相应的方法实现，提高了代码的灵活性和可扩展性。

面向对象基本特征如图 2.2 所示，这些概念的出现根本上是在编程语言中融入了人类的思维模式，或者更贴近人类的思维模式。

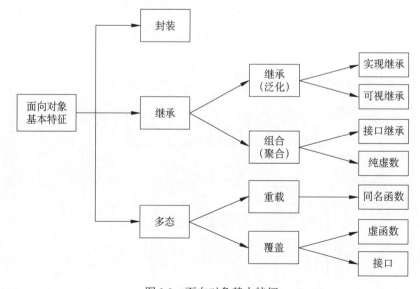

图 2.2　面向对象基本特征

2.1.1　C++语言的 class 关键字

C 语言没有关键字和编译器特性来支持识别对象和对象交互这两个功能。因此，C++语言规范引入了 class，new，extends 等关键字来支撑面向对象特性。但是这些特性必然有 C 语言的实现方法，其实现方法的推导如图 2.3 所示。

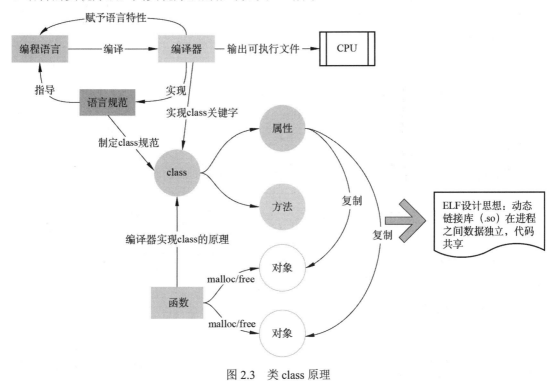

图 2.3　类 class 原理

如图 2.3 所示，通过函数读取 class 的静态数据（元数据）信息。然后使用 malloc 分配堆内存，将属性信息复制到对象中。此时就将对象的属性隔离了，而方法行为则共享。这就是 class 关键字的原理。

概括一下，class 封装了对象的静态属性和行为数据，然后通过分配堆内存和复制属性信息，将各个对象的属性数据隔离，共享行为数据。这就是方法共用、属性（数据）私有（独立）。

2.1.2　C++语言的 new/delete 运算符

前面提到，通过 malloc/free 分配堆内存和释放，对于有 C++语言编程经验的开发者，可能不接受此做法。在 C++语言中，new 和 delete 是用于动态分配和释放内存的运算符。它们的工作原理如下。

1. new 运算符工作原理

当使用 new 运算符创建一个对象时，编译器首先检查需要分配的内存空间大小，然后调用 operator new 函数分配足够大小的内存。operator new 函数在堆上分配一块足够大小的内存，并返回指向该内存的指针。编译器接着调用对象的构造函数来初始化这块内存，将其转换为一个有效的对象。然后 new 运算符返回指向新创建对象的指针。

2. delete 运算符工作原理

当使用 delete 运算符释放对象时，编译器调用对象的析构函数，以便正确地销毁对象并释放它占用的资源。然后，编译器调用 operator delete 函数，将对象占用的内存空间释放回堆。最后，operator delete 函数将内存标记为可用，并在需要的情况下将其返给操作系统或内存管理器。

其中 operator new 与 operator delete 函数是系统提供的全局函数。

```
/*
operator new:该函数实际通过 malloc 申请空间，当 malloc 申请空间成功时直接返回；申请空间失败，尝试
执行空间不足应对措施，如果更改应对措施用户设置，则继续申请，否则抛出异常
*/
void* __CRTDECL operator new(size_t size) _THROW1(_STD bad_alloc)
{
    // try to allocate size bytes
    void* p;
    while ((p = malloc(size)) == 0)
        if (_callnewh(size) == 0)
        {
            // report no memory
            // 如果申请内存失败，这里会抛出 bad_alloc 类型异常
            static const std::bad_alloc nomem;
            _RAISE(nomem);
        }

    return (p);
}


/*
operator delete: 该函数最终是通过 free 释放空间的
*/
void operator delete(void* pUserData)
{
    _CrtMemBlockHeader* pHead;

    RTCCALLBACK(_RTC_Free_hook, (pUserData, 0));
```

```
    if (pUserData == NULL)
        return;
    _mlock(_HEAP_LOCK); /* block other threads */
    __TRY

        /* get a pointer to memory block header */
        pHead = pHdr(pUserData);

        /* verify block type */
        _ASSERTE(_BLOCK_TYPE_IS_VALID(pHead->nBlockUse));

        _free_dbg(pUserData, pHead->nBlockUse);

    __FINALLY
        _munlock(_HEAP_LOCK); /* release other threads */
    __END_TRY_FINALLY

    return;
}

/*
free 的实现
*/
#define free(p) _free_dbg(p, _NORMAL_BLOCK)
```

通过上述两个全局函数的实现，可以知道 operator new 通过 malloc 申请空间。如果 malloc 申请空间成功就直接返回，否则执行用户提供的空间不足应对措施，如果用户提供了该措施就继续申请，否则就抛出异常。operator delete 最终是通过 free 释放空间的。需要注意的是，C++语言还提供了 new[]和 delete[]运算符，用于动态分配和释放数组。其原理与 new 和 delete 类似，但在分配和释放内存时考虑数组元素的个数。

推论如下。

☑　C++语言是基于 C 语言添加了面向对象的特性。

☑　在 C 语言中，分配和释放堆内存分别使用 malloc 和 free 函数。

☑　C++语言则使用 new 和 delete 运算符进行内存分配和释放，但底层调用的仍是 malloc 和 free。

new 和 delete 运算符实际工作内容如下。

（1）new 使用 malloc 分配内存，然后编译器调用对象的构造函数初始化这块内存，将其转换为一个有效的对象。

（2）delete 使用 free 释放内存，在释放前编译器调用对象的析构函数，以便正确地销毁对象并释放它占用的资源。

2.1.3 C++语言的 this 指针

在底层原理中，C++语言的 this 指针实际上是通过函数的参数传递实现的，编译器将 this 指针作为隐含的首个参数传递给成员函数。这意味着在成员函数内部，可以通过访问第一个参数获取当前对象的地址。

编译器在编译成员函数时，将成员函数的定义进行转换。例如，对于如下的成员函数定义

```cpp
void MyClass::memberFunction(int arg) {
    // ...
}
```

编译器将其转换为类似以下形式的函数定义。

```cpp
void memberFunction(MyClass* this, int arg) {
    // ...
}
```

在函数体内部，通过 this 指针即可访问成员变量和其他成员函数。例如，使用 this->member 或(*this).member 可以访问当前对象的成员变量。this 指针原理如图 2.4 所示。

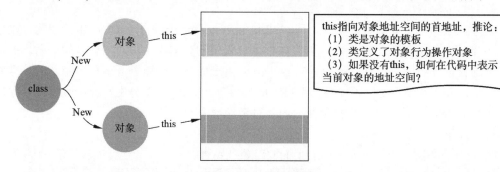

图 2.4 this 指针原理

需要注意的是，底层实现中的 this 指针是一个常量指针（const 指针），它指向当前对象，并且不能修改指向的对象。这是因为成员函数在定义时可以声明为 const，表示该函数不会修改对象的状态，因此 this 指针被视为指向常量对象的指针。

此外，底层实现中的 this 指针通常使用机器的寄存器来传递，以提高访问效率。编译器根据具体的硬件架构和调用约定进行优化。无论具体实现如何，this 指针的功能和作用在高层面上都是一致的。

总之，C++语言的 this 指针通过函数参数传递来实现，在底层原理中通过编译器的转换和机器寄存器访问当前对象，并提供了对成员变量和其他成员函数的访问。

2.2　异　常　处　理

异常是指在程序执行期间出现的意外或错误情况，可能导致程序无法继续正常执行。例如，程序可能试图打开一个不可用的文件，请求过多的内存，或者进行除以 0 的操作。通常，程序员都试图预防这些意外情况。

回顾之前学习的知识。CPU 异常处理原理：CPU 处理函数查找中断描述符表（interrupt descriptor table，IDT），IDT 表指明段描述符所在信息，段描述执行代码信息。CPU 实现故障异常处理，当触发指令触发了一个异常，CPU 查找 IDT 对应的处理异常程序，然后找到段描述符，压入错误代码，就可以表述因为什么方式导致异常，然后查表，通过错误代码分派执行。

2.2.1　C++语言异常处理

C++语言异常处理的基本语法是使用 try-catch 块。以下是异常处理的一般用法。

```
try {
    // 可能引发异常的代码
} catch (ExceptionType1& ex1) {
    // 处理 ExceptionType1 类型的异常
} catch (ExceptionType2& ex2) {
    // 处理 ExceptionType2 类型的异常
} catch (...) {
    // 处理其他类型的异常
}
```

在 try 块中放置可能引发异常的代码。如果在 try 块内发生了异常，程序的控制流将跳转到与异常类型匹配的 catch 块。catch 块用于捕获和处理特定类型的异常。

```cpp
#include <iostream>

int divide(int dividend, int divisor) {
    if (divisor == 0) {
        throw std::runtime_error("Divide by zero exception");
    }
    return dividend / divisor;
}

int main() {
    int dividend = 10;
    int divisor = 0;
    try {
```

```
        int result = divide(dividend, divisor);
        std::cout << "Result: " << result << std::endl;
    } catch (std::exception& e) {
        std::cout << "Exception caught: " << e.what() << std::endl;
    }
    return 0;
}
```

在上述代码中，我们定义了一个名为 divide 的函数，用于执行除法运算。如果除数为 0，则通过 throw 关键字抛出一个 std::runtime_error 类型的异常，并传递异常信息 "Divide by zero exception"。

在 main 函数中调用 divide 函数，并使用 try-catch 块捕获异常。在 try 块中调用 divide 函数，并将结果存储在 result 变量中。如果发生了除数为 0 的异常，控制流跳转到 catch 块。在 catch 块中捕获异常并打印异常信息。

通过这种方式，当除数为 0 时可以捕获并处理异常，避免程序崩溃或产生未定义的行为。

需要注意的是，C++语言中的异常处理是一种运行时机制，它涉及异常的抛出、捕获和处理。在异常被抛出后，控制流根据异常处理程序的规则进行跳转，直到找到合适的异常处理块。如果没有找到合适的异常处理块，程序将终止，并显示未处理的异常信息。

2.2.2　Java 异常处理

Java 异常处理涉及以下几个关键概念。

（1）异常类：在 Java 中，异常被表示为特定类型的对象。Java 提供了一系列预定义的异常类，如 ArithmeticException、NullPointerException 等，同时也支持自定义异常类。异常类用于封装异常的相关信息，如异常类型、错误消息等。

（2）try-catch 块：用于标识可能引发异常的代码块，并提供异常处理机制。try 块内放置可能引发异常的代码，而 catch 块用于捕获和处理特定类型的异常。

（3）throw 关键字：用于在代码块中抛出异常。当遇到某个异常情况时，可以使用 throw 关键字手动抛出一个异常对象。

（4）throws 关键字：用于在方法签名中声明该方法可能抛出的异常类型。当方法可能引发某种类型的异常时，使用 throws 关键字在方法声明中指定该异常。

```java
public class ExceptionHandlingExample {
    public static void main(String[] args) {
        int dividend = 10;
        int divisor = 0;
        try {
            int result = divide(dividend, divisor);
            System.out.println("Result: " + result);
        } catch (ArithmeticException e) {
```

```
            System.out.println("Exception caught: " + e.getMessage());
        }
    }

    public static int divide(int dividend, int divisor) {
        if (divisor == 0) {
            throw new ArithmeticException("Divide by zero exception");
        }
        return dividend / divisor;
    }
}
```

在上述代码中定义了一个名为 divide 的静态方法，用于执行除法运算。如果除数为 0，则使用 throw 关键字抛出一个 ArithmeticException 类型的异常，并传递异常信息 "Divide by zero exception"。

异常处理流程如下。

（1）当程序执行到 throw 语句时，创建一个异常对象。

（2）异常对象被抛出，并沿着调用堆栈向上传递，直到找到匹配的 catch 块。

（3）当异常被捕获时，相关 catch 块中的代码被执行，以处理异常情况。

（4）如果没有找到匹配的 catch 块，则程序将终止，并显示未处理的异常信息。

使用命令 javap -v ExceptionHandlingExample 查看 .class 文件的相关内容，可以看到异常处理的实现细节。

```
public class ExceptionHandlingExample
...
public static void main(java.lang.String[]);
    descriptor: ([Ljava/lang/String;)V
    flags: (0x0009) ACC_PUBLIC, ACC_STATIC
    Code:
      stack=3, locals=4, args_size=1
        0: bipush          10
        2: istore_1
        3: iconst_0
        4: istore_2
        5: iload_1
        6: iload_2
        7: invokestatic    #2                 // Method divide:(II)I
       10: istore_3
...
...
    Exception table:
      from    to  target type
         5    36     39  Class java/lang/ArithmeticException
...
```

在上述代码中，0～10 代表类对象的属性和行为信息。这段行为信息可能导致异常，当发生异常时，程序会提供一张表（exception table）。表中的 from 和 to 表明它所处的区域。任何在 5~36 之间发生的异常都可到该表中查询匹配。根据异常类型（type）匹配，若匹配到一个表项，则跳转到该表项的 target 行，执行相应的异常处理代码。

Java 处理异常的底层过程和 CPU 异常处理过程非常相似。

exception table 类比中断表 IDT，IDT 的表项指明了段描述符所在的信息（即处理异常的代码段位置）。

exception table 的 target 则类比于段描述符的段选择子，指向全局描述符表（global descriptor talle，GDT）的表项。

这就是底层的魅力，学 1 得 10。如果大家对 CPU 异常处理过程不熟悉或者有所遗忘，可以回顾之前的内容。

2.3　C++语言的特性

接下来，我们简要介绍 C++语言的语法规则和语言特性。

2.3.1　C++语言的 hello world

C++语言的 hello world 程序示例代码如下。

```cpp
#include <iostream>

int main() {
    std::cout << "Hello, World!" << std::endl;
    return 0;
}
```

让我们逐行解析这个程序的语法规则。

#include <iostream>是一个预处理指令，用于将<iostream>头文件包含到程序中。该文件定义了 cin、cout、cerr 和 clog 对象，分别对应于标准输入流、标准输出流、非缓冲标准错误流和缓冲标准错误流。

int main()是程序的入口点。main 函数是程序开始执行的地方。int 是返回类型，表示 main 函数将返回一个整数值给操作系统。()表示函数参数列表，main 函数在这里不接受任何参数。

{}是代码块的开始和结束大括号，表示 main 函数的范围。

std::cout 是标准输出流对象，用于将数据输出到控制台。std::前缀表示这个对象是 std 命名空间中的成员。

<<是输出流插入运算符，用于将数据插入到输出流中。

"Hello, World!"是要输出的文本字符串。

std::endl 是输出流控制符,用于在输出流中插入换行符,并刷新输出流。

;是语句结束符号,用于表示一行代码的结束。

return 0;是 main 函数的返回语句,将整数 0 返给操作系统,表示程序正常退出。

2.3.2　C++语言的数据类型

1. C++数组

C++数组的声明和初始化方式如下。

```
// 声明一个整数数组
int numbers[5];

// 声明并初始化数组
int scores[] = {90, 85, 95, 80, 88};
```

访问和修改数组元素的代码如下。

```
int value = numbers[2];          // 访问数组中索引为 2 的元素
numbers[3] = 42;                 // 修改数组中索引为 3 的元素的值
```

循环遍历数组的代码如下。

```
for (int i = 0; i < 5; i++) {
    cout << numbers[i] << " ";
}
```

多维数组的代码如下。

```
int matrix[3][3] = {
    {1, 2, 3},
    {4, 5, 6},
    {7, 8, 9}
};
```

注意,数组的大小必须在声明时确定,并且在后续操作中不能改变。此外,数组索引必须在有效的范围内,否则会导致访问越界错误。

2. C++字符串

在 C++语言中,字符串是用于存储和操作文本数据的数据类型。C++语言提供了两种主要的字符串表示形式:C 风格字符串和 C++标准库字符串。

C 风格字符串示例如下。

```
#include <iostream>

int main() {
```

```
    char greeting[] = "Hello, World!";          // C 风格字符串的声明和初始化

    std::cout << greeting << std::endl;          // 输出字符串

    return 0;
}
```

C++语言标准库字符串示例如下。

```
#include <iostream>
#include <string>

int main() {
    std::string greeting = "Hello, World!";      // C++语言标准库字符串的声明和初始化

    std::cout << greeting << std::endl;          // 输出字符串

    return 0;
}
```

C++语言标准库字符串提供了许多有用的成员函数和操作符，如字符串连接、截取、比较等，使字符串处理更加方便。

```
std::string str1 = "Hello";
std::string str2 = "World";

std::string result = str1 + ", " + str2;      // 字符串连接
std::cout << result << std::endl;

if (str1 == "Hello") {                        // 字符串比较
    std::cout << "str1 is equal to \"Hello\"" << std::endl;
}

std::string substring = str2.substr(0, 3);    // 字符串截取
std::cout << substring << std::endl;
```

C++语言标准库字符串类不仅提供了更多的功能和灵活性，而且在处理字符串时也更加安全，因为它自动管理内存和长度。所以推荐在 C++语言中使用 C++语言标准库字符串来处理和操作字符串。

2.3.3 C++语言的指针和引用

C++语言中的指针是一种变量类型，用于存储内存地址。指针可以指向其他变量或对象，并通过地址访问它们或进行操作。指针提供了对内存的直接访问和操作，是 C++语言中非常重要和强大的特性。

1. 声明和初始化指针

```
int* ptr;                                      // 声明一个整型指针
```

```
double* pDouble = nullptr;                    // 声明并初始化一个双精度浮点型指针为空指针
```

2. 获取指针的地址和访问指针所指向的值

```
int number = 42;
int* ptr = &number;                           // 获取变量 number 的地址并赋给指针

std::cout << "值: " << *ptr << std::endl;     // 输出指针所指向的值
```

3. 动态内存分配和释放

```
int* ptr = new int;                           // 动态分配一个整型变量的内存
*ptr = 10;                                    // 对动态分配的内存进行赋值

delete ptr;                                   // 释放动态分配的内存
```

在 C++语言中，引用（reference）是一种别名，它支持我们使用一个变量名引用另一个已存在的对象。引用提供了对对象的直接访问，而不需要通过指针解引用或使用成员访问运算符。

4. 声明和初始化引用并使用引用进行操作

```
int number = 42;
int& ref = number;                            // 声明一个整型引用，并初始化为变量 number

ref = 10;                                     // 修改引用所指向的值
cout << number;                               // 输出变量 number 的值，结果为 10

number = 20;                                  // 修改变量 number 的值
cout << ref;                                  // 输出引用 ref 的值，结果为 20
```

5. 引用作为函数参数

```
void increment(int& ref) {
    ref++;
}

int number = 42;
increment(number);                            // 传递变量 number 的引用给函数
cout << number;                               // 输出变量 number 的值，结果为 43
```

引用在 C++语言中的主要用途是作为函数参数，特别是用于传递参数并对其进行修改。它提供了一种简洁和直接的方式操作已存在的对象，避免了指针的复杂性。需要注意的是，引用必须在声明时进行初始化，并且不能重新赋值为其他对象。

2.3.4　C++语言的类与对象

在 C++语言中，类是一种用户自定义的数据类型，用于封装数据和操作（方法）的集合。对象是类的实例，通过实例化类来创建。

1. 声明和定义类

```cpp
class MyClass {
    // 成员变量
    int myInt;
    double myDouble;

    // 成员函数
    void myFunction();
};
```

2. 定义成员函数

```cpp
void MyClass::myFunction() {
    // 函数实现
    // 可以访问和操作成员变量
    myInt = 42;
    myDouble = 3.14;
    // ...
}
```

3. 创建对象并访问成员

```cpp
MyClass obj;                    // 创建一个对象
obj.myInt = 10;                // 访问和修改成员变量
obj.myDouble = 2.5;
obj.myFunction();              // 调用成员函数
```

4. 构造函数和析构函数

```cpp
class MyClass {
public:
    // 构造函数
    MyClass() {
        // 构造函数的实现
    }

    // 析构函数
    ~MyClass() {
        // 析构函数的实现
    }
};
```

在前面的学习中，我们了解了 C 语言编译后的可执行文件，C++语言与之类比如图 2.5 所示。

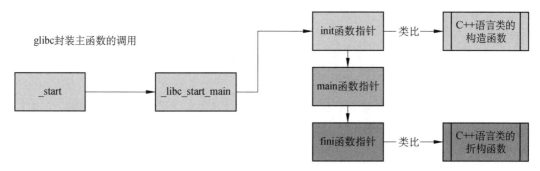

图 2.5　C 语言编译后的可执行文件与 C++语言的类比

面向过程的语言存在调用 main 函数前进行初始化,调用 main 函数后进行清理的行为。因此,通过类比的方法,可以加深我们对面向对象的理解。

(1)构造函数在对象创建时自动调用,用于初始化对象的状态。

(2)析构函数在对象销毁前自动调用,用于清理资源和执行必要的清理操作。

2.3.5　C++语言的多态

在 C++语言中,多态(polymorphism)是面向对象编程的一个重要概念,它支持通过统一的接口处理不同类型的对象,从而提高代码的灵活性和可扩展性。多态通过使用基类指针或引用以引用派生类对象,实现了动态绑定和运行时多态性。

C++语言中的多态性可以通过以下两种方式实现。

1. 虚函数

在基类中声明虚函数(virtual function),并在派生类中进行重写。通过使用 virtual 关键字,使得派生类的同名函数能够在运行时动态绑定正确的函数实现。

基类指针或引用可以引用派生类对象,并在运行时调用正确的派生类函数。

```
class Shape {
public:
    virtual void draw() {
        // 基类虚函数的默认实现
    }
};

class Circle : public Shape {
public:
    void draw() override {
        // 派生类重写的虚函数实现
    }
};
```

```
int main() {
    Shape* shape = new Circle();
    shape->draw();                            // 在运行时调用派生类的函数实现
    delete shape;
    return 0;
}
```

2. 纯虚函数

可以在基类中声明纯虚函数（pure virtual function），通过在函数声明的末尾使用"= 0"告诉编译器该函数没有实现。

包含纯虚函数的类称为抽象类，抽象类不能被实例化，只能作为基类使用。

派生类必须实现基类的纯虚函数，否则派生类也会成为抽象类。

```
class Shape {
public:
    virtual void draw() = 0;                  // 声明纯虚函数
};

class Circle : public Shape {
public:
    void draw() override {
        // 派生类实现纯虚函数
    }
};

int main() {
    Shape* shape = new Circle();
    shape->draw();                            // 在运行时调用派生类的函数实现
    delete shape;
    return 0;
}
```

多态性可以使用通用接口来处理不同的对象，而无须了解对象的具体类型。这增加了代码的灵活性、可维护性和可扩展性。通过基类的指针或引用，程序可以在运行时动态地选择正确的函数实现，实现了多态行为。

需要注意的是，在使用多态时，通常需要将基类的析构函数声明为虚函数，以确保在删除基类指针时正确调用派生类的析构函数，避免内存泄漏。

2.3.6　C++语言的泛型编程

在 C++语言中，泛型编程是一种编程范式，它支持编写通用的、独立于特定数据类型的代码。C++语言通过模板（template）支持泛型编程，提供了一种在编译时生成特定类型代码的机制。泛型编程的主要优点是可以实现代码的重用和类型安全，同时提高代码的可读性和可维护性。通过使用模板，可以编写通用的代码，以适应不同的数据类型，并在编译时根据实际的类型生成特定的代码。

　　C++语言的模板是一种用于创建通用代码的机制。模板支持程序员编写通用的函数或类，可以用于处理不同类型的数据，而无须为每种类型编写重复的代码。C++语言的模板主要分为函数模板（function template）和类模板（class template）。函数模板支持定义一个通用的函数，可以处理不同类型的参数。通过使用模板参数（template parameters），可以在函数中使用占位符表示参数的类型。

```cpp
template <typename T>
T max(T a, T b) {
    return (a > b) ? a : b;
}

int main() {
    int a = 10, b = 20;
    cout << max(a, b) << endl;          // 使用函数模板处理整型参数

    double x = 3.14, y = 2.71;
    cout << max(x, y) << endl;          // 使用函数模板处理浮点型参数

    return 0;
}
```

　　类模板支持定义一个通用的类，可以处理不同类型的成员和操作。类模板使用模板参数定义类中的数据成员、成员函数和类型。

```cpp
template <typename T>
class Stack {
private:
    T* data;
    int top;
    int size;

public:
    Stack(int maxSize) {
        data = new T[maxSize];
        top = -1;
        size = maxSize;
    }

    void push(T item) {
        if (top == size - 1)
            cout << "Stack is full." << endl;
        else
            data[++top] = item;
    }
```

```
    T pop() {
        if (top == -1) {
            cout << "Stack is empty." << endl;
            return T();
        } else {
            return data[top--];
        }
    }
};

int main() {
    Stack<int> intStack(5);                // 使用类模板创建整型栈对象
    intStack.push(10);
    intStack.push(20);
    cout << intStack.pop() << endl;

    Stack<double> doubleStack(3);          // 使用类模板创建浮点型栈对象
    doubleStack.push(3.14);
    doubleStack.push(2.71);
    cout << doubleStack.pop() << endl;

    return 0;
}
```

泛型系统的工作原理如图 2.6 所示。

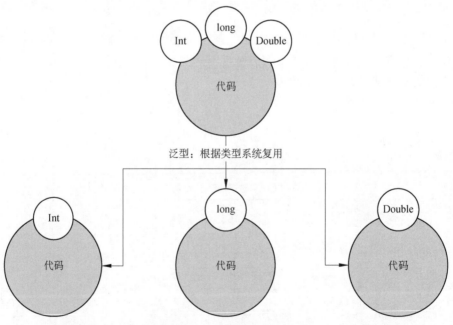

图 2.6　泛型系统工作原理——代码膨胀

图 2.6 是泛型实现方式之一：使用编译器根据调用时传入的类型，将源代码复制一份对应类型的代码，从而造成代码膨胀。这种方式牺牲更多的空间，换取更清晰的调用堆栈。

泛型实现方式之二：编译过程中，将泛型类型的具体信息擦除（即将泛型代码中的类型信息替换为占位符），通过使用虚函数和基类指针，在运行时根据实际类型调用正确的函数。这种方式不会造成代码膨胀，但调用的代码层级结构不够清晰。

泛型的本质一言以蔽之：屏蔽数据及其操作的细节，让算法更为通用，让程序员更多地关注算法的结构，而不是算法中处理的不同数据类型。

2.4　汇编、C 和 C++ 语言存在的问题

结合之前的学习，从计算机底层开始，我们已经接触了汇编、C 和 C++ 这三门编程语言，如图 2.7 所示。

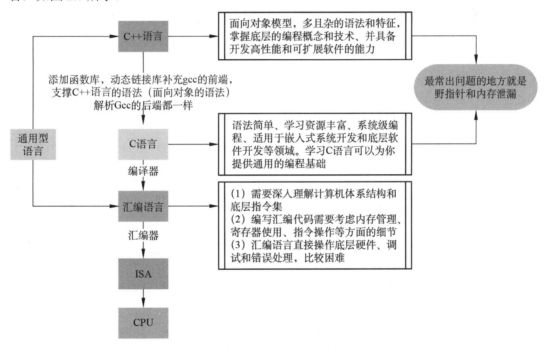

图 2.7　汇编、C 和 C++语言存在的问题

2.4.1　汇编语言

汇编语言是一种低级语言，它直接使用机器指令编写程序。与高级语言相比，汇编语

言更接近底层硬件，一直以来，人们对于汇编语言的认识和评价可以分为两种，一种是认为它非常简单，另一种是认为它学习起来非常困难。

学习汇编语言非常困难的根本原因在教科书上。我们经常看到汇编语言教科书一上来就介绍复杂的寻址方式，然后就被劝退了。

学习汇编语言非常简单的人，通常是因为他们先学习了对应的计算机系统结构和指令集。毕竟汇编语言与计算机硬件结构密切相关。计算机的基本组成和工作原理，包括处理器、内存、寄存器等，掌握计算机体系结构将为你理解汇编语言提供基础。很多人在掌握了若干的计算机指令后，通过汇编语言编写了一些加减乘除的程序，就认为自己掌握了汇编语言。

汇编语言对于学习和理解高级语言如 C 语言，有极大的帮助。例如，C 语言中的指针概念，如果理解了汇编语言，就会明白指针本质上是存放地址的变量。

虽然汇编语言不适合编写大型程序，但它对于理解计算机原理很有帮助，特别是 CPU 的工作原理和运行机制，汇编语言的本职工作就是访问和控制 CPU。编写汇编代码需要考虑内存管理、寄存器使用、指令操作等方面的细节，理解和掌握这些细节需要更多的时间和精力，但这能帮助程序员编写更高效和精确的代码。

2.4.2　C 语言

C 语言于 1972 年创建，到 2024 年已接近半个世纪。随着计算机技术的不断发展，网络上讨论的大多是流行的语言，如 Java、Python、Go 和 C#等。大家自然会产生疑问，C 语言是否已经过时？答案是否定的。我们认为 C 语言是程序员最需要掌握的一门语言。

TIOBE 编程社区指数（TIOBE programming community index）是一种衡量编程语言流行度的标准，该指数涵盖了网民在 Google、MSN、雅虎、百度、维基百科和 YouTube 的搜索结果。该指数于 2001 年推出，每月更新一次。如图 2.8 所示，2024 年 1 月 C 语言占据了 11.44%的搜索比例，仅次于 Python 排名第 2。这表明 C 语言在编程社区仍然具有较高的地位。

从学习的角度看，C 语言作为一种高级语言，具有相对简单的语法和语义。它采用了直观的语法结构和基本的编程概念，使得初学者可以较快地上手。而且它也具有底层语言的一些特性，如汇编语言的控制能力，这使得学习者在学习过程中能够了解计算机的底层工作原理。C 语言可以提供通用的编程基础，并为更高级的学习和应用打下坚实的基础。

C 语言被广泛应用于系统级编程、嵌入式系统开发和底层软件开发等领域。对于电子、图像处理、音视频处理、通信等方向的工程师来说，掌握 C 语言是必不可少的。因为 C 语言可以避免其他编程语言带来的额外性能开销，能最有效地使用内存，获得 CPU 最大的运行速度，从而最大化地利用计算机的性能。

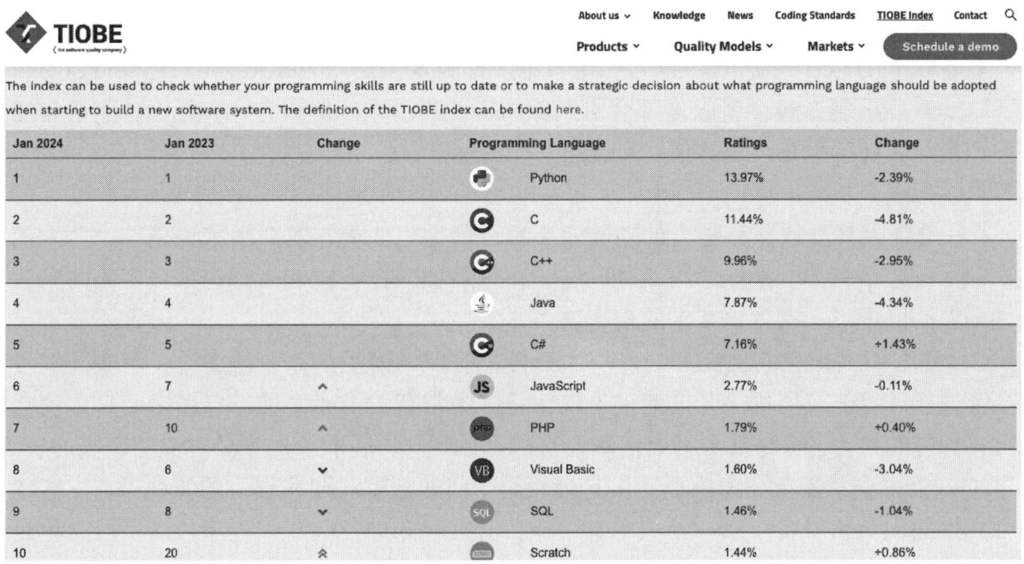

The index can be used to check whether your programming skills are still up to date or to make a strategic decision about what programming language should be adopted when starting to build a new software system. The definition of the TIOBE index can be found here.

Jan 2024	Jan 2023	Change	Programming Language	Ratings	Change
1	1		Python	13.97%	-2.39%
2	2		C	11.44%	-4.81%
3	3		C++	9.96%	-2.95%
4	4		Java	7.87%	-4.34%
5	5		C#	7.16%	+1.43%
6	7	^	JavaScript	2.77%	-0.11%
7	10	^	PHP	1.79%	+0.40%
8	6	v	Visual Basic	1.60%	-3.04%
9	8	v	SQL	1.46%	-1.04%
10	20	^^	Scratch	1.44%	+0.86%

图 2.8　TIOBE 编程社区指数

学习 C 语言无疑是一项值得的投资，它有助于提升你的技能，增强你的竞争力，并为你的职业生涯开辟更多机会。

2.4.3　C++语言

C++语言作为一门历史悠久且功能强大的编程语言，不仅在软件开发领域扮演着重要角色，同时也是令许多程序员爱恨交加的源泉。

C++语言的名字本身就带有程序员式的幽默。它在 C 语言的基础上增加了面向对象等特性，"++"是 C 语言中的自增运算符，意味着 C++语言是 C 语言的改进版，也象征着语言的进步。因此，对于已经熟悉 C 语言的人而言，学习 C++语言将更容易。C++语言的语法和语义中包含了 C 语言的大部分内容，这使得具备 C 语言基础的人在学习 C++语言时成本相对较低。

在编程语言的讨论中，经常会提到用不同的语言 Shooting yourself in the foot。在这个比喻中，C++语言被描绘为一种提供了足够绳索来吊死自己的语言，而且在实际射击自己的脚之前，你还能用 C++语言制造装备。这个比喻反映了 C++语言提供的强大功能和灵活性，同时也指出了其复杂性和潜在的风险。

C++语言还提供了编译器的魔法与挑战。C++语言的模板是一种强大的特性，支持编写通用和高效的代码。然而，模板元编程（TMP）也让 C++编译器的错误信息变得异常复杂，有时一行简单的代码可能产生几页的编译错误，让程序员摸不着头脑。这种情况常常被戏称为"与编译器的斗争"。

随着标准的不断更新，C++语言已经有了多个版本，如 C++98、C++03、C++11、C++14、C++17、C++20 等。每个新版本都会引入新的特性和改进，但同时也会让人感到语言的复杂度在增加。社区中有个玩笑说，每推出一个新标准，C++语言就会变成一门全新的语言，这既是挑战也是机遇。

C++语言因其复杂性和强大的功能而著称，但这也使得它对新手来说是一个巨大的挑战。社区里经常有关于最佳学习路径的讨论，以及如何在不被 C++语言那众多陷阱和复杂特性吓退的情况下，有效地掌握这门语言。

C++语言以其出色的性能和对底层的直接控制能力而受到系统程序员、游戏开发者和需要高性能计算的应用程序开发者的青睐。社区中常有关于如何进一步优化 C++语言代码以提高性能的讨论，有时甚至钻研汇编语言级别的优化，展示了程序员对性能追求的极致。尽管 C++语言有其复杂性和挑战，但它仍然是一门非常受欢迎和强大的编程语言。它的灵活性和性能优势使得它在众多领域中继续保持其独特的地位。对于程序员而言，无论是爱它还是恨它，学习和掌握 C++语言无疑都是一次宝贵的经历。

2.4.4 最常见的问题

C 和 C++语言最常出现野指针和内存泄漏的问题，它们经常困扰程序员并导致程序出现各种不可预测的行为和严重的安全漏洞。以下是它们困扰程序员的一些主要原因。

（1）指针概念的复杂性：指针是 C 和 C++语言的核心特性之一，但同时也是导致问题的主要原因之一。程序员需要理解指针的概念、使用和生命周期管理，包括正确初始化、解引用、释放和避免悬空指针等。

（2）内存动态分配和释放：C 和 C++语言支持程序员手动进行内存分配和释放，这提供了更大的灵活性，但也需要程序员自行管理内存。如果程序员忘记释放动态分配的内存，就会导致内存泄漏。

（3）对象生命周期管理：在 C++语言中，对象的构造函数和析构函数对于正确管理资源和内存非常重要。如果程序员没有正确地实现析构函数或忘记在析构函数中释放资源，就会导致内存泄漏或资源泄漏。

（4）复杂的程序流程和错误处理：大型的 C 和 C++语言程序通常有复杂的程序流程和错误处理机制。在这种情况下，如果程序员没有正确管理指针和内存，就容易出现野指针和内存泄漏问题，影响程序的可靠性和稳定性。

（5）缺乏工具和自动化支持：相比于其他高级语言，C 和 C++语言在静态分析和内存调试方面的工具和自动化支持相对较少。这增加了程序员发现和解决野指针和内存泄漏问题的难度。

（6）野指针问题：示例代码如下。

```
#include <stdio.h>

int* getPointer() {
    int value = 42;
    int* ptr = &value;
    return ptr;                          // 返回局部变量的地址
}

int main() {
    int* danglingPtr = getPointer();
    printf("%d\n", *danglingPtr);        // 未定义的行为，访问了已释放的内存
    return 0;
}
```

　　getPointer 函数返回一个指向局部变量 value 的指针。当函数执行完毕后，value 变量的生命周期随即结束，指针 danglingPtr 指向的内存变为无效，这就是野指针情况。

　　再来看看内存泄漏的问题。

```
class MyClass {
private:
    int* data;

public:
    MyClass() {
        data = new int[100];
    }

    ~MyClass() {
        // 忘记释放内存
    }
};

int main() {
    while (true) {
        MyClass* obj = new MyClass;
        // 对象没有被销毁，内存泄漏
    }

    return 0;
}
```

　　在这个示例中，MyClass 类在构造函数中使用 new 运算符动态分配一个包含 100 个整数的数组，但在析构函数中没有释放该内存。在 main 函数的无限循环中，对象 obj 被创建，但没有被销毁，导致内存泄漏。修改上面的代码避免内存泄漏。

```
class MyClass {
private:
```

```
    int* data;

public:
    MyClass() {
        data = new int[100];
    }

    ~MyClass() {
        delete[] data;                    // 释放内存
    }
};

int main() {
    while (true) {
        MyClass* obj = new MyClass;
        delete obj;                       // 销毁对象并释放内存
    }

    return 0;
}
```

在修改后的代码中，通过在析构函数中调用 delete[] 释放动态分配的数组内存。在 main 函数中，通过 delete 关键字销毁对象并释放相关内存，避免了内存泄漏问题的发生。

C 类语言（C/C++语言）的内存泄漏和野指针问题，如同不定时炸弹，在软件的用户规模扩大的时候，就可能会爆发出来，导致软件崩溃，用户无法使用。

如果只是依赖程序员写代码时保证释放动态分配的内存，海量的业务需求就需要海量的程序员。海量的程序员都需要正确使用指针和正确释放动态分配的内存，这个问题实际无法从根本上解决。

2.5 Java 语言出现的推论

如果 C 类语言无法通过程序员编写代码来保证释放所有动态分配的内存，那么在 C 类语言中如何规避这个问题？是否可以设计一种语言，直接规避内存管理的问题？

2.5.1 内存泄漏和野指针规避

C 类语言（C/C++语言）如何解决内存泄漏和野指针问题呢？使用 C++语言中的智能指针（如 std::shared_ptr 和 std::unique_ptr）管理动态分配的内存，并自动释放内存，如图 2.9 所示。

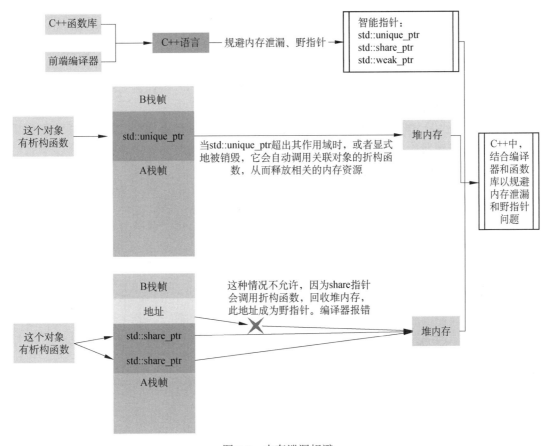

图 2.9　内存泄漏规避

　　编译器对 std::unique_ptr 的支持主要体现在以下几个方面。

　　（1）类型安全：std::unique_ptr 是类型安全的，编译器在编译时进行类型检查，确保只有相应类型的指针可以被分配给 std::unique_ptr。

　　（2）静态析构：当对象的 std::unique_ptr 超出其作用域时，编译器在编译时自动生成析构函数的调用，确保资源自动释放。

　　（3）移动语义优化：编译器对移动语义进行优化，尽可能避免不必要的拷贝操作，提高程序的性能和效率。

　　（4）错误检查：编译器可以检查一些潜在的错误，如使用已释放的资源或访问空指针等，提供静态的错误检查和警告。

　　编译器对 std::shared_ptr 的支持主要体现在以下几个方面。

　　（1）引用计数管理：编译器在编译时自动生成适当的引用计数代码，确保引用计数的正确维护和管理。

（2）循环引用检测：编译器无法在编译时检测循环引用问题，但它可以在运行时检测循环引用，并在引用计数变为零之前释放相关的内存资源。

（3）自动析构：编译器在适当的时机自动生成析构函数的调用，确保资源自动释放。

（4）多线程安全：std::shared_ptr 的引用计数是原子操作，编译器确保在多线程环境下对引用计数的操作是线程安全的。

std::weak_ptr 是 std::shared_ptr 的弱引用，允许观察对象但不拥有对象。它不增加引用计数，因此不影响对象的生命周期，可以用来避免 std::shared_ptr 的循环引用问题。

2.5.2 新语言的设计要求

根据我们之前的推论，去除枝叶，只保留最核心的内容，如图 2.10 所示。

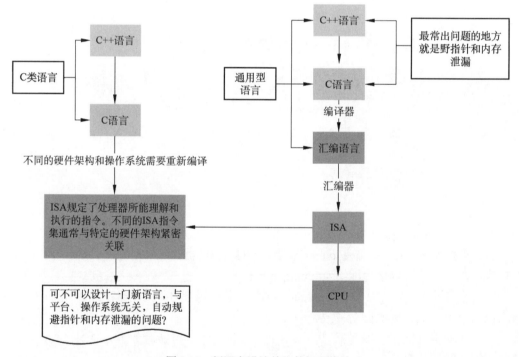

图 2.10　新语言设计关注的问题推论

新语言的设计要求如下。

（1）平台无关性：基于虚拟机（virtual machine，VM）的编程语言在编写代码时不直接针对底层操作系统或硬件进行编程，而是通过虚拟机提供一个统一的执行环境。这使得编写的代码可以在不同的平台和操作系统上运行，具有较高的可移植性。

（2）中间代码：基于 VM 的编程语言通常将源代码编译为中间代码（intermediate code），

也称为字节码（bytecode）或类似的形式。中间代码是一种中间表示形式，可以在虚拟机上解释或编译成机器码执行。这种中间代码的存在使得编程语言能够兼顾可读性和执行效率。

（3）虚拟机执行：基于 VM 的编程语言通过虚拟机执行中间代码。虚拟机作为运行时环境，负责解释或编译中间代码，并提供对底层系统资源的访问。

（4）自动内存管理：使用垃圾回收（garbage collection）机制自动管理内存。程序员不需要手动分配和释放内存，而是由垃圾回收器负责在适当时机回收不再使用的对象，从而减少内存泄漏和悬挂指针等问题。

2.5.3　新语言的两种实现方法

基于编程语言的特性是编译器特供的，基于 VM 的编程语言有 2 种实现方法，如图 2.11 所示。

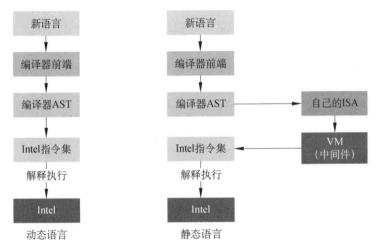

图 2.11　新语言的两种实现方法

1. 动态语言

动态语言是指在代码执行过程中进行类型检查和绑定的编程语言，具有以下特性。

（1）动态类型系统：动态语言支持变量在运行时绑定到不同的类型。这意味着在编写代码时无须显式声明变量的类型，而是根据赋值来确定变量的类型。这种灵活性使得动态语言更加适应变化。

（2）运行时类型检查：动态语言在运行时进行类型检查，而不是在编译时。这意味着变量的类型检查发生在代码执行阶段，可以动态处理类型转换和类型错误。这为开发者提供了更大的灵活性，但也增加了运行时错误的风险。

（3）动态内存管理：动态语言通常具有内置的垃圾回收机制，负责自动管理内存的分配和释放。开发者无须手动分配和释放内存，减少了内存泄漏和悬挂指针等问题。这也使得动态语言更容易使用和编写。

（4）反射和元编程：动态语言通常提供反射和元编程的机制，使开发者可以在运行时动态检查、修改和生成代码。这些功能使动态语言能够实现更高级的编程技术，如动态加载类、修改对象结构和行为等。

（5）脚本化和解释执行：动态语言通常被用于编写脚本和解释执行的场景。它们可以直接在运行环境中执行，无须编译成机器码。这使得开发者可以更快地进行开发和调试，并且在运行时可以更容易地修改和调整代码。

（6）简洁而灵活的语法：动态语言通常具有简洁而灵活的语法，使开发者能够以更简洁的方式表达想法和实现功能。这样的语法特点使得代码更易读、易写，提高了开发效率。

2. 静态语言

静态语言在对代码进行编译时，会通过 AST 得到目标平台的机器码。静态语言具有以下特性。

（1）静态类型系统：静态语言在编译时进行类型检查，要求变量在声明时显式指定其类型，并在编译过程中进行类型匹配。这意味着变量的类型在编译时就确定了，不允许在运行时进行隐式的类型转换或类型错误。

（2）编译时类型检查：静态语言在编译阶段对代码进行类型检查，以捕获潜在类型错误。编译器会检查变量的使用方式是否与其声明的类型相符合，例如赋值操作、函数调用等，以确保类型的一致性和正确性。

（3）强类型系统：静态语言具有强类型系统，要求变量严格按照其声明的类型进行操作。类型的转换必须显式地进行，并且需要满足特定的规则。这有助于提高代码的安全性和可靠性。

（4）提前编译：静态语言通常需要在代码执行之前进行编译。在编译过程中，源代码被翻译成机器码或字节码，以便在运行时直接执行。这使得静态语言的执行速度较快。

（5）明确的接口和类型约束：静态语言通常要求明确定义接口和类型的约束。通过接口和类型定义，可以在编译时进行静态检查，确保代码在使用接口和类型时符合规定的约束条件。

（6）性能优化：由于在编译时进行类型检查和优化，静态语言通常具有更好的性能。编译器可以进行静态优化，如内联函数、死代码消除、循环展开等，以提高程序的执行效率。

基于 C 类语言最常见的问题，在应用程序开发时会面临巨大的不确定性。面对日益增长的应用程序开发需求，程序员需要一门新的编程语言。

由于指针规避等问题和新语言的设计要求，因此新语言的特性就显而易见了。

于是 Java 语言应运而生，如图 2.12 所示。

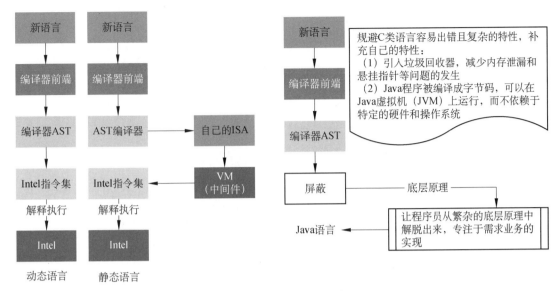

图 2.12　Java 语言的诞生

2.6　如何通过底层来学习不同的编程语言

回顾一下 C 语言在 Linux 下的编译执行过程。

```
#include <stdio.h>

int main() {
    printf("Hello, World!\n");
    return 0;
}
```

C 语言编译执行过程如图 2.13 所示。

类比 C 语言的编译执行过程，我们再来看一下 C++语言的编译执行过程。

```
#include <iostream>

#define MULTIPLY(x, y) (x * y)

int main() {
    int num1 = 5;
    int num2 = 10;
    int product = MULTIPLY(num1, num2);
    std::cout << "The product of " << num1 << " and " << num2 << " is: " << product
<< std::endl;
    return 0;
}
```

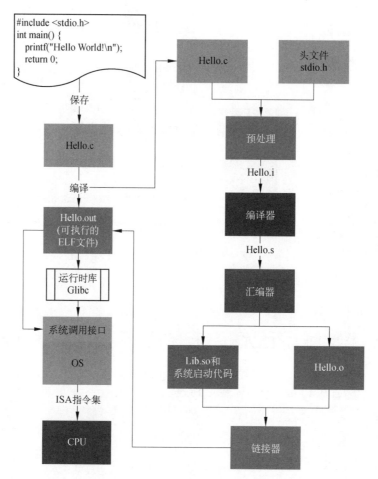

图 2.13　C 语言编译执行过程

将上述代码保存为 main.cpp，编译执行过程如下。

（1）预处理：在预处理阶段，预处理器将对代码进行处理，执行诸如宏展开和头文件包含等操作。在上述示例中，我们使用了一个宏定义#define 来定义一个乘法宏 MULTIPLY。预处理器将代码中的宏展开，生成预处理后的代码。

```
g++ -E main.cpp -o main.i
```

（2）编译器：在编译阶段，编译器将预处理后的代码翻译成汇编代码，即将 C++语言代码转换为汇编语言代码。

```
g++ -S main.i -o main.s
```

（3）汇编器：在汇编阶段，汇编器将汇编语言代码转换为机器码的目标文件。

```
g++ -c main.s -o main.o
```

（4）链接器：在链接阶段，链接器将目标文件与所需的库文件进行链接，生成可执行文件。

```
g++ main.o -o main
```

（5）加载：加载器将可执行文件加载到内存中，并分配所需的资源和空间。

- ☑ 为可执行文件分配足够的内存空间。
- ☑ 将可执行文件的代码段（text segment）和全局数据段（data segment）加载到分配的内存空间中。
- ☑ 处理可执行文件的重定位（relocation）信息，确保代码中的内存地址与实际的内存位置匹配。
- ☑ 加载器可能还会处理动态链接库（DLL）等外部依赖项的加载和链接。

（6）执行：执行器按照机器码的指令顺序执行加载到内存中的可执行文件。在这个例子中，程序将输出乘法的结果到标准输出流（终端或命令提示符）。

```
./main
The product of 5 and 10 is: 50
```

对比 C++和 C 语言在 Linux 中的编译和执行过程。我们会发现无非就是将 gcc 替换成 g++，基本一致。如果对 C 语言的预处理、编译器、汇编器、链接器、加载、执行有所了解，再学习 C++语言将会容易得多。

新高级语言的设计目的是屏蔽底层原理，解放程序员的生产力。让程序员专注于业务需求的实现。但程序员仍需提高对计算机底层原理的认识，提高解决实际问题的能力，具体内容可参考以下几点。

（1）学习计算机体系结构：了解计算机的基本组成和工作原理，包括处理器、内存、I/O 设备等。掌握计算机的底层知识可以为学习不同编程语言的底层实现提供基础。

（2）学习汇编语言：学习汇编语言可以帮助你理解不同编程语言的底层机器代码生成和执行过程。通过编写汇编代码，可以直接操作计算机的寄存器、内存和指令，深入了解底层计算机操作。

（3）探索编译器和解释器：学习编译器和解释器的原理和实现方式可以帮助你理解不同编程语言的编译和执行过程。了解编译器的词法分析、语法分析、语义分析和代码生成等阶段，可以更好地理解编程语言的工作原理。

（4）阅读源代码：深入研究开源编程语言的源代码可以帮助你理解其底层实现和设计思想。通过阅读编程语言的编译器、标准库或核心库的源代码，可以了解其内部机制和算法，从而更好地应用和理解该编程语言。

（5）实践项目：通过实践编写一些底层相关的项目，例如编写一个简单的编译器、解释器或虚拟机等，可以加深对编程语言底层机制的理解。通过手动实现一些底层功能，可以更好地理解编程语言的运行原理。

（6）参考文档和书籍：查阅编程语言的官方文档和相关书籍，了解其底层实现细节和最佳实践。文档和书籍通常提供了深入的解释和示例代码，可以帮助理解编程语言的底层特性和机制。

注意，学习底层并不是为了在实际开发中始终使用底层技术，而是为了更好地理解和应用不同编程语言的特性，并进行性能优化。通过深入学习底层，可以更好地理解高级语言和框架的工作原理，提高编程能力和解决问题的能力。

2.7 小 结

本章要点如图 2.14 所示，并总结如下。

- ☑ 面向对象出现的原因：让编程语言更贴近人类的思考方式。
- ☑ 面向对象引入的概念，基本都是在模仿人类的思考模式。而编译器基于模仿的角度，使用 ELF 文件格式的设计思想：各进程之间数据独立和代码共享来实现 C++ 语言的特性。
- ☑ 通过介绍 C++语言的 class，new/delete 的原理，进一步说明 C++语言特性的实现机制。
- ☑ 通过类比 CPU，C++语言，Java 的异常处理机制，表明计算机底层实现原理的思想同样适用于高级编程语言的实现方案。
- ☑ 基于汇编，C 和 C++语言存在的问题，推导出如果需要进一步解决软件开发的生产力问题，就需要新的编程语言。
- ☑ 从新语言的设计要求和编译器实现新语言的两种方法，得出 Java 应运而生的推论。
- ☑ 类比 C 语言编译执行和 C++语言编译执行，得出掌握计算机底层原理相当于修炼内功心法的结论。
- ☑ 通过深入学习底层，可以更好地理解高级语言和框架的工作原理，从而提高编程能力和解决问题的能力。

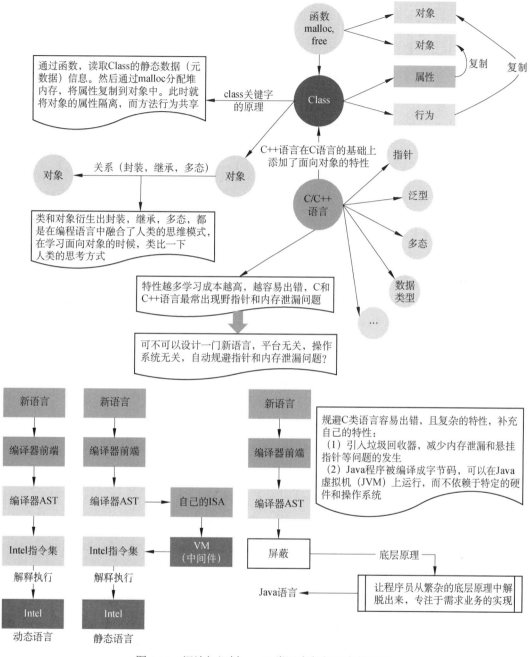

图 2.14 混沌知识树——C 类语言与新语言的出现

第 3 章
计算机网络推理

计算机技术的浪潮一浪接一浪,从计算机到互联网 Web 兴起,从互联网到手机移动互联网,从手机移动互联网到云计算,从云计算到物联网。相信很大部分的程序员都思考过"计算机技术变化太快了,技术容易过时。计算机技术里面究竟有没有最本质的东西,使得我们掌握了它,就可以推导出计算机技术革新换代的原因,从而快速地学习新技术。"

对于大规模系统架构,对于程序员的个人职业生涯,计算机网络都是绕不过去的坎儿。大规模系统架构需大规模的计算机集群,计算机集群首先要解决计算机网络互通的问题。在程序员的个人职业生涯中,无论是客户端还是服务器开发,都需要考虑计算机网络协议的问题。所以要想成为技术领域的佼佼者,一定需要计算机网络知识。计算机网络知识就是计算机技术中最本质的基础之一。

本章要点
☑ 网络概述。
☑ 网络协议。
☑ 网络地址。

3.1 计算机网络的研究内容

计算机网络,根据其规模可分为广域网(wide area network,WAN)和局域网(local area network,LAN)。

WAN 的组成如图 3.1 所示。

根据图 3.1 所示,我们可以思考一下,计算机网络研究的是什么?从最小的单位来看,两台计算机之间是如何通信的?计算机网络最简图如图 3.2 所示。

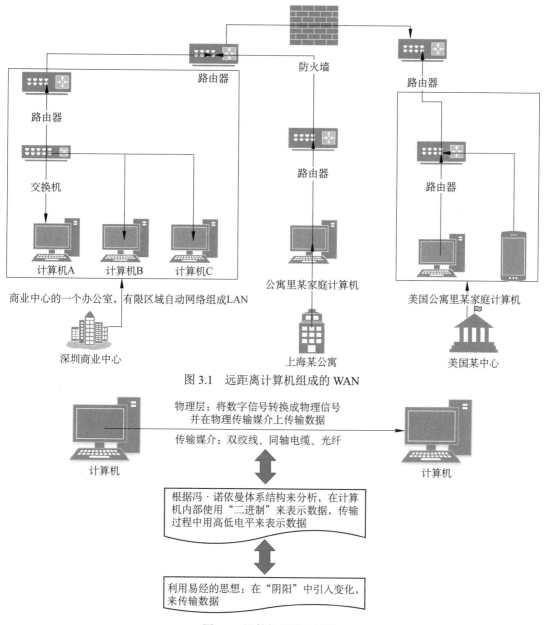

图 3.1　远距离计算机组成的 WAN

物理层：将数字信号转换成物理信号
并在物理传输媒介上传输数据

传输媒介：双绞线、同轴电缆、光纤

根据冯·诺依曼体系结构来分析，在计算
机内部使用"二进制"来表示数据，传输
过程中用高低电平来表示数据

利用易经的思想：在"阴阳"中引入变化，
来传输数据

图 3.2　计算机网络最简图

　　计算机网络最简可以优化为两台计算机通过网线（传输媒介）直接连接。那么它们的通信问题就可以转化成如何将数字信号转换成物理信号，并在物理传输媒介上传输数据。研究内容主要包括以下几个方面。

（1）数据通信基础知识：如数字信号、模拟信号、数据传输速率、带宽、信道、调制、解调等基础知识。

（2）编码和调制技术：如将数字信号转换为模拟信号的调制技术、将数字信号转换为数字信号的编码技术等。

（3）传输误码控制技术：例如校验和、循环冗余检验（CRC）、海明码等技术，用于检测和纠正传输过程中可能产生的误码。

（4）数字传输系统的设计和实现：如数据传输系统的组成、接口、传输速率、距离限制等的设计和实现。

（5）传输媒介的类型和特性：如双绞线、同轴电缆、光纤等物理媒介的特点、优缺点和适用范围等。

这些研究内容组成了计算机网络的物理层。物理层研究的是计算机网络中的数字信号传输技术和物理媒介的特性，旨在确保数据的可靠传输，为更高层次的协议提供可靠的传输基础。然而，作为程序员，其实不需要关注计算机物理层的技术。

从两台计算机如何通信推导出一组计算机之间如何通信？通信使用什么协议？包括网络协议的设计、实现和优化。通信时如何确定唯一身份？包括 MAC 地址和 IP 地址。通信时如何保证信息的安全？包括加密算法、认证计算、访问控制、安全策略等。通信时如何保证信息及时到达？即网络性能，包括带宽、时延、吞吐量、丢包率等。通信方式及应用，包括聊天、视频会议、邮件、文件传输、网络游戏等。这些内容就是计算机网络研究的方向。

3.2 计算机网络协议

程序员经常提及协议一词。互联网中具有代表性的协议有 IP、TCP、HTTP 等。通常在使用计算机应用进行聊天或多人在线网络游戏时，察觉不到协议的存在。只有在配置计算机网络连接、修改网络设置时才稍微涉及到协议。然而，协议在通过网络实现通信的过程中起到了至关重要的作用。

3.2.1 什么是协议

简单来说，协议就是计算机之间通过网络实现通信时事先达成的一种约定。这种约定使得不同 CPU 或不同操作系统组成的计算机之间，只要遵守相同的协议就能够实现通信。反之，如果使用的协议不同，就无法实现通信。

为了让大家理解什么是协议，举个例子，有以下三个人。

小明，中国人，二年级小学生只会说中文。

Tony，美国人，二年级小学生只会说英文。

英语老师，中国人，会说中文和英文。

这个时候，小明和 Tony 要聊天，小明和英语老师要聊天，他们是如何沟通的呢？

☑　将中文和英文当作协议。

☑　将聊天当作通信。

☑　将聊天内容当作数据。

如图 3.3 所示，小明和 Tony 聊天，他们之间使用的协议不一致，导致无法将数据传递给对方，双方无法进行沟通。

如图 3.4 所示，小明和英语老师聊天，他们之间使用的协议一致，双方能将数据传递给对方，双方都能理解对方的意思。也就是当小明和英语老师采用同一种协议时，他们能够通信自如。

图 3.3　小明和 Tony 聊天　　　　　　图 3.4　小明和英文老师聊天

如图 3.5 所示，在计算机与计算机之间通过网络通信时，也可以理解为它们依据同一种协议实现了相互通信。

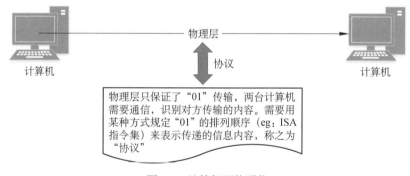

图 3.5　计算机网络通信

3.2.2　谁来制定协议

1969 年，美国国防部高级研究计划局（ARPA）启动了一个名为 ARPANET 的项目，旨在建立一种分布式的计算机网络。为了实现这个目标，ARPA 研究人员发明了 TCP/IP 协议套件，包括传输控制协议（TCP）和互联网协议（IP），这些协议被认为是当代计算机网络的基石。

随着计算机网络的不断发展和普及，人们逐渐意识到需要对协议进行标准化，以确保各种设备之间的互通和互操作。

1983 年，ARPANET 采用 TCP/IP 协议套件，并在全球推广。同年，互联网工程任务组（IETF）成立，开始制定 TCP/IP 协议标准。IETF 制定的 TCP/IP 协议已经成为全世界广泛应用的通信协议。那些支持互联网的设备及软件也致力于遵循 IETF 制定的 TCP/IP 协议。

1992 年，国际标准化组织（ISO）发布了开放式系统互联（open systems interconnection，OSI）协议套件，该套件由 7 层组成，为计算机网络协议提供了更为细致的规范。

协议得以标准化也使得所有遵循标准协议的设备不再因为计算机硬件或操作系统的差异而无法通信。协议的标准化推动了计算机网络的普及。

3.2.3　协议分层

ISO 制定的协议套件将计算机网络通信协议中的必要功能分成 7 层，称为 OSI 参考模型。协议分层如同计算机软件中的模块化开发。在每一层中明确功能职责，当分层发生变化时，也不会波及整个系统。在这个模型中，上下层之间进行交互遵循的约定称为接口。同一层之间的交互遵循的约定称为协议。

OSI 参考模型对通信中的必要功能做了很好的归纳。但它终究是一个"模型"，只是对各层的作用做了一系列粗略的界定，并没有对协议和接口进行详细定义。如果想了解协议的更多细节，仍需参考每个协议的具体规范。我们可以通过 OSI 参考模型找到对应协议研究的方向，因此在研究每个具体协议之前，首先要了解 OSI 参考模型。

如图 3.6 所示，在 7 层 OSI 模型中，如何模块化通信传输？

发送方从第 7 层到第 1 层，由内到外按照顺序封装要传输的数据包。

接收方从第 1 层到第 7 层，由外到内按照顺序解包接收的数据包，最后得到数据。

发送方在每个分层上处理由上一层传递的数据时，可以附上当前分层协议所必需的头部信息。

接收方对接收到的数据包进行头部和数据的分离，再转发给上一层。

路由器由于只是作为数据的中转站，只需要保留传输层之下的协议规范，将数据进行转发即可。

网络通信按照 OSI 模型分为 7 层，每一层负责不同的功能和任务。而按照 TCP/IP 协议栈的实际使用情况，通常也可以将网络协议简化为 5 层，如图 3.7 所示。

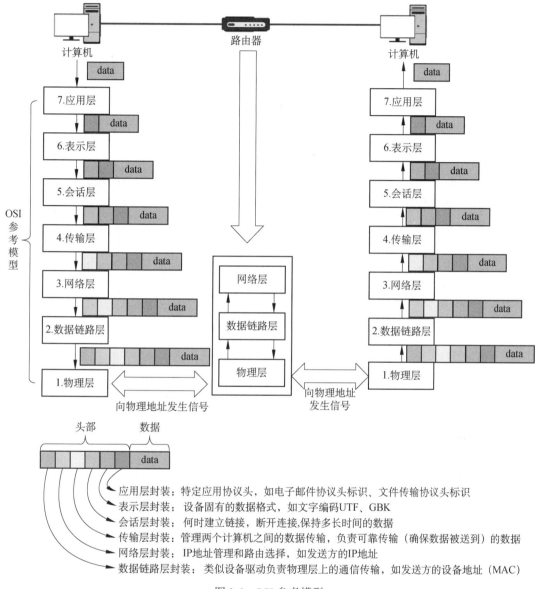

图 3.6　OSI 参考模型

1. 物理层（physical layer）

☑　负责传输数据的比特流，处理物理连接、电压、光信号等物理特性。

☑　主要设备包括网线、光纤、集线器（hub）等。

2. 数据链路层（data link layer）

☑ 提供点对点的数据传输，通过物理地址（MAC 地址）寻址，封装数据成帧。

☑ 进行错误检测和纠正，确保数据可靠传输。

☑ 主要设备包括交换机（switch）、网卡（network interface card）等。

3. 网络层（network layer）

☑ 负责路由和转发数据包，根据 IP 地址实现端到端的通信。

☑ 确保数据包从源到目的地的可靠传输，并处理路由选择问题。

☑ 主要设备包括路由器（router）、三层交换机等。

4. 传输层（transport layer）

☑ 提供端到端的可靠数据传输，实现数据分段和重组。

☑ 为应用层提供数据流控制、差错检测和纠正。

☑ 主要协议有 TCP 和 UDP。

5. 应用层（application layer）

☑ 用户直接使用的应用程序和服务。

☑ 提供用户接口，实现特定的网络功能和服务，如 HTTP、FTP、SMTP、DNS 等。

☑ 包括各种应用程序和与用户交互的软件。

虽然在 TCP/IP 协议栈中常用五层模型，但在 OSI 模型中还有会话层和表示层。这两层在实际应用中，大多数功能被融入应用层中，因此通常不再单独提及。

第 4 章会结合分层模型与通信示例，进一步讲解数据包是如何在传输媒介上进行传输的。

图 3.7 TCP/IP 协议栈简化模型

3.3 计算机网络地址

计算机网络的本质是计算机之间的互相通信，发送端和接收端是通信的主体，它们都能由一个所谓的地址进行唯一标识。

3.3.1 MAC 地址

OSI 模型分为 7 层，第一层是物理层。最直观的物理层就是一根网线。网线由水晶头和导线组成。我们学校课程还教授过如何将水晶头和导线连接组成网线。当时的老师是这样介绍的，网线分成以下 2 种。

- ☑ 网线用于计算机直连计算机。
- ☑ 网线用于计算机连接路由器或者交换机（也叫网口）。

1. 网线用于计算机直连计算机

一根网线有两个头，一头插在一台计算机的网卡上，另一头插在另一台计算机的网卡上。普通网线这样直连是无法连接的，需要水晶头做交叉线，具体做法如下。

将一端的 1 号和 3 号线、2 号和 6 号线互换一下位置，就能够在物理层实现一端发送的信号在另一端能收到。

使用这样的网线将两台计算机连接在一起，就构成了最小的局域网。当计算机通过网络连接后，还需要配置这两台计算机的 IP 地址、子网掩码和默认网关。IP 相关的知识会在3.3.2 节介绍。

配置 IP 成功后，在 Linux 平台，可以通过 ip addr 命令查看当前网络配置信息。

```
root@test:~# ip addr
1: lo: <LOOPBACK,UP,LOWER_UP> mtu 65536 qdisc noqueue state UNKNOWN group default qlen
1000
    link/loopback 00:00:00:00:00:00 brd 00:00:00:00:00:00
    inet 127.0.0.1/8 scope host lo
       valid_lft forever preferred_lft forever
    inet6 ::1/128 scope host
       valid_lft forever preferred_lft forever
2: eth0: <BROADCAST,MULTICAST,UP,LOWER_UP> mtu 1500 qdisc fq_codel state UP group
default qlen 1000
    link/ether 00:16:3e:06:1f:e6 brd ff:ff:ff:ff:ff:ff
    inet 172.31.113.102/20 brd 172.31.127.255 scope global dynamic eth0
       valid_lft 309149475sec preferred_lft 309149475sec
    inet6 fe80::216:3eff:fe06:1fe6/64 scope link
       valid_lft forever preferred_lft forever
```

2. MAC 地址

在命令 ip addr 下，link/ether 00:16:3e:06:1f:e6 brd ff:ff:ff:ff:ff:ff 被称为 MAC 地址，是一个网卡的物理地址。网卡自生产出来就带有这个 MAC 地址。MAC 地址全局唯一，不会有两张网卡拥有相同的 MAC 地址。人们可以通过网卡制造商识别码、制造商内部产品编号以及网卡通用编号确保 MAC 地址的唯一性。

如图 3.8 所示，MAC 地址更像是身份证，它的唯一性设计是为了组网的时候，不同网卡放在一个网络里不会发生冲突。从硬件角度，保证不同网卡有不同标识。如果是这样，整个互联网的计算机或者路由器的通信地址，全部都可以是 MAC 地址。只要知道了对方的 MAC 地址，就可以将信息传递过去。

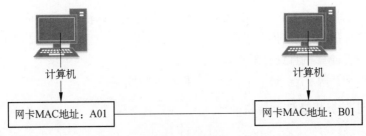

图 3.8　MAC 地址

将 MAC 地址比作身份证，想象一个楼栋的街道管理员，根据租房信息来到你的住处确定租客身份信息。管理员大声喊"身份证××××的是哪位？"

- ☑ 如果你作为租客听到了，并且在现场，就会回答是我，这时就可以和街道管理员进行通信了。
- ☑ 如果你退租了，并且离开了该城市。街道管理员大声喊"身份证××××的是哪位？"你就无法回答了，街道管理员和你就无法通信了。

你想象一下这个时候街道管理员拿着你的身份证信息，如何在全国范围内找到你和你进行通信呢？显然，使用 MAC 地址仅可以在局域网内作为通信地址（类似于查找全靠吼），但在更大范围的广域网无法作为通信地址，还需要具有定位功能的 IP 地址。

MAC 地址是真正负责最终通信的地址，可以在局域网范围内进行寻址。但更大范围的广域网寻址则需要 IP 地址。虽然 MAC 地址理论上就可以通信了，但是网络分层协议要求计算机网络在进行数据传输时，必须携带 IP 地址。

3.3.2　IP 地址

上节我们介绍了两台计算机如何通过网线直接组成最小局域网。那么如果是三台或三台以上的计算机是如何连接组成计算机网络的呢？

一般情况下，多台计算机的连接会通过路由器或者交换机进行。这些设备提供了多个网络接口，将多台计算机连接起来，如图 3.9 所示。

上一节我们提到 MAC 地址可以在局域网内作为通信地址，更大范围内的计算机网络则需要 IP 地址，IP 地址具备定位功能。那么怎么实现定位功能呢？

- ☑ IP 地址由网络号和主机号两部分组成，例如，"计算机 A-1"的 IP 地址 192.168.1.2，它的网络号是 192.168.1，主机号是 2。"计算机 A-2"的 IP 地址 192.168.1.3，它的网络号是 192.168.1，主机号是 3。通常，同一网段的主机都属于同一个部门或组织。
- ☑ 网络号相同的主机在服务提供商类型和地域分布上都比较集中，这样就为 IP 寻址提供了巨大的便利性，实现了其定位功能。

在图 3.9 中，某办公室的一组计算机局域网，最终通过路由器 A 接入 ISP 提供的网络服务。其实计算机配置时通常只需要配置局域网内的 IP 地址，而访问外部网络时，需要付费使用 ISP 提供的公网 IP 地址。在本章节中，我们只需知道，确定了 IP 地址，就可以向这个目标地址进行通信，在底层通过 MAC 地址来负责真正的通信。

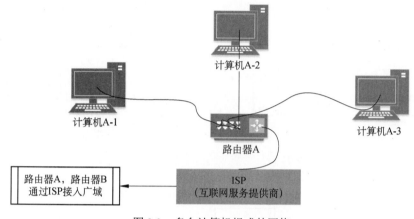

图 3.9　多台计算机组成的网络

3.3.3　ARP

　　计算机网络地址有 MAC 地址和 IP 地址。计算机接入以太网，只需给计算机配置 IP 地址、子网掩码和网关。但没有告诉计算机网络中其他计算机的 MAC 地址。计算机 A 和目标计算机 B 通信前必须知道目标 MAC 地址。那么，计算机 A 是如何知道计算机 B 的 MAC 地址或网关的 MAC 地址的呢？

　　地址解析协议（address resolution protocol，ARP）以目标 IP 地址为线索，用来定位下一个应该接收数据包的网卡对应的 MAC 地址。如果目标主机不在同一个链路上，可以通过 ARP 查找下一跳路由器的 MAC 地址。

　　ARP 只在以太网中使用，点到点链路使用点对点协议（point-topoint protocol，PPP）通信，PPP 帧的数据链路层根本不使用 MAC 地址，所以也不需要 ARP 解析 MAC 地址。ARP 通信过程如图 3.10 所示。

　　ARP 通信借助 ARP 请求和 ARP 响应来唯一确定 MAC 地址，其工作流程如下。

　　（1）计算机 A 需要和计算机 B 建立通信。

　　（2）计算机 A 为了获得计算机 B 的 MAC 地址，通过广播发送一个 ARP 请求包。这个请求包里有目标 IP 地址。由于广播的包可以被同一个链路上所有的主机或路由器接收，因此 ARP 可以被同一个链路上所有的主机或路由器解释。

　　（3）计算机 B 和计算机 A 在同一个路由器 B 上，即在同一个链路里，所以计算机 B 接收计算机 A 发送的请求包，解释后发现请求的目标 IP 和自己的 IP 一致。

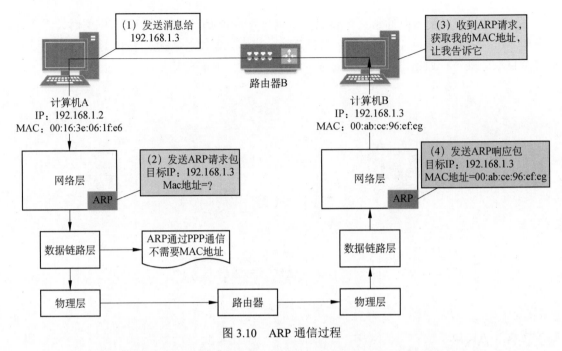

图 3.10　ARP 通信过程

（4）计算机 B 将自己的 MAC 地址放入 ARP，发送响应包返回计算机 A。

由此，计算机 A 就通过 ARP 从目标 IP 地址获取到对应的 MAC 地址，实现了通信。

每次通信数据包都需要 MAC 地址，那么是否每次都需要通过 ARP 协议查找目标 IP 对应的 MAC 地址呢？

通过 ARP 找到目标 IP 对应的 MAC 地址后，计算机会将该 MAC 地址缓存一段时间，避免每次通信都需要 ARP 协议。MAC 地址的缓存有一定的时间限制，超过这个时间限制，缓存就会被清除。这使得 MAC 地址与 IP 地址发生变化，依然能够将数据包正确发送。

ARP 协议是在同一链路上进行广播发送的，这样使得同一链路的计算机都可以解释这个包。这存在一个弊端：攻击者可以通过伪造 IP 地址和 MAC 地址实施 ARP 欺骗，在网络中产生大量的 ARP 通信量使网络阻塞，攻击者只要持续发出伪造的 ARP 响应包，就能更改目标主机 ARP 缓存中的 IP-MAC 条目，造成网络中断或中间人攻击。

以下是一些避免 ARP 攻击的建议。

（1）使用静态 ARP 表格：静态 ARP 表格支持手动输入 IP 地址和 MAC 地址的对应关系，以避免攻击者通过伪造 ARP 响应欺骗计算机。

（2）启用网络流量监测：网络流量监测软件可以检测到异常的 ARP 流量，例如 ARP 响应的来源地址与 IP 地址的对应关系不匹配等情况。

（3）实施访问控制：限制对网络资源的访问可以减少攻击者获取敏感信息或控制网络的可能性。

（4）使用交换机：网络交换机可以将数据包发送到正确的目的地（交换机可以通过学习构建 IP 和 MAC 对应的转发表），而不需要广播给所有计算机，这可以降低 ARP 攻击的风险。

3.4　数　据　传　输

在计算机网络中发送 ARP 协议时，发送端在需要目标 IP 地址时，会通过广播发送 ARP 协议，无须确定接收端。这种数据传输根据是否需要确定接收端，可以分为以下两种类型。

1. 面向有连接的数据传输

在发送之前需要先确定接收端。例如人们打电话，需输入对方的手机号码，对方接通后（建立连接）才开始和对方进行通信。通话结束后，关闭电话（关闭连接），结束通信。这种需要先建立连接，结束后关闭连接的通信方式，称为面向有连接的数据传输。

2. 面向无连接的数据传输

在发送之前无须确定接收端，发送端可在任何时候自由发送数据。例如人们寄快递，只需要填好收件人信息，就可以将快递发出，无须确定收件人是否能收到快递。这种类型的通信方式，称为面向无连接的数据传输。

3.5　计算机网络下三层

我们学习了协议、地址和数据传输，那么这三者是什么关系呢？根据 3.2.3 节的 OSI 模型，这三者对应了计算机网络中下三层研究的基础知识，如图 3.11 所示。

计算机网络下三层的功能职责说明如下。

（1）物理层：负责"0,1"比特流与电压高低或光的闪灭之间编码与解码的相互转换。

（2）数据链路层：通过引入网卡 MAC 地址的唯一性，确定传输目标的 MAC 地址。负责同一个链路物理层上的通信。例如 个路由器相连的几个节点之间的通信。

（3）网络层：将数据传输到目标 IP 地址。引入 IP 地址表示计算机在网络中的身份，目标 IP 地址可以是多个网络通过路由器连接而成的某一个地址。通过 ARP 协议进行目标 IP 地址和 MAC 地址的映射。因此，这一层主要负责计算机网络的寻址和路由选择。

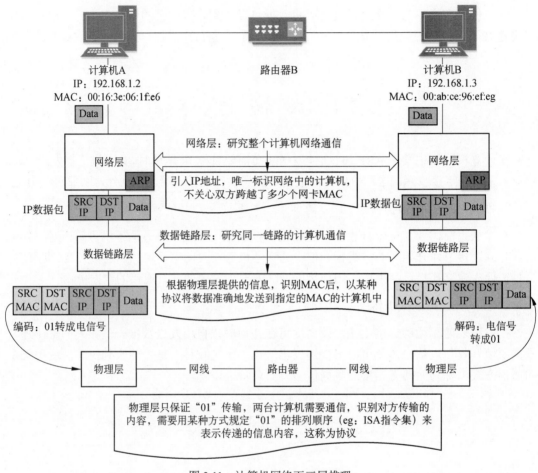

图 3.11 计算机网络下三层推理

3.6 小 结

本章结构如图 3.12 所示。

本章要点总结如下。

- ☑ 探索计算机网络研究对象；了解一组计算机之间如何通信。
- ☑ 计算机网络地址：通信的目的地址 MAC 地址和通信的定位地址 IP 地址。
- ☑ 解析计算机网络协议研究的内容。
- ☑ 推理并总结计算机网络下三层的研究内容。

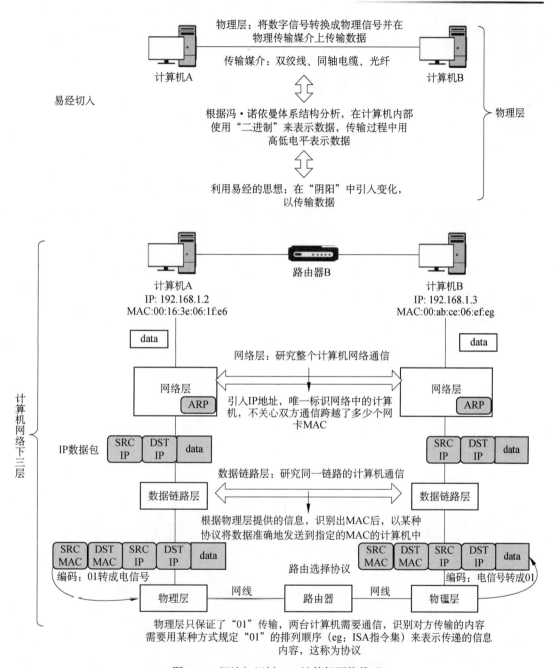

图 3.12 混沌知识树——计算机网络推理

第4章
传输协议原理

从第 3 章我们知道，计算机通过路由器连接互联网（internet）进行通信。我们也了解了计算机网络下三层的主要知识点，可以将计算机网络下三层抽象为路由器+互联网。本章只讨论互联网的网络传输，传输层有两个比较重要的协议——TCP（transmission control protocol，传输控制协议）和 UDP（user datagram protocol，用户数据报协议）。

TCP 和 UDP 工作在相互通信的计算机上，为应用层协议提供服务，这两个协议被称为传输层协议，如图 4.1 所示。

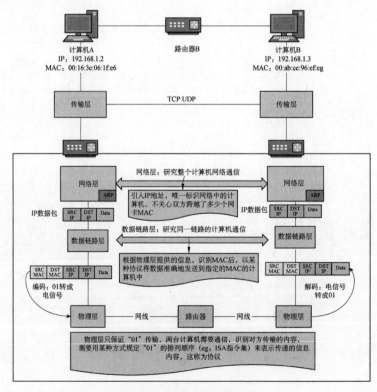

图 4.1　计算机网络传输层

本章要点

☑　UDP。

☑　TCP。

4.1　UDP

UDP 是一种在计算机网络中常用的传输层协议。与 TCP 相比，UDP 是一种无连接的、不可靠的协议，它提供了一种简单的、面向数据报的数据传输服务。

4.1.1　四元组

当计算机发送的 UDP 包到达目标机后，发现 MAC 地址匹配，将数据取下，然后将数据传给处理 IP 层的代码。把 IP 头取下，发现目标 IP 匹配，那么接下来数据怎么处理呢？这数据包要给谁继续处理呢？操作系统可以同时执行多个 APP 应用，内核把匹配的数据包取下后，应该给谁继续处理呢？

我们来看一下 UDP 包头部，如图 4.2 所示。需要注意的是，UDP 包的最大长度为 65535 字节（64KB），其中头部占用 8 个字节，因此实际的数据长度最大为 65527 字节。如果应用程序要传输的数据长度超过了 UDP 包的最大长度，则需要将数据分成多个 UDP 包进行传输。

UDP 包头部提供了一个目标端口号。APP 程序进行网络传输时，无论使用 TCP 还是 UDP，都需要监听一个端口。正是这个端口用来区分同一个操作系统下的不同 APP 程序。如果两个 APP 监听同一个端口时，操作系统会阻止 APP 程序启动，并报告端口冲突异常。

我们称（源 IP，源端口）＋（目标 IP，目标端口）组合为四元组。四元组唯一确定消息传输给互联网上的那台计算机里的那个 APP 程序。

UDP 包头部各个字段的含义如下。

（1）源端口（source port）字段表示发送端口号，占用 2 个字节，取值范围是 0～65535，其中 0～1023 被保留，用于系统和进程，不能随意使用。在需要对方回信时选用，不需要时可用全 0。

（2）目的端口（destination port）字段表示接收端口号，占用 2 个字节，取值范围也是 0～65535，其中 0～1023 被保留，不能随意使用。

源端口（16位）	目标端口（16位）
长度（16位）	校验和（16位）
数据（65527字节）	

图 4.2　UDP 包头部

（3）长度（length）字段表示 UDP 数据报文的总长度，占用 2 个字节，包括 UDP 头部和 UDP 数据的长度，最大值为 65535。

（4）校验和（checksum）字段用于检测 UDP 数据报文是否有误，占用 2 个字节。在 UDP 包头部中，源端口、目的端口、长度和数据部分（如果有）都参与了校验和的计算。

4.1.2　UDP 的特点

UDP 主要有以下特点。

（1）沟通简单：UDP 不需要在传输数据之前建立连接，也不需要维护连接状态，每个数据包独立处理，相互之间没有联系。

（2）不可靠性：UDP 监听端口号，但谁都可以传给它数据，它也可以传给任何人数据，甚至可以同时传给多个人数据。它的数据包传输不保证顺序、不重复、不丢失，也没有重传机制。因此，应用程序需要自行处理丢失或错误的数据包。

（3）简单：UDP 的协议头较小，只有 8 个字节，没有大量的数据结构、处理逻辑、包头字段。相比 TCP（TCP 包头部 20 字节）头部开销较小，数据传输效率更高。

（4）高效：UDP 不进行拥塞控制，不会根据网络情况进行发包的拥塞控制，无论网络丢包情况如何，UDP 都会持续发送数据包。因此，数据传输速度较快，适用于实时性要求高、数据量小的传输场景，如音频、视频、游戏等。

（5）灵活：UDP 数据包的格式没有限制，可以自定义数据格式，支持多种应用程序的数据传输，如 DNS、DHCP 等。

4.1.3　UDP 的使用场景

基于 UDP 的特点，可以考虑在以下场景中使用该协议。

1. 实时游戏

对于实时对战游戏，如某"吃鸡"游戏。这类游戏有一个特点，就是实时性很高。快一秒你击败对手，慢一秒你被对手击败。

实时对战游戏对网络的要求很简单，玩家通过客户端发给服务器鼠标和键盘行走的位置，服务器处理每个用户发送的所有场景，处理完再返给客户端，客户端解析响应，渲染最新的场景展示给玩家。

如果使用 TCP 连接，TCP 对消息的强顺序可能导致出现一个数据包丢失，玩家的游戏客户端需要停下来等待这个数据包重发。然而，玩家并不关心过期的数据，激战中卡顿 1s 可能就意味着失败。

因此，在游戏对实时性要求较为严格的情况下，采用自定义的可靠 UDP 协议，自定义重传策略，能够把丢包产生的延迟降到最低，尽量减少网络问题对游戏体验造成的影响。

2. 流媒体协议

现在抖音直播带货很火，直播协议多使用 RTMP，也是基于 TCP 的。TCP 的严格顺序传输要保证前一个数据包收到了，下一个才能确认，如果前一个数据包未收到，下一个包即使已经收到了，在缓存里面，也需要等待。对于直播带货来说，这种设计是不合理的，因为前一个包消息没收到，视频播放就卡顿了，用户就需要等待观看。新的直播内容也无法观看，等待时间长，用户就流失了。所以，直播的实时性非常重要，宁可丢包，也不要卡顿。对于直播带货而言，有的包可以丢，有的包则不能丢（如显示价格的视频包）。因而在网络不好的情况下，应用希望选择性地丢帧，保持实时性和观看视频的流畅性。当网络不好的时候，TCP 协议进行拥塞控制，会主动降低发送速度。这对当时就卡的视频来说是致命的，应用层应该马上重传，而不是主动让步。因此，很多直播应用都基于 UDP 实现自己的视频传输协议。

3. 移动 APP 访问

手机 APP 都是基于 HTTP 协议访问互联网服务器的。HTTP 协议是基于 TCP 的，建立连接需要多次交互，建立一次连接需要的时间会比较长。手机 APP 在移动中，如乘坐地铁来到移动信号不好的地方，TCP 可能还会断开，需要进行重连，重连也很耗时。而且，目前的 HTTP 协议往往采取多个数据通道共享一个连接的方式，这样本来为了加快传输速度，但是 TCP 的严格顺序策略使得哪怕共享通道，前一个包未到达，后一个和前一个即便没关系，也要等待，时延也会加大。

QUIC（quick UDP internet connections）是由 Google 开发的基于 UDP 协议的新一代网络传输协议，其目的是降低网络通信的延迟，提供更好的用户互动体验。QUIC 协议相比传统的 TCP 协议，具有以下优点。

（1）快速连接建立：使用 UDP 协议，采用 0-RTT（零往返时间）连接建立，可以减少连接建立的时间和延迟。

（2）数据传输安全：采用 TLS 1.3 协议，支持端到端加密，可以保障数据传输的安全性。

（3）多路复用：支持多路复用技术，可以将多个流复用在一个连接中，提高数据传输效率。

（4）重传控制：采用更智能的重传机制，以减少不必要的重传，提高数据传输的效率和稳定性。

（5）流量控制：支持更灵活的流量控制机制，可以根据网络状况和带宽情况进行调整，提高数据传输效率。

（6）移动网络优化：针对移动网络环境进行了优化，可以减少网络抖动和延迟，提高用户体验。

4.2　TCP

互联网是不可靠的。当网络拥塞时，来不及处理的数据包可能被路由器直接丢弃。应用程序通信发送的报文需要完整地发送到对方，这就要求在通信的计算机之间有可靠传输机制。

TCP 协议天然地认为网络环境是恶劣的，丢包、乱序、重传和拥塞都是常有的现象，一言不合就可能送达不了，因而要从算法层面来保证传输的可靠性。

4.2.1　TCP 包头部分

TCP 包头部如图 4.3 所示，可以看出，TCP 协议比 UDP 协议复杂。

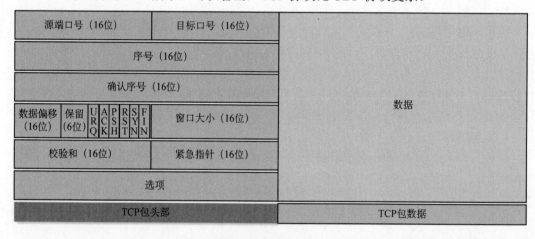

图 4.3　TCP 包头部

（1）源端口号（source port）：16 位，表示发送端应用程序使用的端口号。

（2）目标口号（destination port）：16 位，表示接收端应用程序使用的端口号。

源端口号和目标口号是必不可少的，这一点和 UDP 相同。如果没有这两个端口号。数据就不知道应该发给哪个应用。

（3）序号（sequence number）：16 位，表示 TCP 数据流中第一个数据字节的序列号，用来保证数据的顺序和可靠性。给数据包编号是为了解决乱序的问题，确保数据能够按照正确的顺序到达。

（4）确认序号（acknowledgment number）：16 位，表示接收端期望收到的下一个序列号，用来确认已经接收到的数据。确认序号的存在确保了数据传输的可靠性，如果没有收到预期的数据包，发送端将重新发送，直到数据成功送达。

（5）数据偏移（data offset）：16 位，表示 TCP 头部的长度，以 4 字节为单位，最大为 15（即 60 字节）。

（6）保留（reserved）：6 位保留字段，留待以后使用，必须设置为 0。

（7）标志位（flag）：6 位标志位，用来控制 TCP 连接的建立、维护和关闭，具体如下。

☑　URG（urgent）：紧急指针有效，表示该数据包为紧急数据包。

☑　ACK（acknowledgment）：确认序号有效，表示确认已经接收到的数据。

☑　PSH（push）：提示接收方尽快将数据交给应用程序。

☑　RST（reset）：重置连接。

☑　SYN（synchronize）：同步序号，用于建立连接。

☑　FIN（finish）：结束连接。

SYN 是发起一个连接，ACK 是回复，RST 是重新连接，FIN 是结束连接等。TCP 是面向连接的，因而双方要维护连接的状态，这些带状态位的包的发送会引起双方的状态变更。

（8）窗口大小（window size）：16 位，表示接收端的可用缓存大小，用于流量控制。TCP 通过流量控制机制，让通信双方各声明一个窗口，标识自己当前能够处理的数据量，以避免发送过快导致接收方处理还过来，或发送过慢导致接收方等待时间过长。

（9）校验和（checksum）：16 位，用于检验 TCP 头部和数据的完整性。

（10）紧急指针（urgent pointer）：16 位，用于指示紧急数据的末尾位置。

（11）选项（option）：可选字段，长度不定，用于扩展 TCP 头部，如实现最大报文长度、时间戳等功能。

通过对 TCP 头部的解析，我们知道要掌握 TCP 协议，重点应该关注以下几个问题。

（1）顺序问题：数据有序传输，稳重不乱。

（2）丢包问题：数据丢失处理，承诺靠谱。

（3）连接维护：连接状态管理，有始有终。

（4）流量控制：发送速率控制，把握分寸。

（5）拥塞控制：网络拥塞避免，知进知退。

4.2.2　建立 TCP 链接

TCP 连接的建立是通过三次握手来实现的，具体步骤如下。

（1）客户端向服务器发送 SYN 报文段（SYN=1，Seq=x）。其中 SYN=1 表示请求建立连接，Seq=x 表示本次连接的初始序列号（一个随机数），同时客户端进入 SYN_SENT 状态等待服务器的响应。

（2）服务器收到 SYN 报文段后，向客户端发送 SYN 和 ACK 报文段（SYN=1，ACK=x+1，Seq=y）。服务器收到客户端发送的 SYN 报文段后，向客户端发送一个 SYN 和 ACK 报文段，其中 SYN=1 表示确认客户端的请求建立连接，ACK=x+1 表示确认收到了客户端的 SYN 报文段并且准备好建立连接，Seq=y 表示服务器本次连接的初始序列号（也是一个随机数），同时服务器进入 SYN_RCVD 状态等待客户端的响应。

（3）客户端收到 SYN 和 ACK 报文段后，向服务器发送 ACK 报文段（ACK=y+1，Seq=z）。客户端收到服务器发送的 SYN 和 ACK 报文段后，向服务器发送一个 ACK 报文段，其中 ACK=y+1 表示确认收到了服务器的 SYN 和 ACK 报文段，并准备好进行数据传输，Seq=z 表示客户端本次连接的初始序列号（也是一个随机数），此时客户端进入 ESTABLISHED 状态，连接建立成功。

（4）TCP 连接已经建立成功，客户端和服务器可以进行数据传输。

TCP 的连接建立过程，可以简单地记忆成"请求→应答→应答之应答"的三个阶段。接下来我们思考下以下问题。

为什么 TCP 连接建立需要三次，而不是两次？我们熟知的两个人打招呼，一来一回就可以了。如 A、B 两个人，A 问："B，你吃过饭了吗？"，B 回答："我吃过了"，然后就可以愉快地谈天说地了。

为了确保连接可靠，为什么是三次而不是四次？

回答第一个问题：如果是两次握手，是否可以建立 TCP 连接。

考虑一种正常情况：客户端发出连接请求，但因连接请求报文丢失而未收到确认，于是客户端再重传一次连接请求；后来收到确认，建立连接；数据传输完毕后，就释放连接。

假定出现一种异常情况，即客户端发出的第一个连接请求报文段并没有丢失，而是在某些网络节点长时间滞留了，以致延误到连接释放以后的某个时间才到达服务器。本来这是一个早已失效的报文段。但服务器收到此失效的连接请求报文段后，就误认为是 A 又发出了一次新的连接请求。于是就向客户端发出确认报文段，同意建立连接。但实际情况 A、B 通信已经结束了，可以想象，这个连接不会进行下去，也没有终结的时候。因而两次握手肯定不行。

回答第二个问题：为什么不是四次，而是三次握手就可以建立 TCP 链接。

A 和 B 的 TCP 连接建立过程为"请求→应答→应答之应答"，通过这三次握手，双方都能确认对方的可靠性和数据传输能力，并建立一条双向的数据传输通道。增加第四次握手没有必要，因为它的增加也无法再提高「确定性」。

TCP 建立连接的过程如图 4.4 所示，不同阶段在客户端和服务器能够看到不同的状态。三次握手除了双方建立连接外，还沟通了 TCP 包序号的问题。

服务器的服务一旦启动就会侦听客户端的请求,等待客户端的连接,处于 LISTEN 状态。

客户端的应用程序发送 TCP 连接请求报文,这个报文的 TCP 首部 SYN 标记位为 1,ACK 标记位为 0,客户端给出初始序号为 x。发送连接请求报文后,客户端进入 SYN-SENT 状态。

服务器收到客户端的 TCP 连接请求后,发送确认连接报文,这个报文的 TCP 首部 SYN 标记位为 1,ACK 标记位为 1,服务器给出初始序号为 y,确认号为 x+1。服务器进入 SYN-RCVD 状态。

客户端收到连接请求确认报文后,状态变为 ESTAB-LISHED,再次向服务器发送一个确认报文,该报文的 SYN 标记位为 0,ACK 标记位为 1,序号为 x+1,确认号为 y+1。

服务器收到确认报文后,状态变为 ESTAB-LISHED。

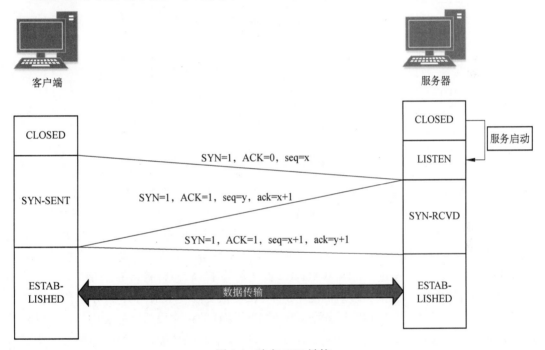

图 4.4　建立 TCP 链接

4.2.3　释放 TCP 连接

TCP 通信结束后,需要释放连接。TCP 连接释放过程比较复杂,图 4.5 结合双方状态的改变阐明连接释放的过程。数据传输结束后,通信的双方都可释放连接。

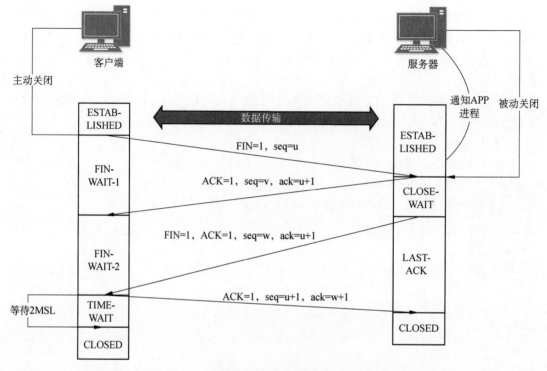

图 4.5 释放 TCP 连接

A 和 B 都处于 ESTAB-LISHED 状态，四次挥手（即连接释放）的过程如下。

（1）客户端向服务器发送一个 FIN 报文段（FIN=1），表示不再向服务器发送数据。A 的应用进程先向其 TCP 发出连接释放报文段，并停止发送数据，主动关闭 TCP 连接。A 把连接释放报文段首部的 FIN 置为 1，其序号 seq=u，它等于前面已传输过的数据的最后一字节的序号加 1。这时 A 进入 FIN-WAIT-1（终止等待 1）状态，等待 B 的确认。

（2）服务器收到 FIN 报文段后，发送一个 ACK 报文段（ACK=1），表示已经收到了关闭请求，但仍然可以向客户端发送数据。B 收到连接释放报文段后随即发出确认，确认号是 ack=u+1，而这个报文段自己的序号是 v，等于 B 前面已传输过的数据的最后一字节的序号加 1。然后 B 进入 CLOSE-WAIT（关闭等待）状态。TCP 服务器进程这时应通知高层应用进程，因而从 A 到 B 这个方向的连接就释放了，这时的 TCP 连接处于半关闭（half-dose）状态，即 A 已经没有数据要发送了，但若 B 发送数据，A 仍要接收。也就是说，从 B 到 A 这个方向的连接并未关闭。这个状态可能会持续一段时间。

（3）当服务器不再需要发送数据时，向客户端发送一个 FIN 报文段，表示服务器也不再向客户端发送数据。A 收到来自 B 的确认后，就进入 FIN-WAIT-2（终止等待 2）状态，等待 B 发出连接释放报文段。若 B 已经没有要向 A 发送的数据，其应用进程就通知 TCP

释放连接。这时 B 发出的连接释放报文段必须使 FIN=1。现假定 B 的序号为 w（在半关闭状态 B 可能又发送了一些数据）。B 还必须重复上次已发送过的确认号 ack=u+1。这时 B 就进入 LAST-ACK（最后确认）状态，等待 A 的确认。

（4）客户端收到 FIN 报文段后，回复一个 ACK 报文段（ACK=1），表示已经收到了关闭请求。此时连接关闭，双方都无法再发送数据。A 在收到 B 的连接释放报文段后，必须对此发出确认。在确认报文段中把 ACK 置为 1，确认号 ack=w+1，而自己的序号是 seq=u+1（根据 TCP 标准，前面发送过的 FIN 报文段要消耗一个序号）。然后进入 TIME-WAIT（时间等待）状态。

注意，现在 TCP 连接还没有释放。必须经过时间等待计时器（TIME-WAIT timer）设置的时间 2MSL 后，A 才进入 CLOSED（关闭）状态。时间 MSL 即最长报文段寿命（maximum segment lifetime），（RFC793）建议设为 2min。但这完全是从工程实践上来考虑的，对于现在的网络，MSL=2min 可能太长。因此，TCP 允许不同的实现可根据具体情况使用更小的 MSL。因此，从 A 进入 TIME-WAIT 状态后，要经过 4min 才能进入 CLOSED 状态，开始建立下一个新的连接。

为什么 A 在 TIME-WAIT 状态下必须等待 2MSL 的时间呢？

TIME-WAIT 状态的主要目的是确保在该状态下收到的任何滞留数据都可以被完全接收，并且避免这些数据与后续建立的连接发生冲突。因为在 TCP/IP 网络中，一个数据包在网络中的传输需要一定的时间，因此，在连接释放之后，可能还会有一些数据包延迟到达。如果立即关闭连接，那么这些延迟到达的数据包会与后续的连接发生冲突，导致数据错误或丢失。

为了避免这种情况，TCP 规定在连接释放后进入 TIME-WAIT 状态，等待 2MSL 的时间。这样可以确保该连接的所有数据包都被接收，并且所有网络资源都被释放。同时，这也可以确保在 TIME-WAIT 状态下的连接不会与后续的连接发生冲突，从而保证网络通信的可靠性和稳定性。

4.2.4　TCP 状态机

将建立 TCP 连接和断开 TCP 连接的两个时序状态图综合起来，就构成了 TCP 的状态机。如图 4.6 所示。

TCP 的状态机描述了 TCP 连接的各种状态以及状态之间的转换，具体如下。

（1）CLOSED：表示 TCP 连接未建立，也没有数据传输。

（2）LISTEN：表示 TCP 正在等待来自远程主机的连接请求。

（3）SYN-SENT：表示 TCP 已经发送连接请求，正在等待远程主机的确认。

（4）SYN-RECEIVED：表示 TCP 已经收到连接请求，并已发送确认请求，正在等待远程主机确认。

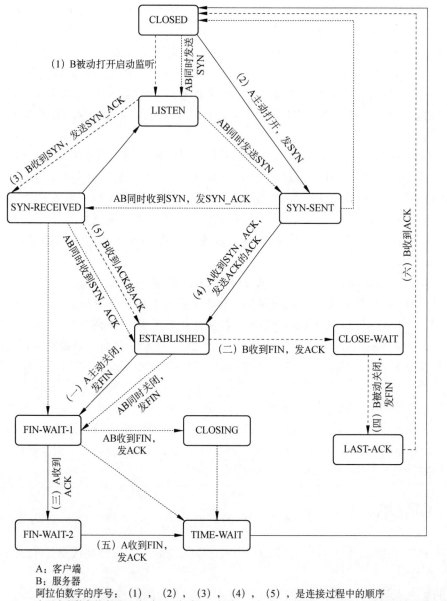

A：客户端
B：服务器
阿拉伯数字的序号：（1），（2），（3），（4），（5），是连接过程中的顺序
大写中文数字的序号：（一），（二），（三），（四），（五），（六）是连接断开过程中的顺序

——▶ 客户端A的状态变迁
----▶ 服务器B的状态变迁
······▶ AB的状态变迁

图 4.6　TCP 状态机

（5）ESTABLISHED：表示 TCP 连接已经建立，可以进行数据传输。

（6）FIN-WAIT-1：表示 TCP 已经发送 FIN 信号，正在等待远程主机的确认。

（7）FIN-WAIT-2：表示 TCP 已经收到远程主机的确认，正在等待远程主机发送 FIN 信号。

（8）CLOSING：表示 TCP 同时发送 FIN 信号，正在等待远程主机的确认。

（9）TIME-WAIT：表示 TCP 连接已经关闭，但还要等待一段时间，以确保所有数据都已经传输完成。

（10）CLOSE-WAIT：表示 TCP 已经收到关闭连接的请求，但还有数据未传输完成，需要等待数据传输完成后再关闭连接。

（11）LAST-ACK：表示 TCP 已经收到远程主机的 FIN 信号，并已发送确认，正在等待远程主机的确认。

（12）CLOSED-WAIT：表示 TCP 已经关闭连接，并且没有数据传输。

TCP 状态机描述了 TCP 连接的生命周期和状态之间的转换，可以帮助我们理解 TCP 连接的建立和关闭过程，同时也可以帮助我们诊断和解决 TCP 连接问题。

上面我们介绍了 TCP 如何通过三次握手建立连接，通过四次挥手释放连接。然后通过 TCP 状态机描述建立连接和释放连接过程中 TCP 状态的变化。同时知道了三次握手中如何确定 TCP 包序号的问题。我们可以看到 TCP 复杂性和体会到 TCP 实现可靠传输软件设计中的种种难处。因此，对 TCP 章节进行一次拆分。

TCP 发送的报文段是交给网络层传输的。互联网的网络层服务是不可靠的，即通过网络层传送的数据可能出现差错、丢失、乱序或重复。TCP 在网络层传输不可靠服务的基础上尽最大努力实现一种可靠的数据传输服务，确保数据无差错、无丢失、按序和无重复交付。

接下来几节内容会从重传机制、滑动窗口、流量控制、拥塞控制等方面来介绍 TCP 是如何实现可靠传输的。

4.3 TCP 可靠传输重传机制

既然网络层传送的数据可能出现差错、丢失。TCP 要保证所有数据包都可以到达，必须具备重传机制。

常见的重传机制有超时重传机制、快速重传机制、选择确认（selective acknowledgment，SACK）方式、Duplicate SACK。

在讨论重传机制之前，我们先理解 TCP 包序号与确认如下。

（1）TCP 包头部包含序号（Seq）。在连接建立时，通信双方 TCP 需要确定初始序号。

（2）TCP 使用的是累积确认（acknowledgment，Ack），即确认是对所有按序接收到的数据的确认。如图 4.7 所示。

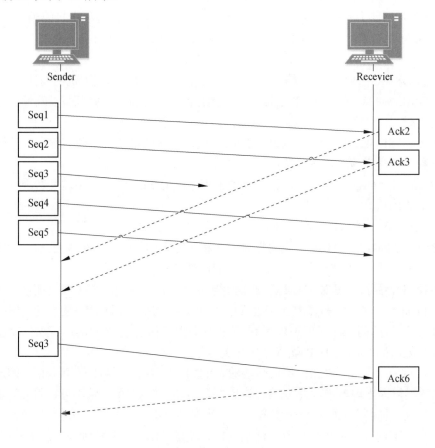

图 4.7　数据编号和确认

　　Sender 发送了 Seq1、Seq2、Seq3、Seq4、Seq5。

　　Receiver 收到 Seq1，回复 Ack2，表示 Seq1 收到。

　　Receiver 收到 Seq2，回复 Ack3，表示 Seq2 收到。

　　Sender 发送的 Seq3 在网络中丢失了，这个时候，Recevier 收到 Seq4、Seq5，发现接收的序号不正确，无法回复确认。

　　Sender 重传 Seq3，Recevier 收到后回复 Ack6。因为之前的 Seq4、Seq5 都已经收到了，TCP 使用的是累积确认。

1. 超时重传机制

　　超时重传机制是指在发送数据时，设置一个定时器，当超过设定时间时没有收到对方的 ACK 确认应答报文，就会重发该数据。

TCP 会在以下两种情况发生超时重传：数据包丢失、确认应答丢失。

如图 4.7 所示，当 Recevier 没有收到 Seq3 时，即使已经收到 Seq4，Seq5 的数据包，也会等待 Seq3。直到收到 Seq3，Recevier 就会应答 Ack6，表示 Seq3，Seq4，seq5 都收到了。

按照超时重传机制，当 Sender 发送 Seq3 时，会设置一个超时重传时间。当超过这个超时重传时间时，仍未收到 ACK，就会重发 Seq3。那么这个超时重传时间究竟需要设计为多大呢？

由于 TCP 的下层是互联网环境，发送的报文段可能只经过一个高速率的局域网，也可能经过多个低速率的广域网，并且每个 IP 数据报选择的路由还可能不同，不同时间网络拥塞情况也有所不同，因此往返时间（round-trip time，RTT）是在不断变化的。

显然，超时重传时间应比当前报文段的 RTT 要长一些。针对互联网环境中端到端的时延动态变化的特点，TCP 采用了一种自适应算法。该算法记录一个报文段发出的时间以及收到相应确认报文段的时间，这两个时间之差就是报文段的 RTT。

TCP 超时重传需要确定 RTT，以便在合适的时间内进行重传。一般 TCP 使用的是基于时间加权移动平均值的 RTT 估算算法。

具体而言，当 TCP 发送一个数据段时，它会启动一个计时器（称为 RTO 计时器），等待 ACK 确认。如果在计时器到期之前没有收到 ACK，TCP 就会认为数据段已经丢失，并进行超时重传。而 RTO 计时器的时间取决于 RTT 的估算值。

TCP 通过记录每个数据段的发送时间戳和接收 ACK 确认的时间戳，计算它们之间的时间差，即为往返时延 RTT。为了避免 RTT 估算受到一些延迟或丢失数据包的影响，TCP 采用了时间加权移动平均值的方式来计算 RTT 估算值。即对于每个新的 RTT 估算值，将其与之前的 RTT 估算值做加权平均，得到新的 RTT 估算值。

具体地，假设当前 RTT 的估算值为 SRTT，每次测量到的新的 *RTT* 估算值为 *RTT*，RTT 变化的绝对值为 *RTTVAR*，则 *SRTT* 和 *RTTVAR* 的计算方式如下。

$$SRTT = (1-\alpha) \times SRTT + \alpha \times RTT$$
$$RTTVAR = (1-\beta) \times RTTVAR + \beta \times |SRTT - RTT|$$

其中，α 和 β 都是平滑因子，一般取值为 0.125。通过这种方式，TCP 能够动态地估算 RTT，并调整超时重传时间，从而提高数据传输的可靠性和性能。

超时重传机制也存在如下问题。

（1）频繁重传：超时重传机制可能导致频繁的数据包重传，增加网络负担和传输延迟，从而降低 TCP 传输效率。

（2）重传延迟：由于 TCP 重传需要等待超时计时器到期，因此当发生数据包丢失时，需要等待一段时间才进行重传，这样会延长传输延迟，降低 TCP 传输性能。

（3）重传过早：有些情况下，TCP 超时重传机制会过早地进行数据包重传，这会加剧网络拥塞程度，从而影响 TCP 传输效率和性能。

（4）重传过慢：另外，有些情况下，TCP 超时重传机制会过慢地进行数据包重传，这会导致网络资源浪费和 TCP 传输效率降低。

2. 快速重传机制

TCP 还有另外一种快速重传（fast retransmit）机制，它不以时间为驱动，而是以数据为驱动重传。快速重传机制的工作原理如图 4.8 所示。

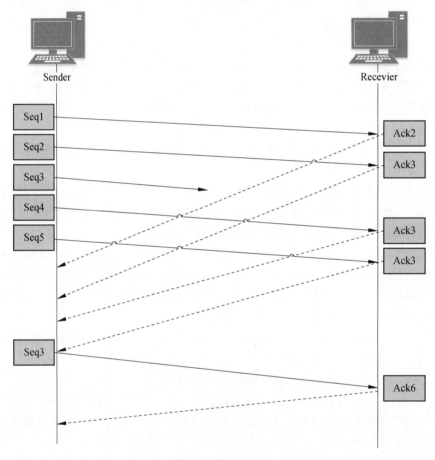

图 4.8　快速重传

假定 Sender 发送了 Seq1～Seq5 共 5 个报文段。

Recevier 收到 Seq1 后，发出 Ack2 进行确认。

Recevier 收到 Seq2 后，发出 Ack3 进行确认。

假定网络拥塞导致 Seq3 丢失。

Recevier 后来收到 Seq4 和 Seq5，发现其序号不对，但仍收下放在缓存中，同时发出

ACK3 进行确认。

当 Recevier 连续收到三个重复的 Ack3 确认信息后，按照快速重传算法规定，发送方只要连续收到三个重复的确认信息，就立即重传丢失的报文段 Seq3。

快速重传机制只解决了超时的问题。在上述例子中，仅丢失了 Seq3，因此 Sender 只需重传 Seq3 即可。

如果 Seq2 和 Seq3 丢失，按照上面的规则。

Recevier 收到 Seq1 后，发出 Ack2 进行确认。

假定网络拥塞导致 Seq2 丢失。

假定网络拥塞导致 Seq3 丢失。

Recevier 后来收到 Seq4，发现其序号不对，但仍收下放在缓存中，同时发出 Ack2 进行确认。

Recevier 后来收到 Seq5，发现其序号不对，但仍收下放在缓存中，同时发出 Ack2 进行确认。

这个时候 Sender 收到三次 Ack2，但有 2 个包：Seq2 和 Seq3 都丢失了，这个时候 Sender 怎么办呢？

如果只选择重传 Seq2 一个报文，那么重传的效率很低。因为对于丢失的 Seq3 报文，还得在后续收到三个重复的 Ack3 才能触发重传。

如果选择重传 Seq2 之后已发送的所有报文，虽然能同时重传已丢失的 Seq2 和 Seq3 报文，但是 Seq4、Seq5、Seq6 的报文已经被接收，对于重传 Seq4 ～Seq6 这部分数据相当于做了一次无用功，浪费资源。

可以看到，不管是重传一个报文，还是重传已发送的所有报文，都存在一定的问题。

为了解决不知道该重传哪些 TCP 报文，于是引入了选择确认 SACK 方法。

3. 选择确认 SACK

SACK 方式需要在 TCP 头部加入一个 SACK 选项，ACK 还是快速重传的 ACK，SACK 则是汇报收到的数据片段，如图 4.9 所示。

这样，发送端可以根据回传的 SACK 知道哪些数据到达了接收方，哪些尚未到达。从而优化了快速重传算法。当然，这个协议需要通信双方都支持 SACK。在 Linux 系统中，可以通过设置 net.ipv4.tcp_sack 参数打开这个功能（Linux 2.4 版本后默认打开）。

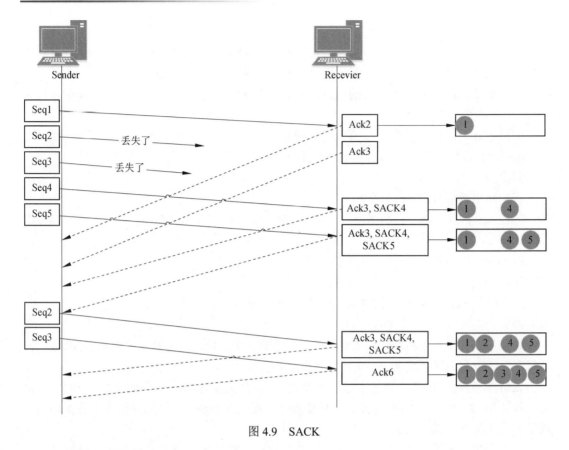

图 4.9　SACK

4. Duplicate SACK

Duplicate SACK 是指接收方使用 SACK 来告知发送方，有哪些数据被重复接收了。

关于 Ack 丢失的问题，如图 4.10 所示。

Recevier 发送的 Ack3，Ack4 都丢失了，导致 Sender 超时重传 Seq2。

Recevier 重复收到了 Seq2，发现数据是重复收到的，于是回了一个 SACK3,4 告知 Sender，数据包 Seq2、Seq3 都已经收到。这个 SACK 就是 Duplicate SACK。

Sender 收到 Ack4 和 SACK3,4 就知道 Seq2，Seq3 并没有丢失，只是相应的 ACK 丢失了而已。关于网络延时的问题，如图 4.11 所示。

Seq2 被网络延迟了，导致 Sender 没有收到 Ack3 的确认报文。

而后到达的三个相同的 Ack3 确认报文触发了快速重传机制，但是在重传 Seq2 后，被延迟的数据包 Seq2 又到达了 Recevier；所以 Recevier 回了一个 SACK 2，这个 SACK 是 D-SACK，表示收到了重复的包。

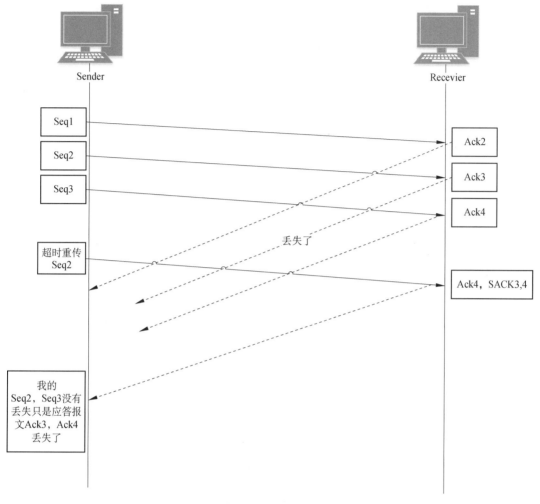

图 4.10　D-SACK

这样发送方就知道快速重传触发的原因不是发出去的包丢失，也不是因为回应的 Ack 包丢失，而是因为网络延迟了。

通过上面的列子，可以看到 Duplicate SACK 的如下几个优点。

（1）精确的丢失数据识别：Duplicate SACK 支持接收方向发送方提供更详细的信息，指出已接收到的数据片段，并请求丢失的数据片段重新发送。这样，发送方可以准确地知道哪些数据片段已经到达接收方，哪些数据片段需要重传，从而避免不必要的重传操作。

（2）快速的数据恢复：当接收方检测到数据包丢失时，它可以立即使用 SACK 选项通知发送方，并请求丢失的数据片段重新发送。这样可以快速恢复丢失的数据，减少等待时间，提高传输效率。

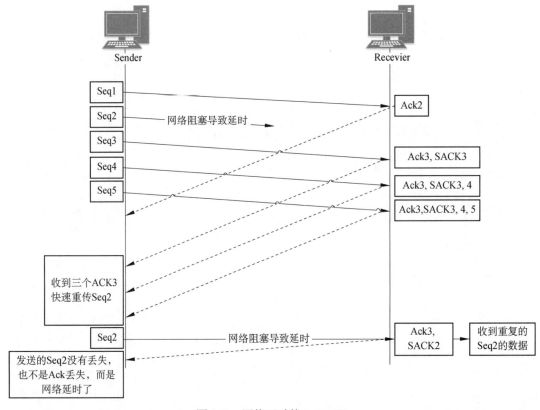

图 4.11　网络延时的 D-SACK

（3）提高网络吞吐量：通过准确地指示丢失的数据片段并进行重传，Duplicate SACK 可以提高网络的吞吐量。它减少了不必要的重传操作，同时支持发送方更好地调整发送速率，避免拥塞，从而提高整体的传输效率和性能。

（4）支持乱序数据处理：Duplicate SACK 不仅可以处理丢失的数据包，还可以处理乱序到达的数据包。接收方可以使用 SACK 选项通知发送方已经接收的乱序数据片段，从而帮助发送方重新组装数据并恢复正确的顺序。

（5）支持拥塞控制：Duplicate SACK 提供了更准确的拥塞信息反馈。通过接收方发送的 SACK 通知，发送方可以了解网络中的丢包情况，从而更好地调整发送速率，避免过度拥塞，提高网络的稳定性和可靠性。

4.4　TCP 可靠传输——滑动窗口

在客户端向服务器发送 TCP 连接请求时，TCP 头部会包含一个名为 Window 的字段，又叫 Advertised-Window。这个字段是接收方告诉发送方自己还有多少缓冲区可以接收数据。于是发送方就可以根据接收方的处理能力来发送数据，避免超出接收方的处理能力。

1. 发送方的滑动窗口

发送方的滑动窗口如图 4.12 所示。

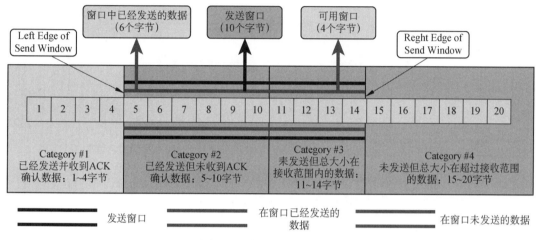

图 4.12　发送方的滑动窗口

当发送方把发送窗口的数据全部发送后，可用窗口大小变为 0，表明可用窗口耗尽。在收到相应的 ACK 之前，发送方无法继续发送数据，如图 4.13 所示。

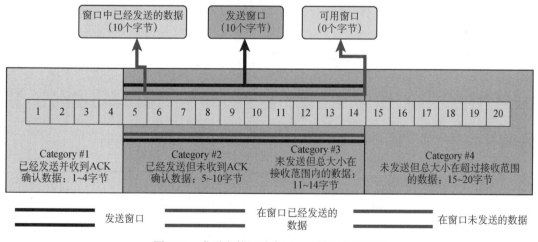

图 4.13　发送方的滑动窗口——数据全部发送

当发送方收到之前发送的数据 5～8 字节的 ACK 应答后，如果发送窗口的大小没有变化，则滑动窗口向右移动 4 个字节，因为有 4 个字节的数据被应答确认。接下来 15～18

字节又变成了可用窗口，那么后续也就可以发送 15～18 这 4 个字节的数据了，如图 4.14 所示。

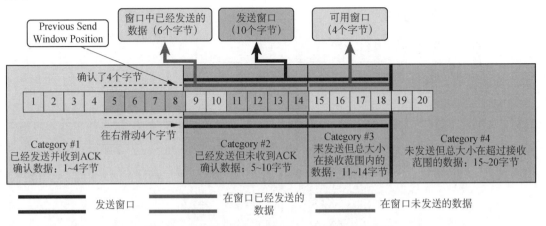

图 4.14　发送方的滑动窗口——数据被应答确认

程序如何表示发送方的四个部分呢？如图 4.15 所示。

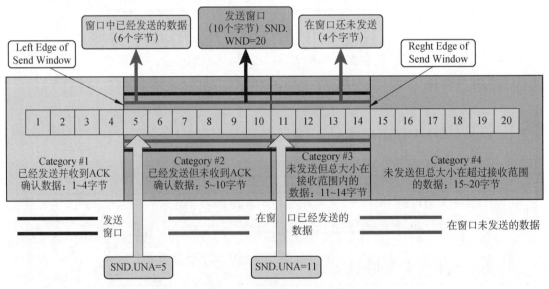

图 4.15　发送方的滑动窗口——指针示意图

SND.WND 表示发送窗口的大小（大小由接收方指定）。SND.UNA 是一个绝对指针，它指向已发送但尚未收到确认的第一个字节的序列号。SND.NXT 是一个绝对指针，它指向未发送但可发送范围的第一个字节的序列号。指向 Category #4 的第一个字节的是相对指针，它需要 SND.UNA 指针加上 SND.WND 大小的偏移量，就可以指向 #4 的第一个字节了。可用窗口大小=SND.WND-（SND.NXT-SND.UNA）。

2. 接收方的滑动窗口

接收方的滑动窗口如图 4.16 所示。

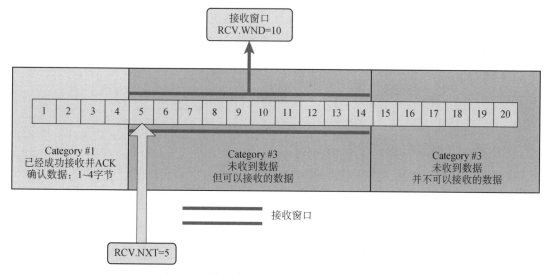

图 4.16　接收方的滑动窗口——指针示意图

其中的三个接收部分使用两个指针进行划分。RCV.WND 表示接收窗口的大小，该大小会通知发送方。RCV.NXT 是一个指针，它指向期望从发送方发送来的下一个数据字节的序列号，也就是#3 的第一个字节。指向#4 的第一个字节是相对指针，它需要 RCV.NXT 指针加上 RCV.WND 大小的偏移量，就可以指向#4 的第一个字节。

4.5　TCP 可靠传输——流量控制

通过前文我们了解了 TCP 的设计目标是确保可靠传输和解决数据包乱序的问题。为了实现这一目标，TCP 需要知道网络的实际处理带宽或数据处理速度。TCP 引入了一些技术和设计来实施网络流量控制，这个机制支持发送方根据接收方的实际接收能力控制发送的数据量，这就是 TCP 流量控制。

发送方受接收方的控制，如图 4.17 所示。

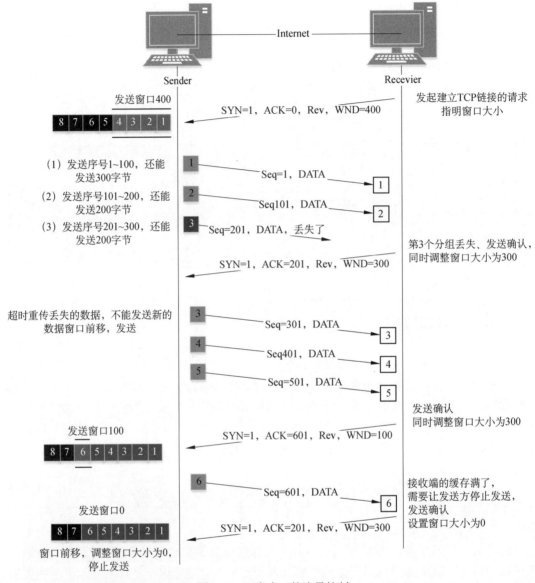

图 4.17   可变窗口的流量控制

4.6 TCP 可靠传输——拥塞控制

已经有了流量控制，为什么还需要拥塞控制？流量控制和拥塞控制的区别是什么？分别解决网络的什么问题？

流量控制（flow control）用于确保发送方和接收方之间的数据传输在合适的速率进行，防止接收方无法处理大量到达的数据。其主要目标是在发送方和接收方之间维持适当的数据流动，以防止接收方过载。

流量控制通常发生在较低的网络层（如传输层），涉及两个通信节点之间的数据传输速率。发送方根据接收方的处理能力和缓冲区状态来调整发送速率，以确保接收方能及时处理数据，防止数据丢失或溢出。

拥塞控制（congestion control）用于处理网络中的拥塞情况，防止网络中的路由器和链路过载。拥塞发生在网络中的某个位置，当网络流量超过其可承受范围时，可导致数据传输延迟增加、丢包率增加等问题。

拥塞控制的目标是在整个网络中控制数据流量，避免网络拥塞的发生。它涉及更高的网络层，如网络层和传输层，涉及多个通信节点之间的数据传输。拥塞控制使用一系列算法和策略来监测网络的负载情况，并根据网络拥塞的程度动态调整发送方的发送速率，以维持网络的稳定性和公平性。

流量控制关注的是单个通信节点之间的数据传输速率，保护接收方免受过多的数据压力。而拥塞控制关注的是整个网络中的数据流量，避免网络拥塞，并确保网络的性能和公平性。

4.6.1 TCP 的拥塞控制原理

在城市中，上下班高峰时间往往会出现交通拥堵如图 4.18 所示，想想交通拥堵是某一辆车造成的吗？众多的车辆在一个时间段集中驶入道路才造成交通拥堵。如果出现交通拥堵后不及时进行控制，继续有更多的车驶入，最终会造成交通堵塞。

计算机网络也和交通情况类似。在道路交通中，当车辆流量超过道路的承载能力时，就会发生交通堵塞。类比到网络中，当数据流量超过网络的容量或处理能力时，那些无法转发或从路由器接口发送队列溢出的数据包将会丢弃，从而引发网络拥塞。

图 4.18 交通堵塞

拥塞控制的原理如下。

（1）发送方将数据包发送到网络中。并维护一个状态变量，称为拥塞窗口（congestion window），缩写为 cwnd。

（2）网络中的拥塞控制机制监测网络负载情况，如延迟、丢包等，并反馈给发送方。

（3）如果网络负载低或未出现拥塞，发送方可以增大 cwnd，以较高速率发送数据包。

（4）如果网络负载过高或出现拥塞，拥塞控制机制会通知发送方减少 cwnd，降低发送速率，以减轻网络负荷。

拥塞本质上是一个动态问题，我们无用一个静态方案去解决。从这个意义上来说，拥塞是不可避免的。

4.6.2　拥塞控制的算法

因特网建议标准（RFC 2581）定义了进行拥塞控制的 4 种算法。

- ☑　慢启动（slow-start）。
- ☑　拥塞避免（congestion avoidance）。
- ☑　快速重传（fast retransmit）。
- ☑　快速恢复（fast recoveryt）。

这四种算法的发展经历了很长时间，至今仍在不断优化中。1988 年，TCP Tahoe 提出了慢启动和拥塞避免算法。1990 年，TCP Reno 在 TCP Tahoe 的基础上增加了拥塞发生时的快速重传和快速恢复算法。

1. 慢启动算法

假定发送方发送的每个分组都是 100 字节，如果发送方不考虑网络是否拥堵，将发送窗口大小设置成与接收窗口大小 3000 字节一样，就可以连续发送 30 个分组，然后等待确认。如果网络此时发生拥堵，会出现大量丢包，然后进行重传，白白浪费了带宽。最好的方式是先感知网络状态，再调整发送速度，而不是直接使用接收端提供的窗口大小设置发送窗口。具体过程如图 4.19 所示。

慢启动算法的基本原理如下。

（1）连接建立后，首先初始化 cwnd = 100，表明可以传输一个最大报文段长度（maximum segment size，MSS）大小的数据。

（2）每当收到一个 ACK，cwnd++；呈线性上升。

（3）每当经过一个 RTT，cwnd = cwnd*2；呈指数上升。

存在一个 ssthresh（slow start threshold），叫慢启动门限。当 cwnd >= ssthresh 时，就会进入拥塞避免算法。

2. 拥塞避免算法

上面介绍过，当 cwnd >= ssthresh 时，就会进入拥塞避免算法。

一般而言，ssthresh 的值设定为 65535，单位是字节，当 cwnd 达到这个值后，拥塞避免算法的调整如下。

（1）收到一个 ACK 时，cwnd = cwnd + 1/cwnd。

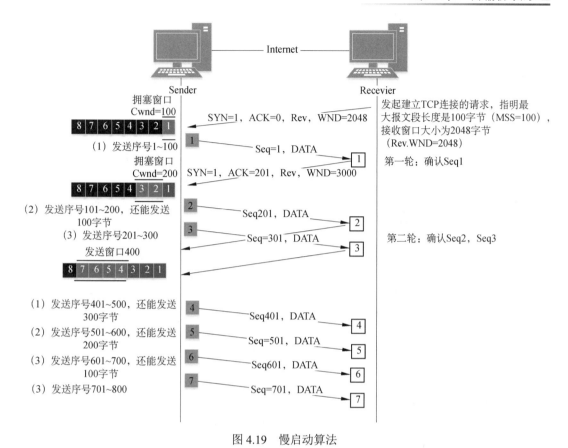

图 4.19　慢启动算法

（2）当每经过一个 RTT 时，cwnd = cwnd + 1。

这样就可以避免增长过快导致网络拥塞，而是逐步增加调整到网络的最佳值。显然，这是一个线性上升的算法，如图 4.20 所示。

3. 快速重传和快速恢复算法

1990 年，TCP Reno 在 TCP Tahoe 的基础上增加了拥塞发生时的快速重传和快速恢复算法。为什么要提出这两个算法呢？

在传统的 TCP 拥塞控制算法中，当发送方检测到丢失的数据包时，会启动超时重传机制，即等待一段时间来确认是否发生丢包，然后重新发送丢失的数据包。然而，这种超时重传机制在网络拥塞的情况下会导致发送方的发送速率大幅降低，从而影响传输性能。

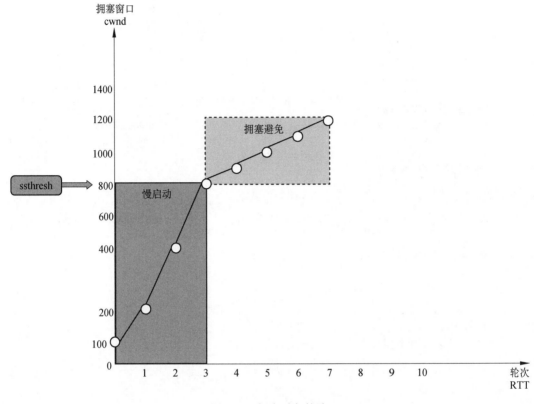

图 4.20　拥塞避免算法

　　为了解决这个问题，快速重传和快速恢复算法被引入，以减少对超时重传的依赖，并在丢包发生时更快地进行恢复。

　　快速重传算法的基本原理如下。

　　（1）冗余的 ACK：当接收方接到乱序的数据包时，它会发送一个冗余的 ACK，通知发送方它已经接到了后续的数据包。例如，如果接收方接到第二个和第四个数据包，它将发送一个确认号为 4 的冗余 ACK。

　　（2）丢包检测：发送方在连续接到 3 个相同的冗余 ACK 后，认为对应的数据包丢失，而不是等待超时。

　　（3）快速重传：发送方收到 3 个相同的冗余 ACK 后，立即重传对应丢失的数据包，而不是等待超时。

　　快速恢复算法的基本原理如下。

　　（1）拥塞窗口减半：当发送方进行快速重传时，它将拥塞窗口减半，以降低发送速率。

　　（2）快速恢复：在拥塞窗口减半后，发送方不会执行慢启动算法，而是将拥塞窗口设置为拥塞阈值的一半，并在每次接收到一个新的 ACK 时增加拥塞窗口的大小。

快速重传和快速恢复算法的引入可以减少对超时重传的依赖，从而更快地恢复丢失的数据包和发送方的发送速率。这些算法使得 TCP 在网络拥塞时能够更加敏捷地适应和恢复，提高了传输的效率和性能。

超时重传的 TCP Tahoe 版本（此版本已废弃）如图 4.21 所示。

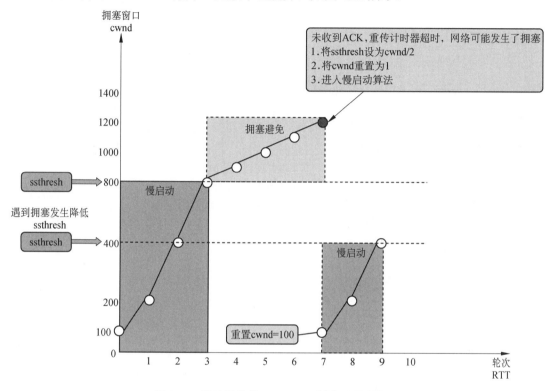

图 4.21　超时重传的 TCP Tahoe 版本（已废弃）

快速重传算法规定，发送方只要连续收到 3 个重复确认，就应立即重传对方尚未收到的报文段，而不必继续等待为报文段设置的重传计时器到期。由于发送方尽早重传未被确认的报文段，因此采用快速重传可以使整个网络的吞吐量提高约 20%。

与快速重传配合使用的还有快恢复算法，其过程有以下两个要点。

（1）当发送方连续收到 3 个重复确认时，就执行"乘法减小"算法，将 ssthresh 值设为一半。这是为了预防网络发生拥塞。注意，接下来不执行慢启动算法。

（2）由于发送方现在认为网络很可能没有发生拥塞（如果网络发生了严重的拥塞，不会连续有好几个报文段到达接收方，就不会导致接收方连续发送重复确认），因此与慢启动不同（即慢启动设置拥塞窗口 cwnd 为 100），而是将 cwnd 设为 ssthresh 值的一半，然后开始执行拥塞避免算法，即 cwnd=cwnd+1，使拥塞窗口 cwnd 值缓慢地线性增大。

TCP Reno 版本如图 4.22 所示。

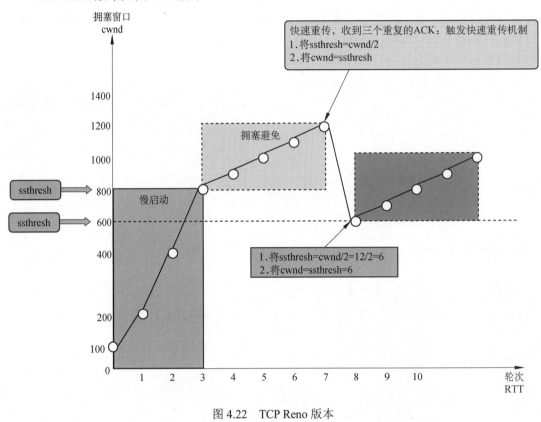

图 4.22　TCP Reno 版本

TCP Reno 版本和 TCP Tahoe 版本的区别是新的 TCP Reno 版本在快速重传之后采用快速恢复算法，而不是慢启动算法。

4.7　TCP 和 UDP 的区别

TCP 和 UDP 的区别总结如下。

（1）连接方式：TCP 是面向连接的协议，而 UDP 是面向无连接的。

（2）数据完整性：TCP 提供数据完整性检验，确保数据不会丢失、损坏、重复或乱序，而 UDP 不提供这种保证。

（3）传输效率：UDP 传输效率高，因为它不像 TCP 那样需要建立连接和维护状态，同时 UDP 也没有 TCP 那些机制的开销。

（4）拥塞控制：TCP 提供拥塞控制，通过控制发送速率来保证网络的稳定性和公平性，而 UDP 不提供拥塞控制，容易导致网络拥塞。

（5）应用场景：TCP 适用于传输重要数据，如文件传输、电子邮件、网页浏览等，而 UDP 适用于传输实时性要求高、数据量小的数据，如音频、视频、游戏等。

4.8　小　　结

本章结构如图 4.23 所示。

本章要点总结如下。

☑　介绍传输层的 UDP 和 TCP 协议。

☑　TCP 是一个无比复杂的协议，需要解决网络传输中的许多问题。这些问题不仅涉及技术层面，还需要避免漏洞，如果存在漏洞被黑客利用，将会给计算机行业带来巨大的损失。

☑　学习 TCP 协议的过程会给大家带来巨大的收益，其中很多解决方案可以在不同的业务场景中借鉴。

☑　关于 TCP 协议的细节，推荐阅读《TCP/IP 详解 卷 1：协议》。

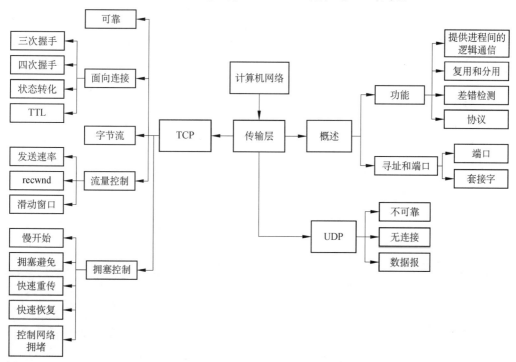

图 4.23　混沌知识树——计算机网络传输层

第 5 章
Linux 网络包处理源码分析

下面是一个简单的 C 语言示例代码，用于创建一个 UDP 服务器并接收数据。

```c
#include <stdio.h>
#include <stdlib.h>
#include <string.h>
#include <unistd.h>
#include <arpa/inet.h>

#define PORT 8001
#define BUFFER_SIZE 1024

int main() {
    int server_socket;
    struct sockaddr_in server_addr, client_addr;
    socklen_t client_addr_len;
    char buffer[BUFFER_SIZE];

    // 创建 Socket
    server_socket = socket(AF_INET, SOCK_DGRAM, 0);
    if (server_socket == -1) {
        perror("Socket creation failed");
        exit(EXIT_FAILURE);
    }

    // 设置服务器地址结构
    server_addr.sin_family = AF_INET;
    server_addr.sin_addr.s_addr = INADDR_ANY;
    server_addr.sin_port = htons(PORT);

    // 绑定地址和端口
    if (bind(server_socket, (struct sockaddr *)&server_addr, sizeof (server_addr)) == -1) {
        perror("Binding failed");
        exit(EXIT_FAILURE);
    }

    printf("Server is listening on port %d...\n", PORT);

    while (1) {
```

```
// 接收数据
client_addr_len = sizeof(client_addr);
int bytes_received = recvfrom(server_socket, buffer, BUFFER_SIZE, 0,
            (struct sockaddr *)&client_addr, &client_addr_len);
if (bytes_received == -1) {
    perror("Receiving data failed");
    break;
}

buffer[bytes_received] = '\0';
printf("Received data from client %s:%d: %s\n",
    inet_ntoa(client_addr.sin_addr), ntohs(client_addr.sin_port), buffer);

// 如果需要，可以在这里对接到的数据进行处理，然后回复客户端。

}

// 关闭服务器 Socket
close(server_socket);

return 0;
}
```

从开发者视角来看，只要客户端有对应的数据发送过来，服务器执行 recvfrom 后就能收到它，并把它打印出来。我们现在想知道的是，当网络包到达网卡，直到我们的 recvfrom 收到数据，这个过程中究竟发生了什么？

本章基于 Linux 2.6.39.4，源代码参见 Linux 源码，网卡驱动采用 e100 网卡。通过本章内容，你将深入理解 Linux 网络系统内部是如何实现的，以及系统内的各个部分之间如何交互。

（1）Linux 接收网络包的准备阶段。

☑　网卡驱动是怎么加载和初始化的？

☑　网卡设备是怎么启动的？

☑　软中断线程怎么初始化？

☑　网络子系统怎么初始化？

☑　网络协议栈怎么初始化？

（2）Linux 内核对接收网络数据包的处理流程如下。

☑　网卡驱动对数据包的存储。

☑　硬中断处理过程。

☑　软中断处理过程。

☑　网络层的处理过程。

☑　传输层的处理过程。

（3）最后介绍网络消息如何通过 recvfrom 系统调用，将数据传给用户进程的。

本章要点

☑ Linux 网络数据包接收的总体流程。

☑ Linux 启动时的网络准备。

☑ Linux 内核对网络数据包的接收和处理过程。

☑ socket 的接收队列。

5.1 Linux 网络收包的总体流程

在 TCP/IP 协议栈里，协议通常分为 5 层：物理层、数据链路层、网络层、传输层和应用层。物理层对应的是网卡和网线。应用层对应的是我们常见的微信、淘宝、浏览器和前文的 TCP_Server 例子等各种应用。Linux 操作系统实现的是数据链路层、网络层和传输层。

Linux 和网络协议栈对应关系如图 5.1 所示。

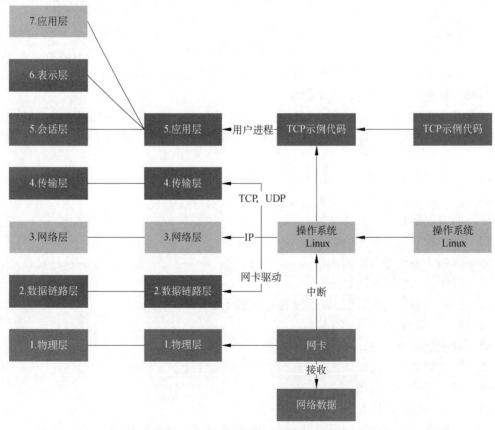

图 5.1 Linux 和网络协议栈对应关系

在 Linux 源代码中，网络设备驱动对应的逻辑位于 driver/net/ethernet 目录。其中 intel 系列网卡的驱动位于 driver/net/ethernet/intel 目录下。协议栈模块代码位于 kernel 和 net 目录。

当网卡接收网络数据时，设备触发硬件中断（通过给 CPU 相关引脚施加电压变化来通知 CPU）。对于网络模块而言，由于处理过程比较复杂且耗时，如果在中断函数中完成所有处理，将导致中断处理函数（优先级过高）过度占据 CPU。

硬中断处理是需要关闭 CPU 中断响应的，此时如果中断处理函数长时间占用 CPU，由于 CPU 不再响应任何中断，包括时钟中断、键盘、鼠标等，那么将会导致用户产生非常不好的体验，感觉计算机死机了。

所以需要将一些处理下放到支持发生中断的上下文中执行，Linux 将整个中断响应过程分为上下两部分：中断上半部和中断下半部。

中断上半部只执行最简单的工作，例如将收到的数据包复制到内核缓冲区，并迅速释放 CPU，以便 CPU 能够处理其他中断请求。将剩下绝大部分的工作都放到下半部中，可以慢慢从容地处理。Linux 2.4 版本以后的内核版本采用的中断下半部实现方式是软中断，由 ksoftirqd 内核线程全权处理。软中断处理程序按照优先级处理不同的任务，例如完成网络数据包的解析、路由选择、传输层处理、应用层处理等复杂任务。

在了解了网卡驱动、硬中断、软中断和 ksoftirqd 线程之后，我们将在这几个概念的基础上给出一个 Linux 内核收包的总体流程，如图 5.2 所示。

Linux 网络收包的总体流程如下。

（1）硬件接收。当网络设备（如网卡）收到一个数据包时，硬件触发中断或使用 DMA（直接内存访问）通知内核有数据包到达。硬件将数据包存储在接收缓冲区（ring buffer）中。

（2）中断处理。当硬件中断或 DMA 通知内核有数据包到达时，内核触发中断处理程序（IRQ）。中断处理程序的上半部会尽快处理中断，通常是进行一些简单的操作，并快速释放 CPU。

（3）软中断或 NAPI。为了避免中断处理函数过于繁忙，复杂的数据包处理会放在下半部进行。在早期的 Linux 内核版本中，下半部使用软中断实现，但在较新的内核版本中，使用 NAPI（new API）机制处理网络收包。NAPI 是一种适用于高速网络的机制，它利用轮询和批量处理的方式处理接收队列中的数据包，从而减少中断频率和降低 CPU 负担。在早期的 Linux 内核版本中，使用 ksoftirqd 检测到有软中断请求到达，调用 poll 开始轮询收包，收到后交各级协议栈处理。

（4）网络协议栈处理。数据包在 NAPI 或软中断处理程序中被接收，进入网络协议栈的网络层。网络层根据数据包的目标 IP 地址和本地 IP 地址，决定将数据包交给本机的应用程序还是进行转发。如果数据包是发往本机的，协议栈将数据包交给传输层（如 TCP 或 UDP 协议）或应用层进行处理。

（5）传输层和应用层处理。传输层负责处理传输层头部，并将数据包交给相应的 socket

接收队列。这会唤醒等待队列中的用户进程。用户进程从 socket 接收队列中读取数据，完成数据的接收过程。

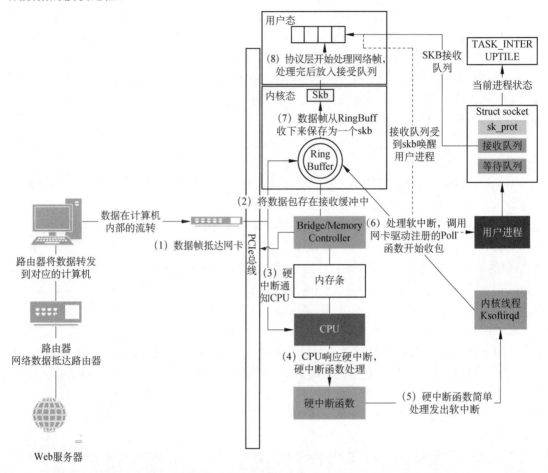

图 5.2　Linux 内核收包的总体流程（基于同步阻塞 IO 的工作流程）

（6）转发处理。如果数据包需要转发到其他主机，网络层根据路由表选择合适的输出接口，并将数据包交给网络设备驱动发送。

通过这里的学习，大家已经从整体上把握了 Linux 对数据包的处理过程。接下来，我们将介绍更多网络模块工作的细节。

5.2　Linux 启动的网络准备

在 Linux 系统中准备接收网卡数据包之前，需要进行一系列的准备工作。首先，需要加载适当的网络设备驱动，将网络设备与内核关联，使得内核能够与设备进行通信。在驱动加载后，需要对网络设备进行配置，如设置 MAC 地址、IP 地址、子网掩码等信息。这些配置发挥网络设备与网络进行通信。还要提前创建 ksoftirqd 内核线程，注册各个协议对应的处理函数，提前初始化网络设备子系统，启动网卡。只有这些都初始化之后，我们才能真正开始接收数据包。现在让我们了解一下这些初始化工作是如何进行的。

5.2.1 网卡 e100 驱动初始化

网卡需要有驱动才能工作，驱动是加载到内核中的模块，负责衔接网卡和内核。当相应的网卡收到数据包时，网络模块调用相应的驱动程序处理数据。每个驱动程序（不仅仅是网卡驱动）都会使用 module_init 向内核注册一个初始化函数，当驱动被加载时，内核调用这个函数。如 e100 网卡驱动的代码位于 drivers/net/e100.c。

```
//file: drivers/net/e100.c
module_init(e100_init_module);                 // 当 e 100 模块初始化时调用该函数

static struct pci_driver e100_driver = {
    .name =         DRV_NAME,                  // 驱动名称
    .id_table =      e100_id_table,            // PCI 设备 ID 表，用于匹配支持的设备
    .probe =        e100_probe,                // 探测函数，在设备被探测到时调用，
                                               // 当内核匹配成功后，回调该函数
    .remove =       __devexit_p(e100_remove),  // 卸载函数，在设备被移除时调用
#ifdef CONFIG_PM
    /* Power Management hooks */
    .suspend =      e100_suspend,              // 挂起函数，用于电源管理中的挂起操作
    .resume =       e100_resume,               // 恢复函数，用于电源管理中的恢复操作
#endif
    .shutdown =     e100_shutdown,             // 关闭函数，在系统关闭时调用
    .err_handler = &e100_err_handler,          // 错误处理函数，用于处理网卡错误
};

static int __init e100_init_module(void)
{
    if (((1 << debug) - 1) & NETIF_MSG_DRV) {
        pr_info("%s, %s\n", DRV_DESCRIPTION, DRV_VERSION);
                                               // 输出驱动描述和版本信息
        pr_info("%s\n", DRV_COPYRIGHT);        // 输出驱动版权信息
    }
    return pci_register_driver(&e100_driver);
                                               // 将当前 PCI 驱动结构指针 注册到内核中
}
```

驱动的 pci_register_driver 调用完成后，Linux 内核就知道了该驱动的相关信息，如 e100 网卡驱动的 e100_id_table 和 e100_probe 函数地址等。当网卡设备被识别以后，内核调用其

驱动的 probe 方法。驱动 probe 方法执行的目的是使设备准备好进行工作。对于 e100 网卡，其 e100_probe 位于 drivers/net/e100.c。

```c
//file: drivers/net/e100.c

static int __devinit e100_probe(struct pci_dev *pdev,
    const struct pci_device_id *ent)
{
    struct net_device *netdev;
    struct nic *nic;
    int err;

    // 为网卡分配 net_device 结构体
    if (!(netdev = alloc_etherdev(sizeof(struct nic)))) {
        if (((1 << debug) - 1) & NETIF_MSG_PROBE)
            pr_err("Etherdev alloc failed, aborting\n");
        return -ENOMEM;
    }

    // 设置网卡操作函数和 ethtool 操作函数，主要关注 e100_netdev_ops
    netdev->netdev_ops = &e100_netdev_ops;
    SET_ETHTOOL_OPS(netdev, &e100_ethtool_ops);

    // 设置网卡的看门狗超时时间，每 2s 执行一次，进行数据静态分析和处理
    netdev->watchdog_timeo = E100_WATCHDOG_PERIOD;

    // 复制网卡的名称
    strncpy(netdev->name, pci_name(pdev), sizeof(netdev->name) - 1);

    // 获取网卡的私有数据结构 nic
    nic = netdev_priv(netdev);

    // 添加 NAPI（New API）支持，提高网络性能
    netif_napi_add(netdev, &nic->napi, e100_poll, E100_NAPI_WEIGHT);

    // 设置网卡的一些参数和标志
    nic->netdev = netdev;
    nic->pdev = pdev;
    nic->msg_enable = (1 << debug) - 1;
    nic->mdio_ctrl = mdio_ctrl_hw;

    // 将 netdev 和 nic 绑定，并存储在 PCI 设备的私有数据中
    pci_set_drvdata(pdev, netdev);

    // 激活 PCI 设备
    if ((err = pci_enable_device(pdev))) {
        netif_err(nic, probe, nic->netdev, "Cannot enable PCI device, aborting\n");
        goto err_out_free_dev;
```

```
}

// 检查是否存在合适的 PCI 设备基地址
if (!(pci_resource_flags(pdev, 0) & IORESOURCE_MEM)) {
    netif_err(nic, probe, nic->netdev, "Cannot find proper PCI device base address,
aborting\n");
    err = -ENODEV;
    goto err_out_disable_pdev;
}

// 请求 PCI 设备的 IO 区域资源
if ((err = pci_request_regions(pdev, DRV_NAME))) {
    netif_err(nic, probe, nic->netdev, "Cannot obtain PCI resources, aborting\n");
    goto err_out_disable_pdev;
}

// 设置 DMA 掩码，使得设备支持 32 位 DMA
if ((err = pci_set_dma_mask(pdev, DMA_BIT_MASK(32)))) {
    netif_err(nic, probe, nic->netdev, "No usable DMA configuration, aborting\n");
    goto err_out_free_res;
}

// 设置网络设备和 PCI 设备之间的关联
SET_NETDEV_DEV(netdev, &pdev->dev);

// 如果使用 IO 访问模式，则输出信息
if (use_io)
    netif_info(nic, probe, nic->netdev, "using i/o access mode\n");

// 映射设备寄存器，获得控制器的 CSR（control status register）地址
nic->csr = pci_iomap(pdev, (use_io ? 1 : 0), sizeof(struct csr));
if (!nic->csr) {
    netif_err(nic, probe, nic->netdev, "Cannot map device registers, aborting\n");
    err = -ENOMEM;
    goto err_out_free_res;
}

// 根据驱动程序支持的设备类型，设置网卡的标志
if (ent->driver_data)
    nic->flags |= ich;
else
    nic->flags &= ~ich;

// 获取网卡的默认配置
e100_get_defaults(nic);

// 初始化锁
spin_lock_init(&nic->cb_lock);
```

```
    spin_lock_init(&nic->cmd_lock);
    spin_lock_init(&nic->mdio_lock);

    // 重置网卡，以确保设备在正常状态下
    e100_hw_reset(nic);

    // 设置设备为主设备，使其能够发出 PCI 传输
    pci_set_master(pdev);

    // 初始化看门狗定时器和闪烁 LED 定时器
    init_timer(&nic->watchdog);
    nic->watchdog.function = e100_watchdog;
    nic->watchdog.data = (unsigned long)nic;
    init_timer(&nic->blink_timer);
    nic->blink_timer.function = e100_blink_led;
    nic->blink_timer.data = (unsigned long)nic;

    // 初始化处理超时任务
    INIT_WORK(&nic->tx_timeout_task, e100_tx_timeout_task);

    // 分配网卡的资源
    if ((err = e100_alloc(nic))) {
        netif_err(nic, probe, nic->netdev, "Cannot alloc driver memory, aborting\n");
        goto err_out_iounmap;
    }

    // 从 EEPROM 中读取网卡配置信息
    if ((err = e100_eeprom_load(nic)))
        goto err_out_free;

    // 初始化 PHY（物理层）模块
    e100_phy_init(nic);

    // 将从 EEPROM 中读取的 MAC 地址复制到 netdev 的 dev_addr 和 perm_addr 中
    memcpy(netdev->dev_addr, nic->eeprom, ETH_ALEN);
    memcpy(netdev->perm_addr, nic->eeprom, ETH_ALEN);

    // 检查 MAC 地址是否有效
    if (!is_valid_ether_addr(netdev->perm_addr)) {
        if (!eeprom_bad_csum_allow) {
            netif_err(nic, probe, nic->netdev, "Invalid MAC address from EEPROM,
aborting\n");
            err = -EAGAIN;
            goto err_out_free;
        } else {
            netif_err(nic, probe, nic->netdev, "Invalid MAC address from EEPROM, you MUST
configure one.\n");
        }
```

```
    }

    // 如果网卡支持 WOL（Wake-on-LAN）功能，并且 eeprom 中配置了魔术包唤醒，则启用 WOL
    if ((nic->mac >= mac_82558_D101_A4) &&
       (nic->eeprom[eeprom_id] & eeprom_id_wol)) {
        nic->flags |= wol_magic;
        device_set_wakeup_enable(&pdev->dev, true);
    }

    // 关闭任何挂起的唤醒事件，并禁用 PME（power management event）
    pci_pme_active(pdev, false);

    // 注册网络设备
    strcpy(netdev->name, "eth%d");
    // 将网络设备注册到内核中（挂入内核设备链表）
    if ((err = register_netdev(netdev))) {
        netif_err(nic, probe, nic->netdev, "Cannot register net device, aborting\n");
        goto err_out_free;
    }

    // 创建一块用于缓存控制块的内存池
    nic->cbs_pool = pci_pool_create(netdev->name,
            nic->pdev,
            nic->params.cbs.max * sizeof(struct cb),
            sizeof(u32),
            0);

    // 输出网卡的相关信息
    netif_info(nic, probe, nic->netdev,
        "addr 0x%llx, irq %d, MAC addr %pM\n",
        (unsigned long long)pci_resource_start(pdev, use_io ? 1 : 0),
        pdev->irq, netdev->dev_addr);

    return 0;

err_out_free:
    e100_free(nic);
err_out_iounmap:
    pci_iounmap(pdev, nic->csr);
err_out_free_res:
    pci_release_regions(pdev);
err_out_disable_pdev:
    pci_disable_device(pdev);
err_out_free_dev:
    pci_set_drvdata(pdev, NULL);
    free_netdev(netdev);
    return err;
}
```

将 e100_probe 函数主要执行的操作抽取，如图 5.3 所示。

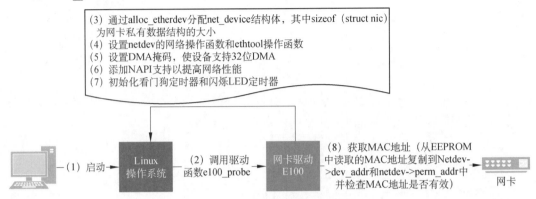

(3) 通过alloc_etherdev分配net_device结构体，其中sizeof（struct nic）
    为网卡私有数据结构的大小
(4) 设置netdev的网络操作函数和ethtool操作函数
(5) 设置DMA掩码，使设备支持32位DMA
(6) 添加NAPI支持以提高网络性能
(7) 初始化看门狗定时器和闪烁LED定时器

(1) 启动 → Linux 操作系统 → (2) 调用驱动函数e100_probe → 网卡驱动 E100 → (8) 获取MAC地址（从EEPROM中读取的MAC地址复制到Netdev->dev_addr和netdev->perm_addr中并检查MAC地址是否有效） → 网卡

图 5.3　e100 设备初始化函数

e100_probe 函数主要执行的操作可以分成步骤 3～8。

第 4 步：设置 netdev 的网络操作函数和 ethtool 操作函数。

```
//file: drivers/net/e100.c

netdev->netdev_ops = &e100_netdev_ops;
SET_ETHTOOL_OPS(netdev, &e100_ethtool_ops);
```

设置的 e100_netdev_ops 中包含 e100_open 等函数，这些函数在网卡启动时被调用。

```
//file: drivers/net/e100.c

// 定义 e100 网卡的网络设备操作函数
static const struct net_device_ops e100_netdev_ops = {
    .ndo_open = e100_open, // 网卡打开函数,在网卡启动时调用,用于初始化网卡并使其能够接收和
                           // 发送数据
    .ndo_stop = e100_close, // 网卡关闭函数,在网卡停止时调用,用于停止网卡的数据传输
    .ndo_start_xmit    = e100_xmit_frame,         // 发送数据帧函数,将数据发送到网卡
    .ndo_validate_addr    = eth_validate_addr,    // MAC 地址验证函数,在设置网卡 MAC 地址
                                                  // 时调用,用于验证给定的 MAC 地址是否合法
    .ndo_set_multicast_list = e100_set_multicast_list,    // 设置多播地址列表函数,在设
                                                  // 置网卡的多播地址列表时调用
    .ndo_set_mac_address    = e100_set_mac_address,    // 设置网卡 MAC 地址函数,用于
                                                  // 设置网卡的 MAC 地址
    .ndo_change_mtu        = e100_change_mtu,    // 改变 MTU 大小函数,在需要改变 MTU
                                                  // 大小时调用,用于调整网卡的最大传输单元
    .ndo_do_ioctl        = e100_do_ioctl,    //网络设备 IO 控制函数,在执行网络设
                                                  // 备的控制操作时调用,如配置网卡参数、
                                                  // 查询状态等
    .ndo_tx_timeout        = e100_tx_timeout,    //发送超时处理函数,在发送数据时发生超
                                                  // 时时调用,用于处理发送超时的情况

#ifdef CONFIG_NET_POLL_CONTROLLER
```

```
        .ndo_poll_controller    = e100_netpoll,       // 网卡轮询函数（用于 CONFIG_NET_
                                                           POLL_CONTROLLER 选项）
    #endif
    };
```

网卡驱动实现了 ethtool 所需的接口，也完成了函数地址注册。当 ethtool 发起系统调用之后，内核找到对应操作的回调函数。ethtool 命令之所以能查看网卡收发包统计、修改网卡自适应模式、调整 RX 队列的数量和大小，是因为 ethtool 命令最终调用了网卡驱动的相应方法，而不是 ethtool 本身具备这些能力。

```
root@hk:~# ethtool -i eth0
driver: virtio_net
version: 1.0.0
```

第 6 步：添加 NAPI 支持以提高网络性能。

```
//file: drivers/net/e100.c

netif_napi_add(netdev, &nic->napi, e100_poll, E100_NAPI_WEIGHT);
```

注册一个 NAPI 机制所必需的 poll 函数，对于 e100 网卡驱动而言，这个函数就是 e100_poll。

5.2.2　启动网卡 e100

网卡 e100 初始化执行完成之后，就可以启动网卡了。在 e100 网卡初始化时，第 4 步设置 netdev 的网络操作函数，注册到 struct net_device_ops 结构的回调函数中，该函数将在 PCI 网络设备初始化后，网络设备注册到内核时被调用。当启用一个网卡时（例如，通过命令 ifconfig eth0 up），net_device_ops 中的 e100_open 方法被调用。e100_open 位于 drivers/net/e100.c。

e100_open 函数是 e100 网卡驱动中的网卡打开函数。在网卡启动时调用，它将关闭网卡的链路状态，并调用 e100_up 函数将网卡设置为 UP 状态，使其能够开始接收和发送数据包。

```
//file: drivers/net/e100.c

// 网卡打开函数
static int e100_open(struct net_device *netdev)
{
    // 获取网卡的私有数据结构 nic，这是在网卡驱动初始化时与 net_device 结构体关联的自定义数据
    struct nic *nic = netdev_priv(netdev);

    // 将网卡的 carrier（链路状态）关闭，这意味着网卡不会发送或接收任何数据包。在网卡初始化时，通常需要将链路状态关闭
    netif_carrier_off(netdev);
```

```
    // 调用 e100_up 函数使网卡处于 UP 状态，启动网卡的数据传输功能，使其能够接收和发送数据包
    int err = 0;
    if ((err = e100_up(nic)))
        netif_err(nic, ifup, nic->netdev, "Cannot open interface, aborting\n");

    return err;
}
```

e100_up 函数是 e100 网卡驱动中的网卡启动函数。它用于初始化网卡，并将网卡设置为 UP 状态，使其能够接收和发送数据。该函数分配接收缓冲区和控制块，初始化网卡硬件，设置多播地址列表，启动网卡接收器，并启用中断和 NAPI。

```
//file: drivers/net/e100.c
// 网卡启动函数
static int e100_up(struct nic *nic)
{
    int err;

    // 分配接收缓冲区描述符列表，这个列表用于存储接收数据包的信息
    if ((err = e100_rx_alloc_list(nic)))
        return err;

    // 分配控制块列表，控制块（CB）用于存储网卡发送数据包的信息
    if ((err = e100_alloc_cbs(nic)))
        goto err_rx_clean_list;

    // 初始化网卡硬件，这个函数包含一系列硬件初始化操作，使网卡处于工作状态
    if ((err = e100_hw_init(nic)))
        goto err_clean_cbs;

    // 设置多播地址列表
    e100_set_multicast_list(nic->netdev);

    // 启动网卡接收器，使网卡能够接收数据包
    e100_start_receiver(nic, NULL);

    // 设置网卡的看门狗定时器，用于监控网卡的状态并处理异常情况
    mod_timer(&nic->watchdog, jiffies);

    // 调用 request_irq 向内核注册中断，当网卡有数据包到达时，触发中断并调用 e100_intr 函数进行处理
    if ((err = request_irq(nic->pdev->irq, e100_intr, IRQF_SHARED,
        nic->netdev->name, nic->netdev)))
            goto err_no_irq;

    // 唤醒网卡队列，使网卡能够发送数据，在网卡启动后，允许将数据包添加到网卡发送队列中
    netif_wake_queue(nic->netdev);

    // 启用 NAPI，用于提高网络性能
```

```
    napi_enable(&nic->napi);

    /* enable ints _after_ enabling poll, preventing a race between
     * disable ints+schedule */
    // 启用网卡中断，使网卡能够响应中断事件，如接收新的数据包
    e100_enable_irq(nic);

    return 0;

err_no_irq:
    // 如果请求中断资源失败，删除看门狗定时器并返回错误，确保网卡的看门狗定时器不会在未初始化的情况
下执行
    del_timer_sync(&nic->watchdog);
err_clean_cbs:
    // 清理控制块列表，在发生错误时释放已分配的控制块资源
    e100_clean_cbs(nic);
err_rx_clean_list:
    // 清理接收缓冲区描述符列表，在发生错误时释放已分配的接收缓冲区资源
    e100_rx_clean_list(nic);
    return err;
}
```

我们将列举 e100 网卡启动准备的主要流程，如图 5.4 所示。

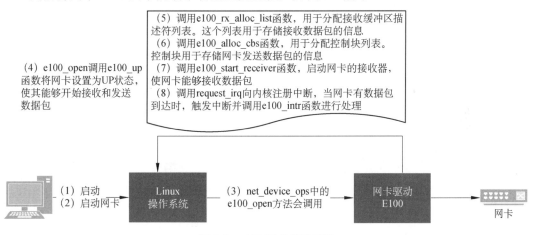

图 5.4　e100 网卡启动函数

5.2.3　网卡 e100 网络数据发送队列初始化

在启动网卡 e100 的过程中，需要调用 e100_alloc_cbs 函数，分配控制块列表，控制块
（command block，CB）用于存储网卡发送数据包的信息。

```
//file: drivers/net/e100.c
```

```
// 为控制块分配内存并初始化
// 参数 nic：指向以太网设备的结构体指针
static int e100_alloc_cbs(struct nic *nic)
{
    // 声明控制块指针和计数器
    struct cb *cb;
    //声明控制块指针 cb 和计数器 i，并从设备参数 nic->params.cbs.count 中获取需要分配的控制块数量
    unsigned int i, count = nic->params.cbs.count;

    // 初始化相关控制块和计数器
    nic->cuc_cmd = cuc_start;            // CUC（Command Unit Command）命令设置为启动状态
    nic->cb_to_use = nic->cb_to_send = nic->cb_to_clean = NULL; // 控制块指针初始化为空
    nic->cbs_avail = 0;                  // 可用的控制块数量初始化为 0

    // 使用 pci_pool_alloc 函数从控制块池中分配内存
    // 控制块池由 nic->cbs_pool 指定，用于存储控制块的内存块
    nic->cbs = pci_pool_alloc(nic->cbs_pool, GFP_KERNEL, &nic->cbs_dma_addr);
    if (!nic->cbs)
        return -ENOMEM;

    // 使用 memset 函数将分配的控制块内存清零，确保控制块的初始状态是空闲的
    memset(nic->cbs, 0, count * sizeof(struct cb));

    // 使用循环为每个控制块设置 next、prev 和 link 指针
    // 这些指针用于将控制块链接成一个双向环形链表
    for (cb = nic->cbs, i = 0; i < count; cb++, i++) {
        cb->next = (i + 1 < count) ? cb + 1 : nic->cbs; // 下一个控制块指向下一个控制块或
                                                        // 者回到第一个控制块

        cb->prev = (i == 0) ? nic->cbs + count - 1 : cb - 1; // 前一个控制块指向前一个控
                                                             // 制块或者最后一个控制块

        // 设置控制块的 DMA 地址和 link 字段
        // DMA 地址用于让硬件直接访问控制块的数据
        // link 字段指向下一个控制块的 DMA 地址，用于构成双向环形链表
        cb->dma_addr = nic->cbs_dma_addr + i * sizeof(struct cb);
        cb->link = cpu_to_le32(nic->cbs_dma_addr +
            ((i+1) % count) * sizeof(struct cb));
    }

    // 将控制块指针初始化为第一个控制块，将可用的控制块数量设置为 count
    nic->cb_to_use = nic->cb_to_send = nic->cb_to_clean = nic->cbs;
    nic->cbs_avail = count;

    // 返回 0 表示控制块分配成功
    return 0;
}
```

注意，CUC 是一个用于控制命令单元的状态机。

5.2.4　网卡 e100 网络数据接收队列初始化

在启动网卡 e100 的过程中，需要调用 e100_rx_alloc_list 函数，建立环形缓冲区，并调用 e100_rx_alloc_skb 为每个缓冲区分配空间，并进行 DMA 映射，以准备接收数据。

```
//file: drivers/net/e100.c

static int e100_rx_alloc_list(struct nic *nic)
{
    // 这是接收描述符（receive descriptor）的数据结构，用于管理接收缓冲区。在这里，一组接收描述
符构成一个接收队列
    struct rx *rx;
    // 这里声明了一个无符号整数变量 i 和一个 count 变量，并将其初始化为接收队列的大小，即待分配的接
收缓冲区的数量
    unsigned int i, count = nic->params.rfds.count;
    struct rfd *before_last;

    // 将接收相关的数据结构初始化为默认值(这是以太网设备结构体中的成员变量，用于跟踪接收队列的状态)
    nic->rx_to_use = nic->rx_to_clean = NULL;
    nic->ru_running = RU_UNINITIALIZED;

    // 这里使用内核的 kcalloc 函数为接收队列分配内存。kcalloc 与 kmalloc 类似，但它会将内存初始化
为 0
    // GFP_ATOMIC 表示在分配内存时不允许睡眠
    if (!(nic->rxs = kcalloc(count, sizeof(struct rx), GFP_ATOMIC)))
        return -ENOMEM;

    // 为每个接收缓冲区分配并初始化内存，并建立双向环形链表
    for (rx = nic->rxs, i = 0; i < count; rx++, i++) {
        rx->next = (i + 1 < count) ? rx + 1 : nic->rxs;
        rx->prev = (i == 0) ? nic->rxs + count - 1 : rx - 1;

        // 为接收缓冲区分配接收数据存储空间（即分配 SKB）
        // 如果分配失败，则清理已分配的资源并返回错误
        if (e100_rx_alloc_skb(nic, rx)) {
            e100_rx_clean_list(nic);
            return -ENOMEM;
        }
    }

    // 在最后一个缓冲区的前一个缓冲区设置 el 位
    // el 位设置后，硬件不处理该缓冲区
    // 设置缓冲区的 size 为 0，以防止硬件处理该缓冲区
    // 当硬件处理到具有 el 位且 size 为 0 的缓冲区时，将产生 RNR 中断
    // RU（Receive Unit）将进入 No Resources 状态，不会完成也不会写入该缓冲区
    rx = nic->rxs->prev->prev;
```

```
    before_last = (struct rfd *)rx->skb->data;
    // 设置接收描述符中的 EL（end of list）位，用于标记接收描述符环形链表的结束
    // 这样硬件处理接收队列时可以根据这个标志找到队列的结尾
    before_last->command |= cpu_to_le16(cb_el);
    // 将最后一个缓冲区的大小设置为 0，以防止硬件处理该缓冲区
    before_last->size = 0;
    // 对缓冲区进行 DMA 同步，确保数据在 DMA 传输之前和之后的一致性
    pci_dma_sync_single_for_device(nic->pdev, rx->dma_addr,
        sizeof(struct rfd), PCI_DMA_BIDIRECTIONAL);

    // 初始化接收队列指针，将 RU 状态设置为 RU_SUSPENDED,表示接收单元当前处于挂起状态
    nic->rx_to_use = nic->rx_to_clean = nic->rxs;
    nic->ru_running = RU_SUSPENDED;

    return 0;
}
```

注意，SKB 是 Linux 内核用于在网络设备之间传递数据的数据结构。

```
//file: drivers/net/e100.c

//定义了接收缓冲区的大小。接收缓冲区的大小等于接收描述符的大小加上以太网帧数据的长度
#define RFD_BUF_LEN (sizeof(struct rfd) + VLAN_ETH_FRAME_LEN)

// 为接收描述符分配接收数据的存储空间（接收缓冲区）
// 参数 nic：指向以太网设备的结构体指针
// 参数 rx：指向接收描述符的结构体指针
static int e100_rx_alloc_skb(struct nic *nic, struct rx *rx)
{
    // 使用 netdev_alloc_skb_ip_align 函数为接收缓冲区分配 SKB（socket buffer）
    // RFD_BUF_LEN 表示接收缓冲区的大小，包括接收描述符和以太网帧数据的长度
    if (!(rx->skb = netdev_alloc_skb_ip_align(nic->netdev, RFD_BUF_LEN)))
        return -ENOMEM;

    // 将 nic->blank_rfd 的内容拷贝到 rx->skb 的线性数据区，即将接收描述符的内容复制到接收缓冲区
的前部
    skb_copy_to_linear_data(rx->skb, &nic->blank_rfd, sizeof(struct rfd));

    // 使用 pci_map_single 函数将接收缓冲区映射到设备的 DMA 地址空间，这样，设备可以通过 DMA 直接
访问接收缓冲区的数据
    rx->dma_addr = pci_map_single(nic->pdev, rx->skb->data,
        RFD_BUF_LEN, PCI_DMA_BIDIRECTIONAL);

    // 检查是否发生了 DMA 映射错误
    if (pci_dma_mapping_error(nic->pdev, rx->dma_addr)) {
        // 如果映射错误，则释放已经分配的接收缓冲区并返回错误
        dev_kfree_skb_any(rx->skb);
        rx->skb = NULL;
        rx->dma_addr = 0;
```

```
        return -ENOMEM;
    }

    // 将新分配的接收缓冲区连接到接收队列中
    // 如果前一个接收缓冲区已经分配，则将其 link 字段设置为当前接收缓冲区的 DMA 地址
    if (rx->prev->skb) {
        struct rfd *prev_rfd = (struct rfd *)rx->prev->skb->data;
        put_unaligned_le32(rx->dma_addr, &prev_rfd->link);
        pci_dma_sync_single_for_device(nic->pdev, rx->prev->dma_addr,
            sizeof(struct rfd), PCI_DMA_BIDIRECTIONAL);
    }

    // 返回 0 表示接收缓冲区分配成功
    return 0;
}


// 启动接收器函数
static inline void e100_start_receiver(struct nic *nic, struct rx *rx)
{
    // 如果接收队列为空，则返回，不执行后续操作
    if (!nic->rxs) return;
    // 如果接收单元状态不是挂起状态，则返回，不执行后续操作
    if (RU_SUSPENDED != nic->ru_running) return;

    /* 处理初始化时的启动情况 */
    // 如果没有传入有效的接收数据包结构体，则将接收队列的头作为接收数据包结构体
    if (!rx) rx = nic->rxs;

    /* (Re)start RU if suspended or idle and RFA is non-NULL */
    // 如果接收数据包结构体中存在有效的数据包，则执行启动接收器命令
    if (rx->skb) {
        // 向网卡发送启动接收器命令，并传递接收数据包在 DMA 中的物理地址
        e100_exec_cmd(nic, ruc_start, rx->dma_addr);
        // 更新接收单元的状态为运行状态
        nic->ru_running = RU_RUNNING;
    }
}


// 等待 SCB 超时时间，单位为 µs
#define E100_WAIT_SCB_TIMEOUT 20000 /* 我们可能需要等待 100µs!!! */
// 快速等待 SCB 超时时间，单位为 µs
#define E100_WAIT_SCB_FAST 20          /* 类似旧代码的延迟 */

// 执行命令函数，用于向网卡发送命令并等待执行结果
static int e100_exec_cmd(struct nic *nic, u8 cmd, dma_addr_t dma_addr)
{
    unsigned long flags;
```

```
    unsigned int i;
    int err = 0;

    // 禁用中断并保存中断状态
    spin_lock_irqsave(&nic->cmd_lock, flags);

    /* 当 SCB 清零时，之前的命令被接受 */
    // 在超时时间内等待 SCB 命令寄存器清零
    for (i = 0; i < E100_WAIT_SCB_TIMEOUT; i++) {
        // 如果 SCB 命令寄存器已经清零，则退出循环
        if (likely(!ioread8(&nic->csr->scb.cmd_lo)))
            break;
        cpu_relax();
        // 当等待时间超过快速等待时间时，增加 5μs 的延迟，降低 CPU 占用
        if (unlikely(i > E100_WAIT_SCB_FAST))
            udelay(5);
    }
    // 如果超时时间内 SCB 命令寄存器未清零，则返回错误
    if (unlikely(i == E100_WAIT_SCB_TIMEOUT)) {
        err = -EAGAIN;
        goto err_unlock;
    }

    // 如果命令不是恢复 CU（command unit）命令，则向通用指针（general purpose pointer）寄存
器写入数据包在 DMA 中的物理地址
    if (unlikely(cmd != cuc_resume))
        iowrite32(dma_addr, &nic->csr->scb.gen_ptr);
    // 向命令寄存器写入命令，并触发网卡执行该命令
    iowrite8(cmd, &nic->csr->scb.cmd_lo);

err_unlock:
    // 解锁并恢复中断状态
    spin_unlock_irqrestore(&nic->cmd_lock, flags);

    // 返回命令执行结果
    return err;
}
```

5.2.5 网卡 e100 的中断处理

网卡的中断处理是指当网卡收到数据或发送数据完成时，触发一个中断信号，通知主机进行相应的处理。

```
//file: drivers/net/e100.c

static irqreturn_t e100_intr(int irq, void *dev_id)
{
```

```
// 将传递进来的 dev_id 指针转换为网络设备的指针
struct net_device *netdev = dev_id;
// 从网络设备中获取私有数据结构指针，其中包含驱动程序所需的所有信息和状态
struct nic *nic = netdev_priv(netdev);
// 读取 SCB（status control block）中的 stat_ack 寄存器值
// stat_ack 用于表示中断的类型和状态
u8 stat_ack = ioread8(&nic->csr->scb.stat_ack);

// 打印中断状态信息
netif_printk(nic, intr, KERN_DEBUG, nic->netdev,
        "stat_ack = 0x%02X\n", stat_ack);

// 如果中断状态为 stat_ack_not_ours（不属于我们的中断）
// 或者 stat_ack_not_present（硬件已被移除），则返回 IRQ_NONE，表示中断不是我们关心的
if (stat_ack == stat_ack_not_ours ||        /* 不是我们的中断 */
   stat_ack == stat_ack_not_present)        /* 硬件已被移除 */
    return IRQ_NONE;

// 确认处理中断，向 SCB 的 stat_ack 寄存器写入 stat_ack 值以清除中断
iowrite8(stat_ack, &nic->csr->scb.stat_ack);

// 如果接收单元遇到 Receive No Resource (RNR) 中断，暂停接收单元（RU_SUSPENDED），待清理
后再启动
if (stat_ack & stat_ack_rnr)
    nic->ru_running = RU_SUSPENDED;

// 调用 napi_schedule_prep 函数检查 NAPI 是否准备好处理中断
if (likely(napi_schedule_prep(&nic->napi))) {
    // 如果准备好，则禁用设备的中断，因为 NAPI 会接管中断的处理
    e100_disable_irq(nic);
    // 调度 napi 处理函数
    __napi_schedule(&nic->napi);
}

// 返回 IRQ_HANDLED，表示中断已经被处理
return IRQ_HANDLED;
}
```

5.2.6　开启硬中断

　　打开硬中断，等待数据包的到来。打开中断是一个硬件操作，e100 网卡驱动通过 e100_enable_irq 函数设置寄存器中断屏蔽位来启用以太网设备的中断功能。在多处理器系统中，使用自旋锁可以确保中断操作的原子性，防止竞态条件。在设置中断屏蔽位后，硬件开始触发中断，中断请求将被发到处理器，从而执行相应的中断处理程序。

```
//file: drivers/net/e100.c
```

```
// 启用 e100 设备的中断
// 参数 nic：指向 e100 设备的结构体指针
static void e100_enable_irq(struct nic *nic)
{
    // 声明保存中断状态的变量
    unsigned long flags;

    // 使用自旋锁保护中断操作，防止多个处理器同时访问
    spin_lock_irqsave(&nic->cmd_lock, flags);

    // 使用 iowrite8 函数将中断屏蔽位设置为 irq_mask_none
    // 这样可以支持硬件触发中断，并将中断请求发到处理器
    // nic->csr 是指向设备寄存器的指针
    // scb.cmd_hi 是表示命令和中断控制的寄存器。
    iowrite8(irq_mask_none, &nic->csr->scb.cmd_hi);

    // 确保 iowrite8 的写操作立即生效，以防止指令重排
    // 这里使用 e100_write_flush 函数执行相应的内存屏障操作，确保写操作的顺序
    e100_write_flush(nic);

    // 解锁自旋锁，恢复中断状态，其他等待中断的线程可以继续执行
    spin_unlock_irqrestore(&nic->cmd_lock, flags);
}
```

从 e100 网卡驱动初始化开始，到 e100 启动，最后到 e100 开启硬中断。我们详细列举了 e100 网卡驱动在接收网络数据之前所有源码的细节。网卡驱动程序已经准备接收外部网络数据包了。但是 Linux 操作系统内容还需要做一些初始化工作，包括中断下半部处理、网络子系统初始化和协议栈注册。

5.2.7 软中断 ksoftirqd 内核线程

先回顾一下网卡接收网络数据时的中断。

当网卡接收网络数据时，设备触发硬件中断（通过给 CPU 相关引脚施加电压变化来通知 CPU）。对于网络模块而言，由于处理过程比较复杂且耗时，如果在中断函数中完成所有处理，将导致中断处理函数（优先级过高）过度占据 CPU。

硬中断处理是需要关闭 CPU 中断响应的，此时如果中断处理函数长时间占用 CPU，由于 CPU 不再响应任何中断，包括时钟中断、键盘、鼠标等，那么将导致用户产生非常不好的体验，感觉计算机死机了。

所以需将一些处理下放到支持发生中断的上下文中执行，Linux 将整个中断响应过程分为上下两部分：中断上半部和中断下半部。

Linux 的软中断处理都是在专门的内核线程 ksoftirqd 中进行的，因此，我们需要了解

这些进程是怎么初始化的，以便更准确地理解收包过程。

ksoftirqd 内核线程的创建代码如下。

```
//file: init/main.c

// 引导内核启动的函数
asmlinkage void __init start_kernel(void)
{
  // 忽略大部分和软中断创建无关的代码
  // 初始化中断处理程序
    init_IRQ();

  // 初始化软中断
    softirq_init();

  /* Do the rest non-__init'ed, we're now alive */
  // 执行其余的初始化工作，内核已经正常运行
    rest_init();
}



// 用于在初始化过程中创建其他进程和线程，为内核的运行做准备
static noinline void __init_refok rest_init(void)
{

    /*
     * 需要先创建 init 进程，以便它获得 pid 1，但是 init 进程将要创建 kthreads，
     * 如果我们在创建 kthreadd 之前调度它，会导致内核崩溃（OOPS）。
     */
    // 创建 kernel_init 线程（init 进程）
    kernel_thread(kernel_init, NULL, CLONE_FS | CLONE_SIGHAND);

    // 忽略大部分和软中断创建无关的代码

    // 禁用抢占，等待进入 cpu_idle
    preempt_disable();

    /*
     * 调用 cpu_idle，此时抢占被禁用，空闲循环将运行在当前 CPU 上
     * 当前 CPU 将进入 idle 状态，等待中断或事件唤醒
     */
    cpu_idle();
}



// 内核初始化函数，运行在内核线程 kernel_init 中
static int __init kernel_init(void *unused)
{
```

```
    /*
     * 等待直到 kthreadd 线程设置完成
     */
    wait_for_completion(&kthreadd_done);

  // .....忽略大部分和软中断创建无关的代码

    // 处理 SMP 相关的初始化
    smp_prepare_cpus(setup_max_cpus);

    // 执行预先 SMP 初始化调用
    do_pre_smp_initcalls();

    // .....忽略大部分和软中断创建无关的代码

    /*
     * 初始化完成，开始用户模式的初始化
     */
    init_post();

    return 0;
}

// 内核 SMP 初始化调用函数，运行在内核初始化过程之前
static void __init do_pre_smp_initcalls(void)
{
    // 定义 initcall 函数指针 fn，指向 __initcall_start
    initcall_t *fn;

    // 遍历所有 SMP 初始化调用函数
    for (fn = __initcall_start; fn < __early_initcall_end; fn++)
        // 依次执行每一个 SMP 初始化调用函数
        do_one_initcall(*fn);
}
```

系统初始化时在 init/main.c 中调用了 do_pre_smp_initcalls，该函数进一步执行 spawn_ksoftirqd（位于 kernel/softirq.c）创建 Rsoftirqd 进程。

```
//file: kernel/softirq.c

// 定义一个 __cpuinitdata 类型的结构体变量 cpu_nfb，并初始化其中的 notifier_call 字段为
cpu_callback 函数
static struct notifier_block __cpuinitdata cpu_nfb = {
    .notifier_call = cpu_callback
};

// 内核预先初始化函数，用于启动 ksoftirqd 线程
static __init int spawn_ksoftirqd(void)
{
```

```
    // 获取当前 CPU 的标识
    void *cpu = (void *)(long)smp_processor_id();

    // 调用 cpu_callback 函数，并传递 CPU_UP_PREPARE 参数，用于准备启动 CPU
    int err = cpu_callback(&cpu_nfb, CPU_UP_PREPARE, cpu);

    // 如果回调函数返回错误，则触发 BUG_ON 宏，产生内核错误信息
    BUG_ON(err != NOTIFY_OK);

    // 再次调用 cpu_callback 函数，并传递 CPU_ONLINE 参数，表示 CPU 已在线
    // 注册当前 CPU 启动时的动作 CPU_ONLINE
    cpu_callback(&cpu_nfb, CPU_ONLINE, cpu);

    // 注册 cpu_nfb 为 CPU 通知链的观察者
    register_cpu_notifier(&cpu_nfb);

    return 0;
}

// 使用 early_initcall 宏，将 spawn_ksoftirqd 函数设置为内核的预先初始化执行的函数
early_initcall(spawn_ksoftirqd);

// 当 CPU 启动时回调
static int __cpuinit cpu_callback(struct notifier_block *nfb,
            unsigned long action,
            void *hcpu)
{
    // 获取 CPU 的标识
    int hotcpu = (unsigned long)hcpu;
    // 定义一个指向 task_struct 的指针 p
    struct task_struct *p;

    // 根据不同的 action 执行相应的处理操作
    switch (action) {
    // 当 CPU 即将准备启动时或者已经被冻结时
    case CPU_UP_PREPARE:
    case CPU_UP_PREPARE_FROZEN:
        // 创建一个名为 ksoftirqd 的内核线程，运行在指定的 NUMA 节点上
        p = kthread_create_on_node(run_ksoftirqd,
                hcpu,
                cpu_to_node(hotcpu),
                "ksoftirqd/%d", hotcpu);
        if (IS_ERR(p)) {
            // 创建线程失败，打印错误信息并返回错误码
            printk("ksoftirqd for %i failed\n", hotcpu);
            return notifier_from_errno(PTR_ERR(p));
        }
        // 将内核线程绑定到指定的 CPU 核心上
```

```
        kthread_bind(p, hotcpu);
    // 将 ksoftirqd 线程与对应的 CPU 核心关联起来
        per_cpu(ksoftirqd, hotcpu) = p;
        break;
    // 当 CPU 已经在线或者已经被冻结时
    case CPU_ONLINE:
    case CPU_ONLINE_FROZEN:
        // 唤醒对应 CPU 核心上的 ksoftirqd 线程，使其开始执行
        wake_up_process(per_cpu(ksoftirqd, hotcpu));
        break;
    }

    // 返回 NOTIFY_OK 表示处理成功
    return NOTIFY_OK;
}
```

当 ksoftirqd 被创建后，它就会进入自己的线程循环函数 run_ksoftirqd。不停地判断包括是否软中断需要处理。需要注意的是，软中断不仅限于网络软中断，还包括其他类型。

```
//file: include/Linux/interrupt.h

// 用于标识不同软中断的枚举类型
enum
{
    HI_SOFTIRQ=0,                  // 高优先级软中断
    TIMER_SOFTIRQ,                 // 定时器软中断
    NET_TX_SOFTIRQ,                // 网络发送软中断
    NET_RX_SOFTIRQ,                // 网络接收软中断
    BLOCK_SOFTIRQ,                 // 块设备软中断
    BLOCK_IOPOLL_SOFTIRQ,          // 块设备 I/O 轮询软中断
    TASKLET_SOFTIRQ,               // 通用任务软中断
    SCHED_SOFTIRQ,                 // 调度软中断
    HRTIMER_SOFTIRQ,               // 高精度定时器软中断
    RCU_SOFTIRQ,                   // RCU 软中断，优先级最低

    NR_SOFTIRQS                    // 软中断类型的数量，用于标识软中断数组的大小
};
```

最后，我们来看一下 run_ksoftirqd 函数。

```
//file: kernel/softirq.c

// 运行在 ksoftirqd 线程中的函数，用于处理软中断任务
static int run_ksoftirqd(void * __bind_cpu)
{
    // 设置当前线程的状态为 TASK_INTERRUPTIBLE，表示线程可以被中断
    set_current_state(TASK_INTERRUPTIBLE);

    // 在循环中执行软中断处理任务，直到 ksoftirqd 线程收到停止信号
    while (!kthread_should_stop()) {
```

```
    // 禁用抢占，确保当前线程不会被其他高优先级任务抢占
    preempt_disable();
    // 检查是否有本地的软中断需要处理
    if (!local_softirq_pending()) {
        // 如果没有软中断需要处理，则启用抢占并进行调度
        preempt_enable_no_resched();
        schedule();
        preempt_disable();
    }

    // 将当前线程的状态设置为 TASK_RUNNING，表示线程正在运行
    __set_current_state(TASK_RUNNING);

    // 当有本地软中断需要处理时，进入循环处理软中断
    while (local_softirq_pending()) {
        /* Preempt disable stops cpu going offline.
           If already offline, we'll be on wrong CPU:
           don't process */
        // 检查当前 CPU 核心是否已经离线，如果离线则直接跳转到 wait_to_die 标签
        if (cpu_is_offline((long)__bind_cpu))
            goto wait_to_die;
        // 禁用本地中断，确保软中断处理过程不会被其他中断打断
        local_irq_disable();
        // 如果仍然有本地软中断需要处理，则调用__do_softirq 函数处理软中断
        if (local_softirq_pending())
            __do_softirq();
        // 启用本地中断
        local_irq_enable();
        // 启用抢占，并进行调度
        preempt_enable_no_resched();
        cond_resched();
        preempt_disable();
        // 在 RCU 上下文中切换 CPU
        rcu_note_context_switch((long)__bind_cpu);
    }
    // 启用抢占，并将当前线程的状态设置为 TASK_INTERRUPTIBLE，准备进行下一轮循环
    preempt_enable();
    set_current_state(TASK_INTERRUPTIBLE);
}

    // 当收到停止信号后，将当前线程状态设置为 TASK_RUNNING，并返回 0
    __set_current_state(TASK_RUNNING);
    return 0;

wait_to_die:
    // 如果 CPU 核心已经离线，则启用抢占，并将当前线程状态设置为 TASK_INTERRUPTIBLE，等待
kthread_stop 信号
    preempt_enable();
```

```
    set_current_state(TASK_INTERRUPTIBLE);
    while (!kthread_should_stop()) {
        // 调度等待 kthread_stop 信号
        schedule();
        set_current_state(TASK_INTERRUPTIBLE);
    }
    // 当收到 kthread_stop 信号，将当前线程状态设置为 TASK_RUNNING，并返回 0
    __set_current_state(TASK_RUNNING);
    return 0;
}
```

run_ksoftirqd 函数通过循环处理软中断，并在合适的时机让出 CPU 给其他任务运行，确保软中断得以及时处理，并在收到停止信号后优雅地退出。

每个 CPU 负责执行一个 ksoftirq 内核线程，例如 ksoftirqd/0 运行在 CPU 0 上，这些内核进程执行不同软中断注册的中断处理函数。执行硬中断处理函数的 CPU 核心，也会执行该硬中断后续的软中断处理函数。同一中断事件的软/硬中断处理函数被同一个 CPU 核心执行。

我们将上述源码细节进行梳理，提炼软中断初始化的主要流程，帮助大家理解和吸收相关内容，如图 5.5 所示。

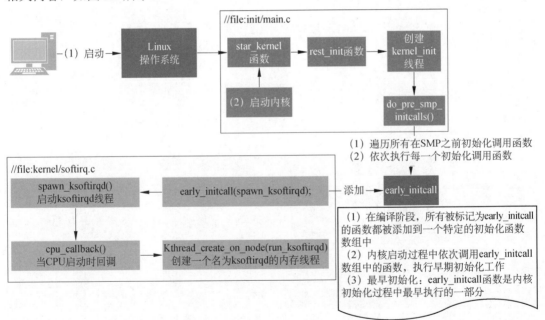

图 5.5　软中断 ksoftirqd 线程初始化流程

5.2.8 网络子系统初始化

网络子系统通过 net_dev_init 函数进行初始化，其主要流程如图 5.6 所示。

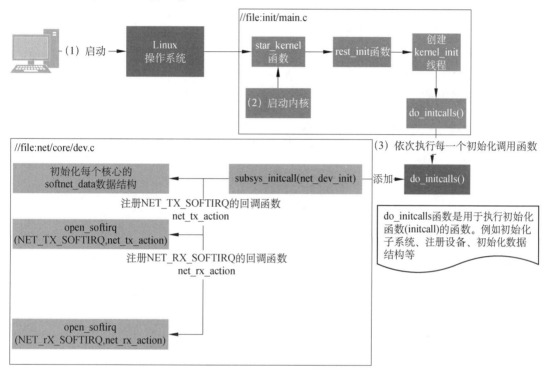

图 5.6 网络子系统初始化

代码如下。

```
//file: net/core/dev.c
static int __init net_dev_init(void)
{
    int i, rc = -ENOMEM;

    // 确保 dev_boot_phase 为真，否则触发致命错误（BUG）
    BUG_ON(!dev_boot_phase);

    // 初始化设备相关的/proc 文件系统接口
    if (dev_proc_init())
        goto out;

    // 初始化网络设备的内核对象
    if (netdev_kobject_init())
```

```
            goto out;

    // 初始化 ptype_all 链表头
    INIT_LIST_HEAD(&ptype_all);
    for (i = 0; i < PTYPE_HASH_SIZE; i++)
        INIT_LIST_HEAD(&ptype_base[i]); // 初始化 ptype_base 数组中每个元素的链表头。

// 注册网络设备的网络命名空间子系统
    if (register_pernet_subsys(&netdev_net_ops))
        goto out;

    /*
     *    初始化数据包接收队列
     */
    for_each_possible_cpu(i) { // 遍历每个可能的 CPU 核心
        struct softnet_data *sd = &per_cpu(softnet_data, i); // 初始化每个核心的
                                                    softnet_ data 数据结构

        memset(sd, 0, sizeof(*sd));                   // 清零软网络数据结构
        skb_queue_head_init(&sd->input_pkt_queue);    // 初始化输入数据包队列
        skb_queue_head_init(&sd->process_queue);      // 初始化处理队列
        sd->completion_queue = NULL;                  // 初始化完成队列
        INIT_LIST_HEAD(&sd->poll_list);               // 初始化轮询列表
        sd->output_queue = NULL;                      // 初始化输出队列
        sd->output_queue_tailp = &sd->output_queue;   // 初始化输出队列的尾指针
#ifdef CONFIG_RPS
        sd->csd.func = rps_trigger_softirq;           // 配置 CPU 软中断处理函数
        sd->csd.info = sd;                            // 传递软中断处理函数的参数
        sd->csd.flags = 0;                            // 初始化软中断标志
        sd->cpu = i;                                  // 记录 CPU 核心编号
#endif

        sd->backlog.poll = process_backlog;           // 兼容旧 API 放置数据包的队列回调
                                                      //    函数，将有软中断来调用

        sd->backlog.weight = weight_p;                // 设置数据包处理权重
        sd->backlog.gro_list = NULL;                  // 初始化 GRO 列表
        sd->backlog.gro_count = 0;                    // 初始化 GRO 计数
    }

    dev_boot_phase = 0;                        // 将设备引导阶段标记为 0，表示设备初始化已完成

    /* loopback 设备是特殊的，如果任何其他网络设备在网络命名空间中存在，loopback 设备必须存在
     * 由于动态分配和释放 loopback 设备，因此通过将 loopback 设备作为网络设备列表的第一个设备，
     * 确保该不变式得到维护。确保 loopback 设备是第一个出现的设备，也是最后一个消失的网络设备
     */
    if (register_pernet_device(&loopback_net_ops))     // 注册回环设备的网络命名空间操作
        goto out;

    if (register_pernet_device(&default_device_ops)) // 注册默认网络设备的网络命名空间操作
```

```
        goto out;

    open_softirq(NET_TX_SOFTIRQ, net_tx_action); // 打开网络传输软中断,用于处理数据包的传输
    open_softirq(NET_RX_SOFTIRQ, net_rx_action); // 打开网络接收软中断,用于处理数据包的接收

    hotcpu_notifier(dev_cpu_callback, 0);           // 注册 CPU 热插拔通知回调,用于在 CPU 热
                                                    //   插拔时更新相关数据结构

    dst_init();                                     // 初始化目标缓存结构,用于路由查找

    dev_mcast_init();                               // 初始化设备的多播组件

    rc = 0;                                         // 将返回值 rc 设置为 0,表示初始化成功
out:
    return rc;                                      // 返回初始化结果
}

// 将 net_dev_init 函数作为子系统初始化调用,确保在系统初始化期间调用此函数来初始化网络设备模块
subsys_initcall(net_dev_init);
```

在这个函数中,为每个 CPU 申请一个 softnet_data 数据结构,在这个数据结构里的 poll_list 是等待驱动程序将其 poll 函数注册进来,稍后,在网卡驱动初始化时,我们可以看到这一过程。

open_softirq 为每种软中断注册了一个回调函数。例如,NET_TX_SOFTIRQ 的回调函数为 net_tx_action,NET_RX_SOFTIRQ 的为 net_rx_action。

```
//file: kernel/softirq.c

void open_softirq(int nr, void (*action)(struct softirq_action *))
{
    softirq_vec[nr].action = action; // 将指定序号(nr)的软中断向量表中的 action 字段设置为
传入的函数指针(action)

    // 软中断向量表(softirq_vec)是一个全局数组,用于存储软中断的信息
    // 每个软中断的信息由一个 struct softirq_action 结构表示,其中包含了一个回调函数指针
    // 通过调用 open_softirq 函数,可以将指定的软中断号(nr)与对应的回调函数(action)关联
}
```

一旦软中断号和回调函数建立了关联关系,当软中断被触发时,内核通过软中断向量表找到相应的回调函数,并调用该函数执行与该软中断相关的任务。这种异步执行机制可以有效地减少中断处理的延迟,提高内核的响应性能。

5.2.9　协议栈注册

内核实现了网络层的 IP 协议以及传输层的 TCP 协议和 UDP 协议。这些协议对应的实现函数分别是 ip_rcv(),tcp_v4_rcv()和 udp_rcv()。Linux 内核中的 fs_initcall 与 subsys_initcall

类似，也是初始化模块的入口，如图 5.7 所示。

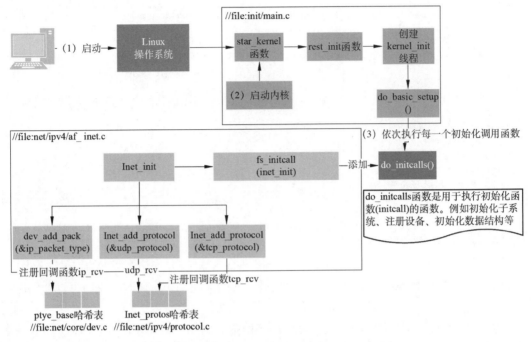

图 5.7　协议栈注册流程

```
//file: net/ipv4/af_inet.c

// 定义一个名为 ip_packet_type 的静态结构体，表示 IP 数据包的处理函数和相关信息
static struct packet_type ip_packet_type __read_mostly = {
    .type = cpu_to_be16(ETH_P_IP),          // 指定要处理的数据包类型为 ETH_P_IP (IPv4)
    .func = ip_rcv, // IP 数据包处理函数
    .gso_send_check = inet_gso_send_check,   // 分段发送检查函数
    .gso_segment = inet_gso_segment,         // 分段函数（用于大数据包的分段）
    .gro_receive = inet_gro_receive,         // 分组接收函数（用于大数据包的接收）
    .gro_complete = inet_gro_complete,       // 分组完整函数（用于大数据包的组装）
};

// 定义一个名为 tcp_protocol 的常量结构体，表示 TCP 协议的处理函数和相关信息
static const struct net_protocol tcp_protocol = {
    .handler =    tcp_v4_rcv,                // TCP 数据包处理函数
    .err_handler =    tcp_v4_err,            // TCP 错误处理函数
    .gso_send_check = tcp_v4_gso_send_check, // TCP 分段发送检查函数
    .gso_segment =    tcp_tso_segment,       // TCP 分段函数（用于大数据包的分段）
    .gro_receive =    tcp4_gro_receive,      // TCP 分组接收函数（用于大数据包的接收）
    .gro_complete =    tcp4_gro_complete,    // TCP 分组完整函数（用于大数据包的组装）
    .no_policy =   1,                        // 表示 TCP 不需要进行路由策略处理
    .netns_ok =   1,                         // 表示 TCP 协议支持多个网络命名空间
```

```
};

// 定义一个名为 udp_protocol 的常量结构体，表示 UDP 协议的处理函数和相关信息
static const struct net_protocol udp_protocol = {
    .handler =    udp_rcv,                        // UDP 数据包处理函数
    .err_handler =    udp_err,                    // UDP 错误处理函数
    .gso_send_check = udp4_ufo_send_check,        // UDP 分段发送检查函数
    .gso_segment = udp4_ufo_fragment,             // UDP 分段函数（用于大数据包的分段）
    .no_policy =    1,                            // 表示 UDP 不需要进行路由策略处理
    .netns_ok =    1,                             // 表示 UDP 协议支持多个网络命名空间
};

static int __init inet_init(void)
{
    // 定义变量
    struct sk_buff *dummy_skb;
    struct inet_protosw *q;
    struct list_head *r;
    int rc = -EINVAL;                             // 初始化返回值为-EINVAL（表示参数无效）

    // 检查结构体大小，确保其不超过 dummy_skb->cb 的大小
    BUILD_BUG_ON(sizeof(struct inet_skb_parm) > sizeof(dummy_skb->cb));

    // 分配一块内存并清零，用于存储本地保留端口的状态
    sysctl_local_reserved_ports = kzalloc(65536 / 8, GFP_KERNEL);
    if (!sysctl_local_reserved_ports)
        goto out;                                 // 如果内存分配失败，则跳转到 out 标签进行清理

    // 注册 TCP 协议，协议号为 1
    rc = proto_register(&tcp_prot, 1);
    if (rc)
        goto out_free_reserved_ports;             // 如果注册失败，则跳转到 out_free_reserved_
ports 标签进行清理

    // 注册 UDP 协议，协议号为 1
    rc = proto_register(&udp_prot, 1);
    if (rc)
        goto out_unregister_tcp_proto; // 如果注册失败，则跳转到 out_unregister_tcp_proto
标签进行清理

    // 注册 RAW 协议，协议号为 1
    rc = proto_register(&raw_prot, 1);
    if (rc)
        goto out_unregister_udp_proto; // 如果注册失败，则跳转到 out_unregister_udp_proto
标签进行清理

    // 向 SOCKET 子系统注册 IPv4 的操作函数
    (void)sock_register(&inet_family_ops);
```

```
#ifdef CONFIG_SYSCTL
    // 初始化 IPv4 的 sysctl 参数
    ip_static_sysctl_init();
#endif

    // 添加基本的协议，如 ICMP、UDP、TCP 和（如果配置了）IGMP
    if (inet_add_protocol(&icmp_protocol, IPPROTO_ICMP) < 0)
        printk(KERN_CRIT "inet_init: Cannot add ICMP protocol\n");
    if (inet_add_protocol(&udp_protocol, IPPROTO_UDP) < 0)
        printk(KERN_CRIT "inet_init: Cannot add UDP protocol\n");
    if (inet_add_protocol(&tcp_protocol, IPPROTO_TCP) < 0)
        printk(KERN_CRIT "inet_init: Cannot add TCP protocol\n");
#ifdef CONFIG_IP_MULTICAST
    if (inet_add_protocol(&igmp_protocol, IPPROTO_IGMP) < 0)
        printk(KERN_CRIT "inet_init: Cannot add IGMP protocol\n");
#endif

    // 初始化 inetsw 数组的链表头
    for (r = &inetsw[0]; r < &inetsw[SOCK_MAX]; ++r)
        INIT_LIST_HEAD(r);

    // 注册基本协议的操作函数
    for (q = inetsw_array; q < &inetsw_array[INETSW_ARRAY_LEN]; ++q)
        inet_register_protosw(q);

    // 初始化 ARP（地址解析协议）模块
    arp_init();

    // 初始化 IPv4 协议
    ip_init();

    // 初始化 TCP v4 模块
    tcp_v4_init();

    // 设置 TCP 的 slab 缓存用于打开请求
    tcp_init();

    // 设置 UDP 的内存阈值
    udp_init();

    // 添加 UDP-Lite（RFC 3828）支持
    udplite4_register();

    // 初始化 ICMP 模块
    if (icmp_init() < 0)
        panic("Failed to create the ICMP control socket.\n");
```

```
    // 初始化组播路由器
#if defined(CONFIG_IP_MROUTE)
    if (ip_mr_init())
        printk(KERN_CRIT "inet_init: Cannot init ipv4 mroute\n");
#endif

    // 初始化每个 CPU 的 IPv4 MIB（管理信息库）
    if (init_ipv4_mibs())
        printk(KERN_CRIT "inet_init: Cannot init ipv4 mibs\n");

    // 初始化 IPv4 的 proc 文件系统
    ipv4_proc_init();

    // 初始化 IP 分片处理模块
    ipfrag_init();

    // 注册 IP 数据包处理函数
    dev_add_pack(&ip_packet_type);

    // 返回 0 表示初始化成功
    rc = 0;
out:
    return rc;
out_unregister_udp_proto:
    proto_unregister(&udp_prot);
out_unregister_tcp_proto:
    proto_unregister(&tcp_prot);
out_free_reserved_ports:
    kfree(sysctl_local_reserved_ports);
    goto out;
}

// 注册 inet_init 函数，在文件系统初始化阶段执行
fs_initcall(inet_init);
```

分析上述代码可以发现，udp_protocol 结构体中的 handler 是 udp_rcv，tcp_protocol 结构体中的 handler 是 tcp_v4_rcv，通过 inet_add_protocol 函数将 TCP 和 UDP 对应的处理函数都注册到了 inet_protos 数组中。

```
//file: net/ipv4/protocol.c

// 定义一个名为 inet_protos 的指针数组，用于存储协议处理函数的指针
// 它的大小为 MAX_INET_PROTOS，即最大支持的协议数目为 256
const struct net_protocol __rcu *inet_protos[MAX_INET_PROTOS] __read_mostly;

int inet_add_protocol(const struct net_protocol *prot, unsigned char protocol)
{
    // 计算哈希值，使用协议号与 (MAX_INET_PROTOS - 1) 进行按位与操作，将结果作为哈希索引
```

```
    int hash = protocol & (MAX_INET_PROTOS - 1);

    // 使用原子操作 cmpxchg 将协议处理函数的指针添加到哈希表中
    // 如果哈希表中已经存在对应的协议处理函数，则返回 -1；否则将 prot 指针添加到哈希表，并返回 0
    return !cmpxchg((const struct net_protocol **)&inet_protos[hash], NULL, prot) ?
0 : -1;
}

// 导出 inet_add_protocol 函数，使其他模块可以使用该函数
EXPORT_SYMBOL(inet_add_protocol);
```

dev_add_pack(&ip_packet_type);这一行代码中，ip_packet_type 结构体中的 type 是协议名，func 指向 ip_rcv 函数。在 dev_add_pack 调用过程中，该结构体被注册到 ptype_base 哈希表中。

```
//file: net/core/dev.c

#define PTYPE_HASH_SIZE (16)
static struct list_head ptype_base[PTYPE_HASH_SIZE] __read_mostly;

// 向数据包处理函数链表中添加一个数据包类型
void dev_add_pack(struct packet_type *pt)
{
    // 数据包类型 pt，根据其类型计算哈希索引，然后将其添加到对应哈希桶的头部,返回链表的头指针
    struct list_head *head = ptype_head(pt);

    // 使用自旋锁对链表进行加锁
    spin_lock(&ptype_lock);
    // 将数据包类型 pt 的节点添加到链表中
    list_add_rcu(&pt->list, head);
    // 解锁链表
    spin_unlock(&ptype_lock);
}

// 将 packet_type 结构体对应的数据包类型 pt 添加到链表的头部，并且返回链表的头指针
static inline struct list_head *ptype_head(const struct packet_type *pt)
{
    // 如果数据包类型 pt 的 type 值为 ETH_P_ALL，则返回链表 ptype_all 的头指针
    if (pt->type == htons(ETH_P_ALL))
        return &ptype_all;
    // 否则，根据 type 值计算哈希索引，并返回对应哈希桶的头指针
    else
        return &ptype_base[ntohs(pt->type) & PTYPE_HASH_MASK];
}
```

在 Linux 接收网络数据的过程中，从网卡接收的包 sk_buff *skb 将找到 ptype_base 哈希表中注册的 packet_type，从而找到 ip_rcv()函数地址，进而将 IP 包正确地送入 ip_rcv()中执行。在 ip_rcv()中，将通过 inet_protos 找到 TCP 协议或 UDP 协议的处理函数，再将包转发

给 udp_rcv()或 tcp_v4_rcv()函数处理。

完成这一系列的初始化和准备工作后，Linux 就已准备好接收网络数据包。

5.3　Linux 接收网络数据

在介绍 Linux 接收网络数据处理过程之前，我们先回顾一下 Linux 网络收包的总体流程，并构建一个分层模型，其中每个步骤对应每一层的处理，如图 5.8 所示。

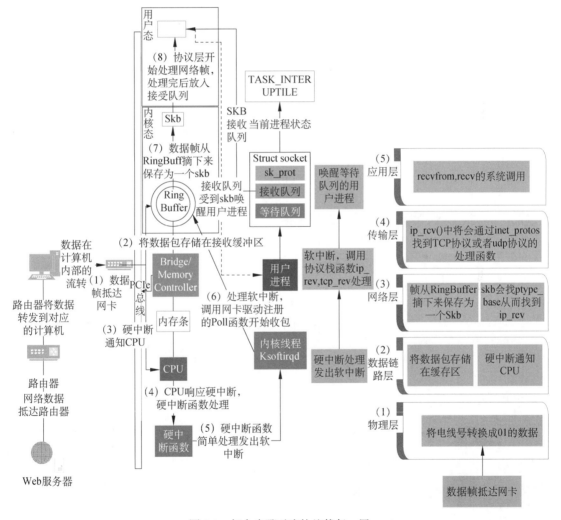

图 5.8　每个步骤对应协议栈每一层

Linux 网络收包的总体流程，每个步骤对应网络分层的每一层，具体介绍如下。

（1）物理层将电信号转换为 0 和 1 表示的数据。

（2）数据链路层<-->网卡驱动。当网络设备（如网卡）接收到一个数据包时，硬件会触发中断或使用 DMA（direct memory access，直接内存访问）通知内核有数据包到达。硬件会将数据包存储在接收缓冲区（ringbuffer）中。

（3）网络层<-->协议栈的 IP。硬中断处理完成后，触发软中断。在早期的 Linux 内核版本中，ksoftirqd 检测有软中断请求到达，调用 poll 开始轮询收包。数据包在 NAPI 或软中断处理程序中被接收后，进入网络协议栈的网络层。

（4）传输层<-->协议栈的 TCP 和 IP。传输层负责处理传输层头部，并将数据包交给相应的 socket 接收队列，唤醒等待队列中的用户进程。

（5）应用层<-->用户进程。用户进程从 socket 接收队列中读取数据，完成数据的接收过程。

建立层次的对应关系，是希望帮助读者在脑海中建立 Linux 接收网络数据处理的模型。随着源码的不断深入展开，读者将不至于迷惑，能找到源码的定位。接下来，我们将根据 Linux 下网络数据包的流转情况，对源码进行详细解读。

本节基于 Linux 2.6.39.4，源代码参见 Linux 源码，网卡驱动采用 e100 网卡。

5.3.1　e100 对网络数据包的存储

网卡 e100 通过 e100_rx_alloc_list 函数分配接收缓冲区。网卡 e100 收到数据包后，当数据帧从网线到达网卡时，首先将其保存到网卡的接收队列 nix->rx 中。网卡在分配给自己的 ringbuffer 中寻找可用的内存位置，找到后 DMA 引擎将数据通过 DMA 操作传输到网卡之前关联的内存中，此时 CPU 是无须介入的。

```
//file: drivers/net/e100.c

// 接收数据包结构体
struct rx {
    // 指向下一个接收数据包结构体的指针
    struct rx *next;
    // 指向上一个接收数据包结构体的指针
    struct rx *prev;
    // 指向数据包的 skb 结构体指针
    struct sk_buff *skb;
    // 接收数据包在 DMA 中的物理地址
    dma_addr_t dma_addr;
};
```

```
// 网卡结构体
struct nic {
  // 忽略部分代码

    // 指向网络设备结构体的指针
    struct net_device *netdev;
    // 指向 PCI 设备结构体的指针
    struct pci_dev *pdev;
    // 管理 MDIO（Management Data Input/Output）的控制函数指针
    u16 (*mdio_ctrl)(struct nic *nic, u32 addr, u32 dir, u32 reg, u16 data);

    // 指向接收数据包结构体的指针（接收队列的头）
    struct rx *rxs              ____cacheline_aligned;
    // 指向接收数据包结构体的指针（接收队列中下一个可用的）
    struct rx *rx_to_use;
    // 指向接收数据包结构体的指针（接收队列中下一个需要清理的）
    struct rx *rx_to_clean;
    // 空的接收帧描述符（用于占位，不执行任何操作）
    struct rfd blank_rfd;
    // 接收单元（Receive Unit）的状态（运行状态）
    enum ru_state ru_running;

  // 忽略部分代码
}
```

当 DMA 操作完成后，网卡向 CPU 发起一个硬中断，通知 CPU 有数据到达。

5.3.2　硬中断处理

在上一节，我们介绍了 e100 网卡的硬中断注册的处理函数是 e100_intr。

```
//file: drivers/net/e100.c

static irqreturn_t e100_intr(int irq, void *dev_id)
{
    // 忽略部分源码

    // 调用 napi_schedule_prep 函数检查 NAPI 是否准备好处理中断
    if (likely(napi_schedule_prep(&nic->napi))) {
        // 如果准备好，则禁用设备的中断，因为 NAPI 会接管中断的处理
        e100_disable_irq(nic);
        // 调度 napi 处理函数
        __napi_schedule(&nic->napi);
    }

    // 返回 IRQ_HANDLED，表示中断已经被处理
    return IRQ_HANDLED;
```

```
                  }
```

在 e100_intr 函数中，调用 napi_schedule_prep 函数检查 NAPI 是否准备好处理中断，如果准备好，则禁用设备的中断，因为 NAPI 会接管中断的处理工作。

顺着 napi_schedule 的调用一路跟踪下去，__napi_schedule=>____napi_schedule。

```
//file: net/core/dev.c

/* Called with irq disabled */
/* 在禁用中断的情况下调用 */
// 定义在软中断数据结构（struct softnet_data）中调度 NAPI 处理的内部函数
static inline void ____napi_schedule(struct softnet_data *sd,
                  struct napi_struct *napi)
{
    // 将当前的 NAPI 结构体添加到软中断数据结构 poll_list 链表的末尾
    list_add_tail(&napi->poll_list, &sd->poll_list);
    // 触发 NET_RX_SOFTIRQ 软中断（网络接收软中断）
    __raise_softirq_irqoff(NET_RX_SOFTIRQ);
}
```

list_add_tail 修改了 CPU 变量 softnet_data 中的 poll_list，将驱动 napi_struct 传过来的 poll_list 添加进来。softnet_data 中的 poll_list 是一个双向列表，其中的设备都带有待处理的输入帧。紧接着，__raise_softirq_irqoff 触发了一个软中断 NET_RX_SOFTIRQ，这个触发过程只是对一个变量进行了一次或运算。

在前面的章节中，我们介绍了以下内容。

当网卡接收到网络数据时，设备触发硬件中断（通过给 CPU 相关引脚施加电压变化来通知 CPU）。对于网络模块而言，由于处理过程比较复杂且耗时，如果在中断函数中完成所有处理，将导致中断处理函数（优先级过高）过度占据 CPU。中断上半部（硬中断）只进行最简单的工作，剩下的大部分处理都转给中断下半部（软中断）来完成。

通过上述代码可以看出，硬中断处理过程实际上非常简短。只是记录了一个寄存器，修改了 CPU 的 poll_list，然后触发了一个软中断，硬中断的工作就此完成。

5.3.3 软中断处理

网络接收数据软中断的处理涉及操作系统内核 ksoftirqd 线程、网卡驱动 e100 和网络子系统的协同处理。这三个模块的初始化过程在上一节已经介绍。本小节我们介绍网络数据包在软中断处理中的详细流程，该流程如图 5.9 所示。

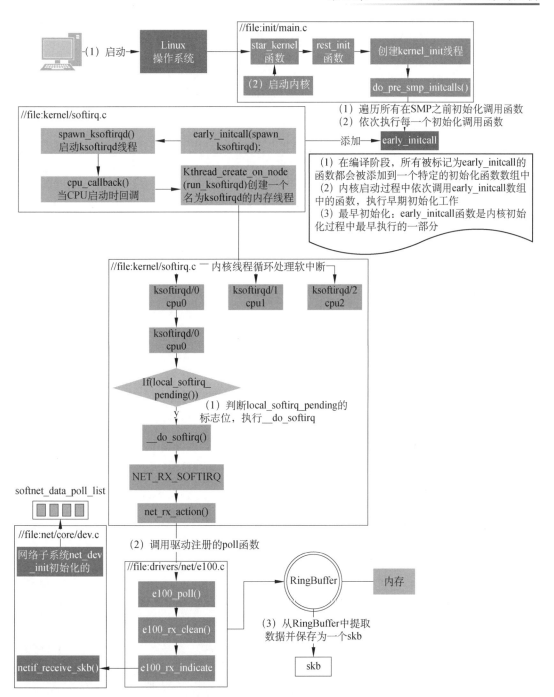

图 5.9　软中断结合 e100 的处理过程

在 5.2.7 小节中，我们介绍了 ksoftirqd 中的线程函数 run_ksoftirqd。

```c
//file: kernel/softirq.c

#define local_softirq_pending()     (local_cpu_data->softirq_pending)

static int run_ksoftirqd(void * __bind_cpu)
{
      // 忽略其他代码
    while (local_softirq_pending()) {
        if (local_softirq_pending())
            __do_softirq();
    }

    return 0;
}
```

在 5.3.2 小节中，我们知道调用__raise_softirq_irqoff(NET_RX_SOFTIRQ)，即在硬中断中设置了 NET_RX_SOFTIRQ，因此在 run_ksoftirqd 自然能读取 NET_RX_SOFTIRQ，就会进入__do_softirq()函数进行处理。

```c
//file: kernel/softirq.c

// 定义软中断最大重启次数，超过该次数将唤醒 ksoftirqd
#define MAX_SOFTIRQ_RESTART 10

// 执行软中断处理函数
asmlinkage void __do_softirq(void)
{
    struct softirq_action *h;            // 指向软中断处理函数的结构体
    __u32 pending;                       // 表示当前挂起的软中断标志位
    int max_restart = MAX_SOFTIRQ_RESTART;  // 软中断最大重启次数
    int cpu;                             // 当前 CPU 核心编号

    // 获取当前挂起的软中断标志位，并记录系统虚拟时间
    pending = local_softirq_pending();
    account_system_vtime(current);

    // 禁用本地底半部，即禁止软中断的嵌套执行
    __local_bh_disable((unsigned long)__builtin_return_address(0),
            SOFTIRQ_OFFSET);
    lockdep_softirq_enter();

    // 获取当前 CPU 核心编号
    cpu = smp_processor_id();

// 重启软中断处理
restart:
    // 在启用中断之前将挂起的软中断标志位清零
```

```
    set_softirq_pending(0);

    local_irq_enable();                              // 启用本地中断

    h = softirq_vec;                                 // 初始化设置的软中断处理函数数组

    do {
        // 如果当前软中断标志位为 1，表示该软中断有工作要执行
        if (pending & 1) {
            unsigned int vec_nr = h - softirq_vec;   // 计算软中断编号
            int prev_count = preempt_count();        // 记录当前的抢占计数器值

            // 增加当前 CPU 核心的软中断计数
            kstat_incr_softirqs_this_cpu(vec_nr);

            // 记录软中断进入事件
            trace_softirq_entry(vec_nr);
        // 遍历所有待处理的软中断，回调它们的处理函数
            h->action(h);
            trace_softirq_exit(vec_nr);

            // 检查软中断处理期间是否发生了抢占，如果发生，则输出错误信息
            if (unlikely(prev_count != preempt_count())) {
                printk(KERN_ERR "huh, entered softirq %u %s %p"
                       "with preempt_count %08x,"
                       " exited with %08x?\n", vec_nr,
                       softirq_to_name[vec_nr], h->action,
                       prev_count, preempt_count());
                preempt_count() = prev_count;        // 恢复抢占计数器的值
            }

            // 执行 RCU 软中断
            rcu_bh_qs(cpu);
        }
        h++;
        pending >>= 1;                               // 移除最低位，处理下一个软中断标志位
    } while (pending);

    local_irq_disable();                             // 禁用本地中断，保证原子性

// 再次获取当前挂起的软中断标志位，并检查是否还有未处理的软中断，如果有且未达到最大重启次数，则
继续处理
    pending = local_softirq_pending();
    if (pending && --max_restart)
        goto restart;

// 如果仍然有未处理的软中断，则唤醒软中断守护进程
    if (pending)
```

```
    wakeup_softirqd();

    lockdep_softirq_exit();                          // 退出软中断的 lockdep 状态

    // 记录系统虚拟时间
    account_system_vtime(current);
    // 处理完成后还原软中断的处理位，让其他进程得以处理后续发生的软中断
    __local_bh_enable(SOFTIRQ_OFFSET);
}
```

在 5.2.8 小节，我们可以看到 open_softirq(NET_TX_SOFTIRQ,net_tx_action)，这表示 NET_RX_SOFTIRQ 注册了回调函数 net_rx_action。因此，在 __do_softirq() 函数处理过程中，net_rx_action 函数将被执行。

硬中断中设置软中断标记 NET_RX_SOFTIRQ 和在 run_ksoftirqd 判断是否有软中断到达，都是基于 smp_processor_id() 的。这意味着只要硬中断在哪个 CPU 上被响应，相应的软中断也是在这个 CPU 上处理的。所以如果 Linux 软中断 CPU 消耗特别集中，解决方法是调整硬中断的 CPU 亲和性，将硬中断分散到不同的 CPU 核上。

在 Linux 内核中，可以使用 irq_set_affinity_hint 函数设置硬中断的 CPU 亲和性，该函数位于 include/Linux/irq.h 头文件中。

net_rx_action 函数

将在内核检测软中断，如果发现设置了 NET_RX_SOFTIRQ 软中断标志位，就会回调该函数来处理接收到的数据包。我们注意到，这里使用 budget（预算配额）和 jiffies - start_time（软中断执行时间）来约束 CPU 的资源分配，避免 CPU 长时间执行软中断导致进程代码得不到执行。其中核心代码为：dev->poll(dev,&budget)，该函数将回调 poll list 上设备处理数据包的回调函数 process_backlog 函数（源码在 5.2.8 小节有解释）。

```
//file: net/core/dev.c

static void net_rx_action(struct softirq_action *h)
{
    // 获取当前 CPU 核心的软中断数据结构体
    struct softnet_data *sd = &__get_cpu_var(softnet_data);
    // 设置时间限制为当前时间+jiffies 的偏移量(约 2 个滴答)
    unsigned long time_limit = jiffies + 2;
    // 设置网络设备的处理预算，即每次处理中断的最大工作量
    int budget = netdev_budget;
    void *have;

    // 禁用本地中断
    local_irq_disable();

    // 当网络设备队列中还有待处理的 NAPI 结构时，继续处理
    while (!list_empty(&sd->poll_list)) {
```

```
struct napi_struct *n;
int work, weight;

/* 如果超出预算或者超过时间限制，则跳转到 softnet_break 进行处理 */
if (unlikely(budget <= 0 || time_after(jiffies, time_limit)))
    goto softnet_break;

local_irq_enable();

/* 即使重新启用中断，这里的访问也是安全的，因为中断只能向此列表的尾部添加新条目，
 * 而只有->poll()调用才能将此头条目从列表中移除
 */
// 获取网络设备队列中的第一个 NAPI 结构
n = list_first_entry(&sd->poll_list, struct napi_struct, poll_list);

// 获取网络设备队列的锁，以确保在处理期间不会有其他进程或中断修改该队列
have = netpoll_poll_lock(n);

// 获取 NAPI 结构的权重，用于计算处理的工作量
weight = n->weight;

/* 仅在 NAPI_STATE_SCHED 标志被设置时才进行处理，
 * 这是为了避免与 netpoll 的 poll_napi()函数产生竞态条件。
 * 只有获得锁并看到 NAPI_STATE_SCHED 被设置的实体才实际调用->poll()
 */
work = 0;
if (test_bit(NAPI_STATE_SCHED, &n->state)) {
    // 调用网络设备的 poll()函数进行处理，并返回实际处理的工作量
    work = n->poll(n, weight);
    // 记录 trace 信息
    trace_napi_poll(n);
}

// 检查工作量是否超过了权重，如果超过则发出警告
WARN_ON_ONCE(work > weight);

// 更新处理预算
budget -= work;

local_irq_disable();

// 处理完 NAPI 结构后，根据处理结果进行相关操作
if (unlikely(work == weight)) {
    // 如果处理工作量等于权重，则表示整个 NAPI 权重的数据都被处理完毕
    // 首先检查是否有禁用 NAPI 结构的请求，如果有则完成 NAPI 处理
    if (unlikely(napi_disable_pending(n))) {
        local_irq_enable();
        napi_complete(n);
```

```
                local_irq_disable();
            } else
                // 否则将 NAPI 结构移到队列尾部，表示该设备处理完成后等待下一轮处理
                list_move_tail(&n->poll_list, &sd->poll_list);
        }

        // 解锁网络设备队列
        netpoll_poll_unlock(have);
    }
out:
    // 处理结束，重新启用 RPS 和中断
    net_rps_action_and_irq_enable(sd);

#ifdef CONFIG_NET_DMA
    /*
     * 可能此时没有更多的 sk_buffs(Socket 缓冲区)到来，因此将所有挂起的 DMA 复制传给硬件
     */
    dma_issue_pending_all();
#endif

    return;

softnet_break:
    // 如果循环被中断，则增加时间压缩计数，并且通过软中断方式重新调用本函数
    sd->time_squeeze++;
    __raise_softirq_irqoff(NET_RX_SOFTIRQ);
    goto out;
}
```

这个函数中剩下的核心逻辑是获取当前 CPU 变量 softnet_data，对其 poll_list 进行遍历，然后执行网卡驱动注册到的 poll 函数。对于 e100 网卡而言，就是 e100.c 的 e100_poll 函数。

```
//file: drivers/net/e100.c

static int e100_poll(struct napi_struct *napi, int budget)
{
    // 将 napi_struct 结构体类型指针转换为 nic 结构体类型指针
    struct nic *nic = container_of(napi, struct nic, napi);
    // 用于记录在当前轮询中已完成的工作量
    unsigned int work_done = 0;

    // 调用 e100_rx_clean 函数清理接收队列中的数据包，并更新 work_done 记录
    e100_rx_clean(nic, &work_done, budget);
    // 调用 e100_tx_clean 函数清理发送队列中已发送的数据包
    e100_tx_clean(nic);

    // 如果在当前轮询中工作量没有完全消耗完毕，退出轮询模式
    if (work_done < budget) {
        // 标记 napi 结束轮询，将当前网络接口移出轮询链表
```

```
        napi_complete(napi);
        // 启用网络接口的中断，以便在数据包到达时触发中断处理函数
        e100_enable_irq(nic);
    }

    // 返回当前轮询中已完成的工作数量
    return work_done;
}
```

对于网络数据接收操作而言，e100_poll 函数最重要的操作就是 e100_rx_clean，它用于处理接收队列中的数据包，并执行清理操作。尽管它可能会处理多个数据包，但受限于预算（budget），最多处理 budget 个数据包。

```
//file: drivers/net/e100.c

static void e100_rx_clean(struct nic *nic, unsigned int *work_done,
                    unsigned int work_to_do)
{
    // 定义用于迭代处理接收队列的结构体指针 rx
    struct rx *rx;
    // 用于指示是否需要重启接收队列的标志
    int restart_required = 0, err = 0;
    // 定义用于保存接收队列中某些位置的指针
    struct rx *old_before_last_rx, *new_before_last_rx;
    struct rfd *old_before_last_rfd, *new_before_last_rfd;

    /* Indicate newly arrived packets */
    // 对接收队列中的每个数据包进行处理，标记新到达的数据包
    for (rx = nic->rx_to_clean; rx->skb; rx = nic->rx_to_clean = rx->next) {
        // 调用 e100_rx_indicate 函数标记新到达的数据包，并更新已完成工作量 work_done
        err = e100_rx_indicate(nic, rx, work_done, work_to_do);
        // 如果达到了工作量的上限 work_to_do，或者没有更多需要处理的数据包，则退出循环
        if (-EAGAIN == err || -ENODATA == err)
            break;
    }

    // 如果返回的错误代码为 -EAGAIN，表示工作量达到上限，需要进行更多的处理，此时重启接收队列
    // 如果接收单元(RU)状态为 RU_SUSPENDED（暂停状态），也需要重启接收队列
    if (-EAGAIN != err && RU_SUSPENDED == nic->ru_running)
        restart_required = 1;

    // 保存接收队列中 old_before_last_rx 和 old_before_last_rfd 的位置
    old_before_last_rx = nic->rx_to_use->prev->prev;
    old_before_last_rfd = (struct rfd *)old_before_last_rx->skb->data;

    /* Alloc new skbs to refill list */
    // 分配新的 skb 填充接收队列
    for (rx = nic->rx_to_use; !rx->skb; rx = nic->rx_to_use = rx->next) {
```

```
            // 如果分配 skb 失败，跳出循环，下次将在 watchdog 中尝试分配 skb
            if (unlikely(e100_rx_alloc_skb(nic, rx)))
                break; /* Better luck next time (see watchdog) */
        }

        // 获取新的位置 new_before_last_rx 和 new_before_last_rfd
        new_before_last_rx = nic->rx_to_use->prev->prev;
        // 如果新旧位置不相同，说明有新的空闲位置，需要对某些 buffer 进行操作
        if (new_before_last_rx != old_before_last_rx) {
            // 设置位于倒数第二个 buffer 的 el 位，该位用于通知硬件停止在该 buffer 后面进行处理
            // 设置 size 为 0 防止硬件处理该 buffer
            // 当硬件处理该 buffer 时，由于设置了 el 位，会触发 RNR 中断，RU 进入 No Resources 状态
            // RU 不会完成该 buffer 的处理，也不会写入该 buffer
            new_before_last_rfd = (struct rfd *)new_before_last_rx->skb->data;
            new_before_last_rfd->size = 0;
            new_before_last_rfd->command |= cpu_to_le16(cb_el);
            pci_dma_sync_single_for_device(nic->pdev,
                            new_before_last_rx->dma_addr, sizeof(struct rfd),
                            PCI_DMA_BIDIRECTIONAL);

            // 现在，我们有了新的停止点，可以清除旧的停止点
            // 需要同步两次以保证硬件的正确顺序
            old_before_last_rfd->command &= ~cpu_to_le16(cb_el);
            pci_dma_sync_single_for_device(nic->pdev,
                            old_before_last_rx->dma_addr, sizeof(struct rfd),
                            PCI_DMA_BIDIRECTIONAL);
            old_before_last_rfd->size = cpu_to_le16(VLAN_ETH_FRAME_LEN);
            pci_dma_sync_single_for_device(nic->pdev,
                            old_before_last_rx->dma_addr, sizeof(struct rfd),
                            PCI_DMA_BIDIRECTIONAL);
        }

        // 如果需要重启接收队列
        if (restart_required) {
            // 确认 RNR (Receiver Not Ready) 中断
            iowrite8(stat_ack_rnr, &nic->csr->scb.stat_ack);
            // 重新启动接收单元 (RU)，从 nic->rx_to_clean 处开始接收数据包
            e100_start_receiver(nic, nic->rx_to_clean);
            // 如果 work_done 不为空指针，表示需要更新已完成的工作量
            if (work_done)
                (*work_done)++;
        }
    }
```

e100_rx_clean 函数内部通过 e100_rx_indicate 函数标记新到达的数据包，并更新已完成的工作量。

```
//file: drivers/net/e100.c
```

```
static int e100_rx_indicate(struct nic *nic, struct rx *rx,
                        unsigned int *work_done, unsigned int work_to_do)
{
    // 获取网络设备结构体指针 dev
    struct net_device *dev = nic->netdev;
    // 获取接收队列当前数据包对应的 skb
    struct sk_buff *skb = rx->skb;
    // 获取接收队列当前数据包对应的 RFD（Receive Frame Descriptor）
    struct rfd *rfd = (struct rfd *)skb->data;
    // 用于保存 RFD 的状态字段和实际数据大小
    u16 rfd_status, actual_size;

    // 如果 work_done 不为空指针，并且已完成的工作量 work_done 大于等于工作量上限 work_to_do，则
返回 -EAGAIN，表示还有更多的工作要处理
    if (unlikely(work_done && *work_done >= work_to_do))
        return -EAGAIN;

    // 同步数据，确保在查看 cb_complete 位之前数据有效
    pci_dma_sync_single_for_cpu(nic->pdev, rx->dma_addr,
                            sizeof(struct rfd), PCI_DMA_BIDIRECTIONAL);
    // 获取 RFD 的状态字段
    rfd_status = le16_to_cpu(rfd->status);

    // 输出调试信息，打印 RFD 的状态字段值
    netif_printk(nic, rx_status, KERN_DEBUG, nic->netdev,
            "status=0x%04X\n", rfd_status);
    // 在读取实际数据大小前加上一个 rmb()，确保正确读取
    rmb();

    // 如果数据还未准备好，没有要通知的数据
    if (unlikely(!(rfd_status & cb_complete))) {
        // 如果下一个 buffer 有 el 位（end of list），但我们认为接收单元仍在运行，则检查是否真的
在我们关闭中断时停止了接收单元。
        // 这允许快速重启而不重新启用中断。
        if ((le16_to_cpu(rfd->command) & cb_el) &&
            (RU_RUNNING == nic->ru_running))

            if (ioread8(&nic->csr->scb.status) & rus_no_res)
                nic->ru_running = RU_SUSPENDED;
        // 同步数据，确保在返回前数据有效
        pci_dma_sync_single_for_device(nic->pdev, rx->dma_addr,
                            sizeof(struct rfd),
                            PCI_DMA_FROMDEVICE);
        return -ENODATA;
    }

    // 获取实际数据大小
    actual_size = le16_to_cpu(rfd->actual_size) & 0x3FFF;
```

```
    // 如果实际数据大小超过 RFD_BUF_LEN 减去 RFD 结构体的大小，则设置为 RFD_BUF_LEN 减去 RFD 结构
体的大小
    if (unlikely(actual_size > RFD_BUF_LEN - sizeof(struct rfd)))
        actual_size = RFD_BUF_LEN - sizeof(struct rfd);

    // 解除映射，获取数据
    pci_unmap_single(nic->pdev, rx->dma_addr,
                RFD_BUF_LEN, PCI_DMA_BIDIRECTIONAL);

    // 如果该 buffer 有 el 位（end of list），但我们认为接收单元仍在运行，则检查是否真的在我们关
闭中断时停止了接收单元
    // 这允许快速重启而不重新启用中断。这种情况可能发生在 RU 看到了大小的改变，但同时看到了 el 位的
设置
    if ((le16_to_cpu(rfd->command) & cb_el) &&
        (RU_RUNNING == nic->ru_running)) {

        if (ioread8(&nic->csr->scb.status) & rus_no_res)
            nic->ru_running = RU_SUSPENDED;
    }

    // 从 RFD 中移除 RFD 结构体的部分，并将数据放入 skb 中
    skb_reserve(skb, sizeof(struct rfd));
    skb_put(skb, actual_size);
    // 根据网卡的帧类型转换函数，设置 skb 的协议类型
    skb->protocol = eth_type_trans(skb, nic->netdev);

    // 如果 RFD 的状态字段中没有 cb_ok 标志位，表示硬件指示出现错误，不进行数据包通知，释放 skb
    if (unlikely(!(rfd_status & cb_ok))) {
        dev_kfree_skb_any(skb);
    }
    // 如果实际数据大小超过以太网帧数据长度加 VLAN 头长度的最大值，表示数据包过大，不进行数据包通知，
释放 skb
    else if (actual_size > ETH_DATA_LEN + VLAN_ETH_HLEN) {
        nic->rx_over_length_errors++;
        dev_kfree_skb_any(skb);
    }
    // 否则，表示数据包正常，进行数据包通知并更新接收统计信息
    else {
        dev->stats.rx_packets++;
        dev->stats.rx_bytes += actual_size;
        // 将数据包递交到上层协议栈处理
        netif_receive_skb(skb);
        // 如果 work_done 不为空指针，表示需要更新已完成的工作数量
        if (work_done)
            (*work_done)++;
    }

    // 将当前 rx 中的 skb 指针置为空
```

```
    rx->skb = NULL;

    // 返回 0 表示函数执行成功
    return 0;
}
```

在 e100_rx_indicate 函数中，通过 skb_reserve 和 skb_put 函数将 RFD 中解析的数据放到 skb 缓冲区中（即将解析的数据包从接收队列移到 skb 缓冲区），并通过 netif_receive_skb 函数将 skb 送入协议栈中进行后续处理。

5.3.4　网络层 IP 协议栈处理

首先我们来了解 netif_receive_skb 函数如何将 skb 送入协议栈。

```
//file: net/core/dev.c

int netif_receive_skb(struct sk_buff *skb)
{
    // 如果 netdev_tstamp_prequeue 为真，则检查时间戳并进行相应处理
    if (netdev_tstamp_prequeue)
        net_timestamp_check(skb);

    // 如果需要推迟接收时间戳，则直接返回 NET_RX_SUCCESS
    if (skb_defer_rx_timestamp(skb))
        return NET_RX_SUCCESS;

#ifdef CONFIG_RPS
    // 如果启用了 RPS（Receive Packet Steering），则进行相关处理
    {
        struct rps_dev_flow voidflow, *rflow = &voidflow;
        int cpu, ret;

        rcu_read_lock();

        // 获取适合该 skb 的处理 CPU 和 rps_dev_flow 结构体
        cpu = get_rps_cpu(skb->dev, skb, &rflow);

        if (cpu >- 0) {
            // 将 skb 放入对应 CPU 的 backlog 队列中
            ret = enqueue_to_backlog(skb, cpu, &rflow->last_qtail);
            rcu_read_unlock();
        } else {
            rcu_read_unlock();
            // 如果未找到合适的 CPU 或未启用 RPS，则直接调用 __netif_receive_skb 处理 skb
            ret = __netif_receive_skb(skb);
        }
    }
```

```
        return ret;
    }
#else
    // 如果未启用 RPS，则直接调用 __netif_receive_skb 处理 skb
    return __netif_receive_skb(skb);
#endif
}
EXPORT_SYMBOL(netif_receive_skb);
```

netif_receive_skb 是网络设备接收数据包的主要函数，用于处理接到的 skb。该函数首先检查是否需要对数据包进行时间戳处理，然后判断是否需要推迟接收时间戳。接着，如果启用了 RPS（receive packet steering），则将数据包放入适合的 CPU 的 backlog 队列中。最后，如果未启用 RPS 或未找到合适的 CPU，则直接调用 __netif_receive_skb 函数处理 skb。

```
//file: net/core/dev.c

static int __netif_receive_skb(struct sk_buff *skb)
{
    // 定义局部变量
    struct packet_type *ptype, *pt_prev;
    rx_handler_func_t *rx_handler;
    struct net_device *orig_dev;
    struct net_device *null_or_dev;
    bool deliver_exact = false;
    int ret = NET_RX_DROP;
    __be16 type;

    // 如果未启用 netdev_tstamp_prequeue，则检查数据包时间戳
    if (!netdev_tstamp_prequeue)
        net_timestamp_check(skb);

    // 跟踪函数调用，用于调试和性能分析
    trace_netif_receive_skb(skb);

    // 如果通过 NAPI 调用到这里，检查 netpoll，并设置 skb 的 skb_iif 字段为设备索引 ifindex
    if (netpoll_receive_skb(skb))
        return NET_RX_DROP;

    // 如果 skb 的 skb_iif 字段为空，设置为 skb 的设备索引 ifindex
    if (!skb->skb_iif)
        skb->skb_iif = skb->dev->ifindex;
    // 保存 skb 的原始设备指针
    orig_dev = skb->dev;

    // 重置 skb 的网络头和传输层头指针，以及计算 MAC 头的长度
    skb_reset_network_header(skb);
    skb_reset_transport_header(skb);
    skb->mac_len = skb->network_header - skb->mac_header;
```

```
    // 遍历全局链路层协议处理器列表
    pt_prev = NULL;

    rcu_read_lock();

another_round:

    // 增加软中断数据的统计计数
    __this_cpu_inc(softnet_data.processed);

#ifdef CONFIG_NET_CLS_ACT
    // 如果 skb 的 tc_verd 字段的 TC_NCLS 标志位被设置，则跳到 ncls 标签
    if (skb->tc_verd & TC_NCLS) {
        skb->tc_verd = CLR_TC_NCLS(skb->tc_verd);
        goto ncls;
    }
#endif

    // 遍历全局链路层协议处理器链表
    list_for_each_entry_rcu(ptype, &ptype_all, list) {
        // 如果协议处理器的设备为空或与 skb 的设备相同，则调用 deliver_skb 函数处理 skb，并将协议
处理器保存在 pt_prev 中
        if (!ptype->dev || ptype->dev == skb->dev) {
            if (pt_prev)
                ret = deliver_skb(skb, pt_prev, orig_dev);
            pt_prev = ptype;
        }
    }

#ifdef CONFIG_NET_CLS_ACT
    // 调用 handle_ing 函数进行分类处理
    skb = handle_ing(skb, &pt_prev, &ret, orig_dev);
    // 如果 skb 为空，则跳转到 out 标签
    if (!skb)
        goto out;
ncls:
#endif

    // 获取设备注册的接收处理函数
    rx_handler = rcu_dereference(skb->dev->rx_handler);
    // 如果有接收处理函数，则根据返回值决定处理方式
    if (rx_handler) {
        if (pt_prev) {
            ret = deliver_skb(skb, pt_prev, orig_dev);
            pt_prev = NULL;
        }
        switch (rx_handler(&skb)) {
```

```
        case RX_HANDLER_CONSUMED:
            goto out;
        case RX_HANDLER_ANOTHER:
            goto another_round;
        case RX_HANDLER_EXACT:
            deliver_exact = true;
        case RX_HANDLER_PASS:
            break;
        default:
            BUG();
        }
    }

    // 检查 VLAN 标签并进行相关处理
    if (vlan_tx_tag_present(skb)) {
        if (pt_prev) {
            ret = deliver_skb(skb, pt_prev, orig_dev);
            pt_prev = NULL;
        }
        // 使用 VLAN 加速进行数据包接收
        if (vlan_hwaccel_do_receive(&skb)) {
            ret = __netif_receive_skb(skb);
            goto out;
        } else if (unlikely(!skb))
            goto out;
    }

    // 钩子函数，用于在网桥上使用 VLAN
    vlan_on_bond_hook(skb);

    // 如果需要精确匹配，则设置 null_or_dev 为 skb 的设备指针
    null_or_dev = deliver_exact ? skb->dev : NULL;

    // 根据协议类型在相应的协议处理器链表中查找并处理 skb
    type = skb->protocol;
    // 找到合适的上层协议来处理该数据包
    // 注意：此时是根据数据帧类型 hash 运算找到 ptype_base 数组对应的 hash slot，遍历注册在这个协议
上的回调函数列表
    list_for_each_entry_rcu(ptype,
            &ptype_base[ntohs(type) & PTYPE_HASH_MASK], list) {
        if (ptype->type == type &&
            (ptype->dev == null_or_dev || ptype->dev == skb->dev ||
             ptype->dev == orig_dev)) {
            if (pt_prev)
                ret = deliver_skb(skb, pt_prev, orig_dev);
            pt_prev = ptype;
        }
    }
```

```
    // 如果协议处理器链表中找到了匹配的协议处理器，则调用相应的处理函数
    if (pt_prev) {
        ret = pt_prev->func(skb, skb->dev, pt_prev, orig_dev);
    } else {
        // 如果未找到合适的协议处理器，则增加设备的接收丢弃计数并释放 skb
        atomic_long_inc(&skb->dev->rx_dropped);
        kfree_skb(skb);
        // 返回 NET_RX_DROP 表示数据包被丢弃
        // 注意：该处原注释为调侃 Jamal（Linux 内核开发者）
        ret = NET_RX_DROP;
    }

out:
    rcu_read_unlock();
    // 返回处理结果
    return ret;
}
```

接着，__netif_receive_skb_core 取出 protocol，它从数据包中取出协议信息，然后遍历注册在这个协议上的回调函数列表。关注 list_for_each_entry_rcu(ptype,&ptype_base[ntohs(type) & PTYPE_HASH_MASK], list)这一行代码，ptype_base 是一个哈希表，在 5.2.9 小节中提到过，ip_rcv 函数地址就是存储在这个哈希表中的。

从网卡接收的包 sk_buff *skb 将找到 ptype_base 哈希表中注册的 packet_type，从而找到 ip_rcv()函数地址，进而将 IP 包正确地送入 ip_rcv()中执行。

```
//file: net/core/dev.c

static inline int deliver_skb(struct sk_buff *skb,
            struct packet_type *pt_prev,
            struct net_device *orig_dev)
{
    // 增加数据包的引用计数，避免在处理期间被释放
    atomic_inc(&skb->users);
    // 调用之前保存的链路层协议处理器的回调函数，将数据包交给协议处理器处理
    return pt_prev->func(skb, skb->dev, pt_prev, orig_dev);
}
```

在代码 pt_prev->func(skb, skb->dev, pt_prev, orig_dev)这一行中，调用了协议层注册的处理函数。对于 IP 包而言，它将进入 ip_rcv。

让我们具体看一下 Linux 在 IP 协议层都做了什么，以及数据包是如何进一步被送到 UDP 或 TCP 协议处理函数中的。

```
//file: net/ipv4/ip_input.c
/*
 *      主 IP 接收函数
 */
```

```
    int ip_rcv(struct sk_buff *skb, struct net_device *dev, struct packet_type *pt, struct
net_device *orig_dev)
    {
        struct iphdr *iph;
        u32 len;

        /* 包类型为其他主机的数据包，直接丢弃 */
        if (skb->pkt_type == PACKET_OTHERHOST)
            goto drop;

        // 增加接收数据包的统计信息
        IP_UPD_PO_STATS_BH(dev_net(dev), IPSTATS_MIB_IN, skb->len);

        // 检测数据包是否为共享数据包，若是，那么将该 skb clone 一个新的处理，并减少一个 旧 skb 的引用
计数
        if ((skb = skb_share_check(skb, GFP_ATOMIC)) == NULL) {
            // 增加接收数据包错误统计信息
            IP_INC_STATS_BH(dev_net(dev), IPSTATS_MIB_INDISCARDS);
            goto out;
        }

        // 确保至少能够提取一个 IP 头部的大小
        if (!pskb_may_pull(skb, sizeof(struct iphdr)))
            goto inhdr_error;

        // 获取 IP 头部指针
        iph = ip_hdr(skb);

        /*
         * RFC1122: 3.2.1.2 要求默默丢弃任何校验和不通过的 IP 数据包
         *
         * 检测 IP 数据报是否可以被接受
         *
         * 1. IP 数据报的长度至少是 ip 头的大小
         * 2. IP 数据报的版本必须为 IPV4（因为这里的源码为 ipv4 下的处理代码，而不是 ipv6）
         * 3. IP 数据报的校验和正确
         * 4. IP 数据报不存在伪长度
         */

        if (iph->ihl < 5 || iph->version != 4)
            goto inhdr_error;

        if (!pskb_may_pull(skb, iph->ihl * 4))
            goto inhdr_error;

        // 重新获取 IP 头部指针（因为可能进行了数据包修剪）
        iph = ip_hdr(skb);
```

```
    // 快速计算 IP 头部校验和并检查校验和是否正确
    if (unlikely(ip_fast_csum((u8 *)iph, iph->ihl)))
        goto inhdr_error;

    // 获取数据包总长度并转换为主机字节序
    len = ntohs(iph->tot_len);

    // 如果数据包长度小于实际长度，则丢弃该数据包
    if (skb->len < len) {
        // 增加接收数据包错误统计信息
        IP_INC_STATS_BH(dev_net(dev), IPSTATS_MIB_INTRUNCATEDPKTS);
        goto drop;
    } else if (len < (iph->ihl * 4))
        goto inhdr_error;

    /* 我们的传输介质可能填充了缓冲区，现在我们知道它是一个 IP 数据包，
     * 因此我们可以将其修剪为真正的帧长度。
     * 注意现在 skb->len 保存了 ntohs(iph->tot_len)
     */
    if (pskb_trim_rcsum(skb, len)) {
        // 增加接收数据包错误统计信息
        IP_INC_STATS_BH(dev_net(dev), IPSTATS_MIB_INDISCARDS);
        goto drop;
    }

    // 清除 Socket 控制块中的任何垃圾数据
    memset(IPCB(skb), 0, sizeof(struct inet_skb_parm));

    // 必须现在丢弃 Socket，因为可能涉及 tproxy 功能
    skb_orphan(skb);

    // 调用 NF_HOOK 进行数据包处理，NF_INET_PRE_ROUTING 表示预处理阶段
    return NF_HOOK(NFPROTO_IPV4, NF_INET_PRE_ROUTING, skb, dev, NULL, ip_rcv_finish);

inhdr_error:
    // 增加接收数据包头部错误统计信息
    IP_INC_STATS_BH(dev_net(dev), IPSTATS_MIB_INHDRERRORS);
drop:
    // 释放数据包缓冲区
    kfree_skb(skb);
out:
    // 返回 NET_RX_DROP，表示不再处理该数据包，继续处理下一个数据包
    return NET_RX_DROP;
}
```

　　NETFILTER 模块是 Linux 网络处理的核心，对不同阶段的 IP 数据报进行拦截处理，例如防火墙机制就是通过该机制完成的。它定义了如下五个处理回调钩子。

```
//file: include/Linux/netfilter_ipv4.h
```

```
/* IP Hooks */
/* IP 数据报进行路由之前回调 */
#define NF_IP_PRE_ROUTING      0
/*  IP 数据报需要递交到 TCP 层时回调 */
#define NF_IP_LOCAL_IN         1
/* IP 数据报需要递交给网络中其他主机，并且在本机进行 forward 转发机制时回调 */
#define NF_IP_FORWARD          2
/* IP 数据报需要从本机传输到驱动层处理前回调 */
#define NF_IP_LOCAL_OUT        3
/* IP 数据报递交到网卡驱动层前回调 */
#define NF_IP_POST_ROUTING     4
#define NF_IP_NUMHOOKS         5
```

在 ip_rcv 返回代码 NF_HOOK(NFPROTO_IPV4, NF_INET_PRE_ROUTING, skb, dev, NULL, ip_rcv_finish)中，NF_HOOK 是一个钩子函数，当执行完注册的钩子后，就会执行到最后一个参数指向的函数 ip_rcv_finish。

```
//file: net/ipv4/ip_input.c

static int ip_rcv_finish(struct sk_buff *skb)
{
    const struct iphdr *iph = ip_hdr(skb);
    struct rtable *rt;

    // 初始化数据包的虚拟路径缓存，它描述了包如何在 Linux 网络中传递执行（即路由信息）
    if (skb_dst(skb) == NULL) {
        int err = ip_route_input_noref(skb, iph->daddr, iph->saddr,
                        iph->tos, skb->dev);

    return dst_input(skb); // 执行进一步处理
}
```

ip_rcv_finish 函数将调用该函数完成对 skb_dst(skb)->input 函数的设置，这里主要关注的重点在于函数如何设置。我们跟踪 ip_route_input_noref 后，看到它又调用了 ip_route_input_common。在 ip_route_input_common 后，看到它又调用了 ip_route_input_slow。在 ip_route_input_slow 中，函数 ip_local_deliver 被赋给了 rth->dst.input,代码如下。

```
//file: net/ipv4/route.c
static inline int ip_route_input_noref(struct sk_buff *skb, __be32 dst, __be32 src,
                u8 tos, struct net_device *devin)
{
    return ip_route_input_common(skb, dst, src, tos, devin, true);
}


int ip_route_input_common(struct sk_buff *skb, __be32 daddr, __be32 saddr,
            u8 tos, struct net_device *dev, bool noref)
```

```
{
    ....
    res = ip_route_input_slow(skb, daddr, saddr, tos, dev);
    rcu_read_unlock();
    return res;
}

static int ip_route_input_slow(struct sk_buff *skb, __be32 daddr, __be32 saddr,
            u8 tos, struct net_device *dev)
{
    ...
    rth->dst.input = ip_forward; // 设置 input 为 ip_forward 函数，将数据包在本机路由到其他主机
    ...
    local_input:
        rth->dst.input= ip_local_deliver;  // 设置 input 为 ip_local_deliver 函数，传递到本
                                                                机 TCP 层

    ...
}
```

所以回到 ip_rcv_finish 中的 return dst_input(skb);。

```
//file: include/net/dst.h
// 将数据包传递给传输层
 static inline int dst_input(struct sk_buff *skb)
{
    return skb_dst(skb)->input(skb);            // 回调 dst 的 input 函数
}
skb_dst(skb)->input 调用的 input 方法就是路由子系统赋的 ip_local_deliver。
//file: net/ipv4/ip_input.c
// 将 IP 数据报传递到传输层
int ip_local_deliver(struct sk_buff *skb)
{
  // IP 是分片数据，重组 IP 分片，然后再传递
    if (ip_hdr(skb)->frag_off & htons(IP_MF | IP_OFFSET)) {
        if (ip_defrag(skb, IP_DEFRAG_LOCAL_DELIVER))
            return 0;
    }

    // 否则进入 NF_IP_LOCAL_IN 钩子，如果钩子确定进入传输层，那么回调 ip_local_deliver_finish
函数
    return NF_HOOK(NFPROTO_IPV4, NF_INET_LOCAL_IN, skb, skb->dev, NULL,
            ip_local_deliver_finish);
}

static int ip_local_deliver_finish(struct sk_buff *skb)
{
    ....
    rcu_read_lock();
```

```
    {
    // 找到可以处理该 IP 数据报的网络层
        int protocol = ip_hdr(skb)->protocol;

        if (ipprot != NULL) {
            ...
        // 回调处理函数
            ret = ipprot->handler(skb);
            if (ret < 0) {
                protocol = -ret;
                goto resubmit;
            }
            IP_INC_STATS_BH(net, IPSTATS_MIB_INDELIVERS);
        } else {
        // 无网络层可以处理，释放 SKB
            ...
            kfree_skb(skb);
        }
    }
out:
    rcu_read_unlock();

    return 0;
}
```

在 5.2.9 小节，我们介绍过，在 ip_rcv() 中将通过 inet_protos 找到 TCP 协议或 UDP 协议的处理函数，再把包转发给 udp_rcv() 或 tcp_v4_rcv() 函数。inet_protos 中保存着 tcp_rcv() 和 udp_rcv() 的函数地址。这里将根据包中的协议类型进行分发，在这里 skb 包将进一步被派送到更上层的 UDP 和 TCP 协议中。

最后，我们结合网络子系统初始化和数据包在网络层 IP 协议栈的处理，将整个流程串联起来。大家可以参考上面的源码，并结合流程图深入理解，如图 5.10 所示。

5.3.5　传输层 UDP 协议栈处理

在 5.2.9 小节中，我们学习了 UDP 协议的回调函数是 udp_rcv，接下来介绍 skb 进入 UDP 层后的继续处理。

```
//file: net/ipv4/udp.c
int udp_rcv(struct sk_buff *skb)
{
    return __udp4_lib_rcv(skb, &udp_table, IPPROTO_UDP);
}
```

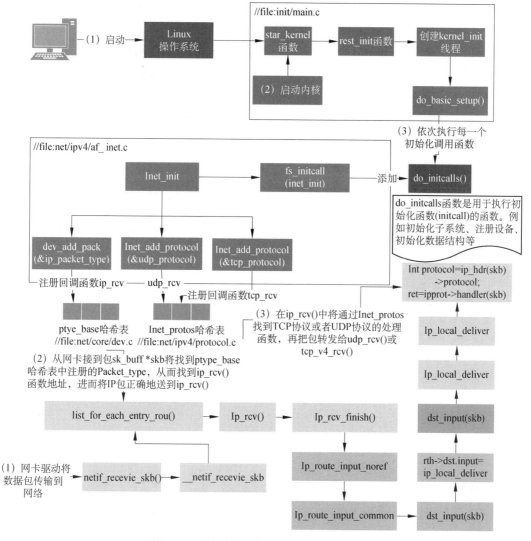

图 5.10　数据包在网络层 IP 协议栈的处理

主要逻辑封装在 __udp4_lib_rcv 函数中，udp_table 是 UDP Socket 表。

```
//file: net/ipv4/udp.c

int __udp4_lib_rcv(struct sk_buff *skb, struct udp_table *udptable, int proto)
{
    struct sock *sk;
    struct udphdr *uh;
    unsigned short ulen;
    struct rtable *rt = skb_rtable(skb);
```

```
__be32 saddr, daddr;
struct net *net = dev_net(skb->dev);

/*
 *   验证数据包的有效性。
 */
// 检查是否有足够的空间提取 UDP 头部
if (!pskb_may_pull(skb, sizeof(struct udphdr)))
    goto drop;          /* 没有足够的空间提取 UDP 头部*/

uh  = udp_hdr(skb);
ulen = ntohs(uh->len);
saddr = ip_hdr(skb)->saddr;
daddr = ip_hdr(skb)->daddr;

if (ulen > skb->len)
    goto short_packet;

// 根据传输层协议进行 UDP 数据包验证
if (proto == IPPROTO_UDP) {
    /* UDP 验证 ulen。*/
    if (ulen < sizeof(*uh) || pskb_trim_rcsum(skb, ulen))
        goto short_packet;
    uh = udp_hdr(skb);
}

// 初始化 UDP 数据包的校验和计算
if (udp4_csum_init(skb, uh, proto))
    goto csum_error;

// 检查是否为广播或多播数据包，并将其发送到多播组
if (rt->rt_flags & (RTCF_BROADCAST|RTCF_MULTICAST))
    return __udp4_lib_mcast_deliver(net, skb, uh, saddr, daddr, udptable);

// 在 UDP Socket 表（udptable）中，查找与 UDP 端口对应的 Socket
sk = __udp4_lib_lookup_skb(skb, uh->source, uh->dest, udptable);

if (sk != NULL) {
    // 将数据包添加到 Socket 接收队列
    int ret = udp_queue_rcv_skb(sk, skb);
    sock_put(sk);

    /* 返回值 > 0 表示重新提交输入数据包，但希望返回值为 -protocol 或 0 */
    if (ret > 0)
        return -ret;
    return 0;
}
```

```
        // 检查是否符合 IPsec 策略, 如果不符合则丢弃数据包
        if (!xfrm4_policy_check(NULL, XFRM_POLICY_IN, skb))
            goto drop;
        nf_reset(skb);

        // 无 Socket 可用, 如果校验和错误则静默丢弃数据包
        if (udp_lib_checksum_complete(skb))
            goto csum_error;

        // 数据包无法传到 Socket, 发送 ICMP 目的地不可达消息
        UDP_INC_STATS_BH(net, UDP_MIB_NOPORTS, proto == IPPROTO_UDPLITE);
        icmp_send(skb, ICMP_DEST_UNREACH, ICMP_PORT_UNREACH, 0);

        /*
         * 我们收到了一个发到我们不想侦听的端口的 UDP 数据包。忽略它
         */
        kfree_skb(skb);
        return 0;

short_packet:
    LIMIT_NETDEBUG(KERN_DEBUG "UDP%s: short packet: From %pI4:%u %d/%d to %pI4:%u\n",
            proto == IPPROTO_UDPLITE ? "-Lite" : "",
            &saddr,
            ntohs(uh->source),
            ulen,
            skb->len,
            &daddr,
            ntohs(uh->dest));
    goto drop;

csum_error:
    /*
     * RFC1122: 丢弃错误校验和的数据包, 但对于网络来说是静默丢弃 (MUST)
     */
    LIMIT_NETDEBUG(KERN_DEBUG "UDP%s: bad checksum. From %pI4:%u to %pI4:%u ulen %d\n",
            proto == IPPROTO_UDPLITE ? "-Lite" : "",
            &saddr,
            ntohs(uh->source),
            &daddr,
            ntohs(uh->dest),
            ulen);
drop:
    UDP_INC_STATS_BH(net, UDP_MIB_INERRORS, proto == IPPROTO_UDPLITE);
    kfree_skb(skb);
    return 0;
}
```

　　__udp4_lib_rcv 函数会根据数据包的类型和校验和情况, 决定如何处理数据包。它调用

__udp4_lib_lookup_skb 函数，该函数根据 skb 来查找对应的 socket，找到以后将数据包放到该 socket 的缓存队列中。

```
//file: net/ipv4/udp.c

static inline struct sock *__udp4_lib_lookup_skb(struct sk buff *skb,
                    __be16 sport, __be16 dport,
                    struct udp_table *udptable)
{
    struct sock *sk;
    const struct iphdr *iph = ip_hdr(skb);

    // 检查数据包是否已关联到 Socket，如果已关联，则返回关联的 Socket
    if (unlikely(sk = skb_steal_sock(skb)))
        return sk;
    else
        // 否则，调用 __udp4_lib_lookup 函数查找对应的 UDPSocket
        return __udp4_lib_lookup(dev_net(skb_dst(skb))->dev, iph->saddr, sport,
                iph->daddr, dport, inet_iif(skb),
                udptable);
}
```

__udp4_lib_lookup_skb 函数检查数据包是否已经关联到 socket，如果已关联，则返回关联的 socket。这通常发生在 UDP 数据包进入内核网络栈时，内核尝试从 socket 缓存中查找匹配的 socket，以便将数据包直接关联到该 socket，提高数据包处理效率。当发现数据包已经关联到 socket，会在 __udp4_lib_rcv 函数中执行 int ret = udp_queue_rcv_skb(sk, skb); 继续处理。

```
//file: net/ipv4/udp.c

int udp_queue_rcv_skb(struct sock *sk, struct sk_buff *skb)
{
    struct udp_sock *up = udp_sk(sk);
    int rc;
    int is_udplite = IS_UDPLITE(sk);

    /*
     * 将数据包（skb）关联到指定的 UDPSocket（sk），如果接收队列已满则丢弃数据包
     */
    if (!xfrm4_policy_check(sk, XFRM_POLICY_IN, skb))
        goto drop;
    nf_reset(skb);

    // 如果 socket 是一个封装（encapsulation）socket，则将数据包传给 socket 的 udp_encap_rcv()
钩子函数处理
    if (up->encap_type) {
        /*
```

```
 * This is an encapsulation socket so pass the skb to
 * the socket's udp_encap_rcv() hook. Otherwise, just
 * fall through and pass this up the UDP socket.
 * up->encap_rcv() returns the following value:
 * =0 if skb was successfully passed to the encap
 *    handler or was discarded by it.
 * >0 if skb should be passed on to UDP.
 * <0 if skb should be resubmitted as proto -N
 */
```

```
/* 如果数据包长度足够，则尝试调用 udp_encap_rcv() 钩子函数处理数据包 */
if (skb->len > sizeof(struct udphdr) && up->encap_rcv != NULL) {
    int ret;

    ret = (*up->encap_rcv)(sk, skb);

    // 如果钩子函数返回值 ret 小于等于 0，表示数据包已被钩子函数处理或丢弃
    if (ret <= 0) {
        UDP_INC_STATS_BH(sock_net(sk),
                UDP_MIB_INDATAGRAMS,
                is_udplite);
        return -ret;
    }
}
```

```
    /* 如果数据包长度不足，或者 udp_encap_rcv() 钩子函数未处理数据包，则继续处理该数据包作为
普通的 UDP 数据包 */
}
```

```
/*
 *    UDP-Lite specific tests, ignored on UDP sockets
 */
```

```
// 如果是 UDP-LiteSocket，并且启用了 Coverage Check，则进行特定的覆盖检查
if ((is_udplite & UDPLITE_RECV_CC) && UDP_SKB_CB(skb)->partial_cov) {

    /*
    * MIB statistics other than incrementing the error count are
    * disabled for the following two types of errors: these depend
    * on the application settings, not on the functioning of the
    * protocol stack as such.
    *
    * RFC 3828 here recommends (sec 3.3): "There should also be a
    * way ... to ... at least let the receiving application block
    * delivery of packets with coverage values less than a value
    * provided by the application."
    */
    // 如果设置了完全覆盖，但是数据包的实际覆盖范围小于数据包长度，则丢弃该数据包
```

```
          if (up->pcrlen == 0) {              /* full coverage was set  */
              LIMIT_NETDEBUG(KERN_WARNING "UDPLITE: partial coverage "
                  "%d while full coverage %d requested\n",
                  UDP_SKB_CB(skb)->cscov, skb->len);
              goto drop;
          }
          // 如果数据包的覆盖范围小于接收方要求的最小覆盖范围，则丢弃该数据包
          if (UDP_SKB_CB(skb)->cscov < up->pcrlen) {
              LIMIT_NETDEBUG(KERN_WARNING
                  "UDPLITE: coverage %d too small, need min %d\n",
                  UDP_SKB_CB(skb)->cscov, up->pcrlen);
              goto drop;
          }
      }

      // 如果 socket 有过滤器，并且数据包的校验和有问题，则丢弃该数据包
      if (rcu_dereference_raw(sk->sk_filter)) {
          if (udp_lib_checksum_complete(skb))
              goto drop;
      }

      // 如果接收队列已满，则丢弃数据包
      if (sk_rcvqueues_full(sk, skb))
          goto drop;

      rc = 0;

  // 对 socket 进行锁定，确保在处理接收队列时不会被其他线程并发修改
      bh_lock_sock(sk);
  // 检查 socket 是不是正在这个 socker 上进行系统调用（socket 被占用）（用户创建的 socket）
      if (!sock_owned_by_user(sk))                // 如果 Socket 不属于用户空间
          rc = __udp_queue_rcv_skb(sk, skb);      // 调用 __udp_queue_rcv_skb 函数将数据包
                                                  //   添加到 socket 的接收队列中
      else if (sk_add_backlog(sk, skb)) {         // 如果 Socket 属于用户空间，把数据包添加到
                                                  //   backlog 队列
                                                  // 数据包到接收队列中（队列已满），则执行以下
          bh_unlock_sock(sk);                     //   操作。解锁 socket，允许其他线程继续访问 socket
          goto drop;                              // 跳转到 drop 标签，丢弃数据包
      }
  // 解锁 socket，允许其他线程继续访问 socket
      bh_unlock_sock(sk);

      return rc;

drop:
    // 统计丢弃的数据包，并释放数据包的内存
    UDP_INC_STATS_BH(sock_net(sk), UDP_MIB_INERRORS, is_udplite);
    atomic_inc(&sk->sk_drops);
```

```
    kfree_skb(skb);
    return -1;
}
```

在 udp_queue_rcv_skb 函数中，通过 sock_owned_by_user(sk)判断用户创建的 socket 是否正在被系统调用（即 socket 是否被占用）。如果没有被占用，可以直接将数据包放入 socket 的接收队列中。如果有，则通过 sk_add_backlog 将数据包添加到 backlog 队列。当用户释放 socket 时，内核检查 backlog 队列，如果有数据，则将其移到接收队列中。如果接收队列已满，将直接丢弃包。解锁 socket，允许其他线程继续访问 socket。接收队列大小受内核参数 net.core.rmem_max 和 net.core.rmem_default 影响。

5.4　网络消息最终归途

Linux 内核对网络数据包的接收和处理过程已经介绍完毕。网络数据包最后会被放入 socket 的接收队列中。

接下来，我们来看一下在 Linux 操作系统下，socket 如何处理网络数据。

5.4.1　激活用户进程

如前文所述，我们通过 sk_add_backlog 函数将网络数据包最后放入了 socket 的接收队列中。

```
//file: include/net/sock.h

static inline __must_check int sk_add_backlog(struct sock *sk, struct sk_buff *skb)
{
    // 检查接收队列是否已满，如果已满则返回错误码 -ENOBUFS
    if (sk_rcvqueues_full(sk, skb))
        return -ENOBUFS;

    // 将数据包 skb 添加到 Socketsk 的接收队列中
    __sk_add_backlog(sk, skb);

    // 更新 Socketsk 的接收队列长度，增加当前数据包的大小
    sk->sk_backlog.len += skb->truesize;

    // 返回成功
    return 0;
}

static inline void __sk_add_backlog(struct sock *sk, struct sk_buff *skb)
```

```
{
    /* 不允许 skb 的目标（dst）没有引用计数，我们将要离开 rcu 锁 */
    skb_dst_force(skb);

    // 如果 Socket 的接收队列为空，则将当前数据包 skb 设置为队列的头部
    if (!sk->sk_backlog.tail)
        sk->sk_backlog.head = skb;
    // 否则，将当前数据包 skb 添加到队列尾部
    else
        sk->sk_backlog.tail->next = skb;

    // 更新 Socket 的接收队列尾部为当前数据包 skb
    sk->sk_backlog.tail = skb;

    // 设置当前数据包 skb 的 next 指针为 NULL，表示它是队列中的最后一个数据包
    skb->next = NULL;
}
```

然而，我们发现线索在这里断了。sk_add_backlog 函数将网络数据包最后放入了 socket 的接收队列，但并没有激活 socket 的操作。我们仔细查看 udp_queue_rcv_skb 代码，发现实际上是 __udp_queue_rcv_skb(sk, skb) 这个函数将网络数据包最后放入了 socket 的接受队列。sk_add_backlog 函数是将网络数据包放入 backlog 队列。我们继续查看 __udp_queue_rcv_skb。

```
//file: net/ipv4/udp.c

static int __udp_queue_rcv_skb(struct sock *sk, struct sk_buff *skb)
{
    ...
    // 将数据包 skb 提交到 IP 层进行接收处理，并获取返回码
    rc = ip_queue_rcv_skb(sk, skb);
    return 0;
}


//file: net/ipv4/ip_sockglue.c
int ip_queue_rcv_skb(struct sock *sk, struct sk_buff *skb)
{
    // 如果 socket 的控制消息标志不包含 IP_CMSG_PKTINFO 标志，则丢弃数据包的目标（dst）
    if (!(inet_sk(sk)->cmsg_flags & IP_CMSG_PKTINFO))
        skb_dst_drop(skb);

    // 将数据包 skb 添加到 socket 的接收队列中，并返回相应的处理结果
    return sock_queue_rcv_skb(sk, skb);
}

//file: net/core/sock.c
int sock_queue_rcv_skb(struct sock *sk, struct sk_buff *skb)
{
    int err;
```

```
    int skb_len;
    unsigned long flags;
    struct sk_buff_head *list = &sk->sk_receive_queue;
```

// 如果 socket 的已分配内存大小加上当前数据包 skb 的真实大小超过了 Socket 的接收缓冲区大小 sk->sk_rcvbuf，则增加丢弃计数并返回 ENOMEM 错误

```
    if (atomic_read(&sk->sk_rmem_alloc) + skb->truesize >= (unsigned)sk->sk_rcvbuf)
{
        atomic_inc(&sk->sk_drops);
        return -ENOMEM;
    }
```

// 调用 socket 的过滤器，对数据包 skb 进行过滤处理，如果过滤器返回错误，则返回相应的错误码

```
    err = sk_filter(sk, skb);
    if (err)
        return err;
```

// 检查 socket 的接收缓冲区是否有足够的空间来容纳当前数据包 skb 的真实大小，如果没有则返回 ENOBUFS 错误

```
    if (!sk_rmem_schedule(sk, skb->truesize)) {
        atomic_inc(&sk->sk_drops);
        return -ENOBUFS;
    }
```

// 设置数据包 skb 的网络设备指针为 NULL，同时设置数据包的所有者为当前 Socketsk

```
    skb->dev = NULL;
    skb_set_owner_r(skb, sk);
```

```
    /* 缓存添加到接收队列前的数据包 skb 的长度。一旦添加到队列中，
     * 它就不再属于我们了，可能会被其他控制线程从队列中释放
     */
    skb_len = skb->len;
```

// 在退出 RCU 保护区域之前，确保数据包的目标（dst）被正确引用计数

```
    skb_dst_force(skb);
```

// 获取接收队列的自旋锁，将当前数据包 skb 添加到队列的尾部

```
    spin_lock_irqsave(&list->lock, flags);
    skb->dropcount = atomic_read(&sk->sk_drops);
    __skb_queue_tail(list, skb);
    spin_unlock_irqrestore(&list->lock, flags);
```

// 如果 Socket 未标记为已关闭（SOCK_DEAD），则调用 sk->sk_data_ready 回调函数通知上层有新数据到达

```
    if (!sock_flag(sk, SOCK_DEAD))
        sk->sk_data_ready(sk, skb_len);
    return 0;
}
```

```
EXPORT_SYMBOL(sock_queue_rcv_skb);
```

跟踪 __udp_queue_rcv_skb 函数调用 ip_queue_rcv_skb，可以看到 ip_queue_rcv_skb 调用 sock_queue_rcv_skb(sk, skb)将数据包 skb 添加到 socket 的接收队列中。sock_queue_rcv_skb 调用 sk->sk_data_ready 回调函数通知 socket 有新数据到达。那么，sk->sk_data_ready 函数指针的实际处理函数是什么？

```
//file: net/core/sock.c
void sock_init_data(struct socket *sock, struct sock *sk)
{
    ...
    sk->sk_data_ready    =    sock_def_readable;
}
```
查看 sock_init_data 函数，我们发现 sk->sk_data_ready 实际处理函数是 sock_def_readable
```
//file: net/core/sock.c

// 用于处理 socket 的可读事件。接收一个指向 Socket 结构体的指针 sk 和长度 len 的参数。
static void sock_def_readable(struct sock *sk, int len)
{
        // 声明一个指向 socket_wq 结构体的指针变量 wq
    struct socket_wq *wq;

        // 开启读取 RCU 锁，确保对 rcu_dereference 的安全访问
    rcu_read_lock();

        // 使用 RCU 延迟引用，获取 sock 结构体中的 socket 等待队列指针
    wq = rcu_dereference(sk->sk_wq);

        // 检查等待队列是否有等待者
    if (wq_has_sleeper(wq))
        // 如果有等待者，则通过唤醒函数唤醒等待队列中的进程，通知它们数据已经可以读取
        wake_up_interruptible_sync_poll(&wq->wait, POLLIN | POLLPRI | POLLRDNORM | POLLRDBAND);

        // 使用异步方式唤醒 socket 等待队列中的等待者，告知其可以读取数据
    sk_wake_async(sk, SOCK_WAKE_WAITD, POLL_IN);

        // 释放 RCU 锁，允许其他线程访问 RCU 保护的数据结构
    rcu_read_unlock();
}
```

接下来，调用 wake_up_interruptible_sync_poll 唤醒在 socket 上因等待数据而被阻塞的进程。

```
//file: include/Linux/wait.h

#define wake_up_interruptible_sync_poll(x, m)                   \
    __wake_up_sync_key((x), TASK_INTERRUPTIBLE, 1, (void *) (m))
```

```
//file: kernel/sched.c
void __wake_up_sync_key(wait_queue_head_t *q, unsigned int mode,
        int nr_exclusive, void *key)
{
    ....

        // 调用__wake_up_common 函数唤醒等待队列中的等待者
    // q: 等待队列头指针
    // mode: 唤醒模式
    // nr_exclusive: 需要唤醒的独占等待者数量
    // wake_flags: 唤醒标志，表示唤醒模式和是否唤醒独占等待者
    // key: 用于唤醒特定等待者的键值，如果为 NULL，则唤醒所有等待者
    __wake_up_common(q, mode, nr_exclusive, wake_flags, key);
}

static void __wake_up_common(wait_queue_head_t *q, unsigned int mode,
                    int nr_exclusive, int wake_flags, void *key)
{
    wait_queue_t *curr, *next;

    // 遍历等待队列中的每个等待者节点
    list_for_each_entry_safe(curr, next, &q->task_list, task_list) {
        // 获取当前等待者节点的标志位
        unsigned flags = curr->flags;

        // 调用等待者节点的回调函数，并传递相关参数
        // 如果回调函数返回 true，并且当前等待者是独占等待者，需要唤醒的独占等待者数量已经减为 0,
就停止唤醒操作
        if (curr->func(curr, mode, wake_flags, key) &&
            (flags & WQ_FLAG_EXCLUSIVE) && !--nr_exclusive)
            break;
    }
}
```

wake_up_interruptible_sync_poll 是个宏定义，调用的是__wake_up_sync_key 函数。它又调用了__wake_up_common 函数，传入的参数 nr_exclusive（需要唤醒的独占等待者数量）是 1。1 代表即使有多个线程阻塞在同一个 Socket 上，也只唤醒 1 个线程，目的是避免惊群效应。

遍历等待队列中（wait_queue_head_t）的每个等待者节点，找出等待队列的成员 curr，执行 curr->func 回调函数。在 5.4.2 小节会介绍 recvfrom 函数执行，该函数执行时使用 DEFINE_WAIT_FUNC 初始化等待队列的成员，并将 curr->func 设置为 receiver_wake_function 函数。

```
//file: net/core/datagram.c

// 用于唤醒等待队列中等待者的回调函数
```

```
    // wait：等待者节点指针，表示当前的等待者
    // mode：唤醒模式，用于指定唤醒的条件，可以是 TASK_NORMAL, TASK_INTERRUPTIBLE, TASK_
UNINTERRUPTIBLE 等值
    // sync：同步标志，用于指定唤醒操作是否同步进行
    // key：用于唤醒特定等待者的键值，其实际含义和作用由上层调用者决定
    static int receiver_wake_function(wait_queue_t *wait, unsigned mode, int sync,
                            void *key)
    {
        unsigned long bits = (unsigned long)key;

        /*
         * 避免唤醒操作，如果事件对当前等待者不感兴趣
         */
        if (bits && !(bits & (POLLIN | POLLERR)))
            return 0;

        // 调用 autoremove_wake_function 函数进行实际的唤醒操作
        return autoremove_wake_function(wait, mode, sync, key);
    }

//file: kernel/wait.c
// 用于唤醒等待队列中等待者的函数。它实际上是对 default_wake_function 函数的封装
int autoremove_wake_function(wait_queue_t *wait, unsigned mode, int sync, void *key)
{
    // 调用 default_wake_function 函数进行实际的唤醒操作，并获取返回值
    int ret = default_wake_function(wait, mode, sync, key);

    // 如果返回值为 true，表示等待者已经被成功唤醒，将其从等待队列中移除
    if (ret)
        list_del_init(&wait->task_list);

    // 返回 default_wake_function 函数的返回值
    return ret;
}

//file: kernel/sched.c
int default_wake_function(wait_queue_t *curr, unsigned mode, int wake_flags,
            void *key)
{
    return try_to_wake_up(curr->private, mode, wake_flags);
}
```

跟踪 receiver_wake_function 函数，该函数调用 autoremove_wake_function，而 autoremove_
wake_function 调用 default_wake_function，最后调用 try_to_wake_up 传入参数 curr->private，
这就是用户进程创建的 socket。因为 socket 接收队列没有数据，所以被阻塞的线程对象将
被唤醒。

```
//file: kernel/sched.c
```

```
static int try_to_wake_up(struct task_struct *p, unsigned int state, int wake_flags)
{
    int cpu, orig_cpu, this_cpu, success = 0;
    unsigned long flags;
    unsigned long en_flags = ENQUEUE_WAKEUP;
    struct rq *rq;

    // 获取当前 CPU 编号
    this_cpu = get_cpu();

    // 内存屏障，确保在获取 rq 指针之前的所有读写操作都完成
    smp_wmb();

    // 获取 p 所在的运行队列 rq，并锁住运行队列
    rq = task_rq_lock(p, &flags);

    // 如果 p 的状态不包含指定的 state，跳转到 out，表示不需要唤醒该任务
    if (!(p->state & state))
        goto out;

    // 如果 p 在运行队列上，则跳转到 out_running，表示任务已经在运行状态
    if (p->se.on_rq)
        goto out_running;

    // 获取当前任务 p 所在的 CPU 编号
    cpu = task_cpu(p);
    orig_cpu = cpu;

#ifdef CONFIG_SMP
    // 如果任务 p 正在运行，跳转到 out_activate，表示任务已经在运行状态，不需要唤醒
    if (unlikely(task_running(rq, p)))
        goto out_activate;

    /*
     * 为了处理并发唤醒并释放 rq->lock，将任务设置为 TASK_WAKING 状态
     * 首先修正 nr_uninterruptible 计数
     */
    if (task_contributes_to_load(p)) {
        if (likely(cpu_online(orig_cpu)))
            rq->nr_uninterruptible--;
        else
            this_rq()->nr_uninterruptible--;
    }
    p->state = TASK_WAKING;

    // 如果 p 的调度类中存在 task_waking 回调函数，则调用它，用于执行额外的唤醒操作
    if (p->sched_class->task_waking) {
```

```
        p->sched_class->task_waking(rq, p);
        en_flags |= ENQUEUE_WAKING;
    }

    // 选择一个新的 CPU 运行队列，SD_BALANCE_WAKE 表示在平衡负载的情况下唤醒
    cpu = select_task_rq(rq, p, SD_BALANCE_WAKE, wake_flags);

    // 如果将任务迁移到了新的 CPU 上，更新任务的 CPU 编号
    if (cpu != orig_cpu)
        set_task_cpu(p, cpu);
    __task_rq_unlock(rq);

    // 获取新的 CPU 运行队列，并锁住运行队列
    rq = cpu_rq(cpu);
    raw_spin_lock(&rq->lock);

    // 检查任务是否成功迁移到新的 CPU 上
    // WARN_ON 用于发出警告，检查任务的 CPU 编号是否与新的 CPU 一致，以及任务状态是否为 TASK_WAKING
    WARN_ON(task_cpu(p) != cpu);
    WARN_ON(p->state != TASK_WAKING);

#ifdef CONFIG_SCHEDSTATS
    // 统计唤醒次数
    schedstat_inc(rq, ttwu_count);
    if (cpu == this_cpu)
        schedstat_inc(rq, ttwu_local);
    else {
        struct sched_domain *sd;
        for_each_domain(this_cpu, sd) {
            if (cpumask_test_cpu(cpu, sched_domain_span(sd))) {
                schedstat_inc(sd, ttwu_wake_remote);
                break;
            }
        }
    }
#endif /* CONFIG_SCHEDSTATS */

out_activate:
#endif /* CONFIG_SMP */

    // 唤醒任务并将其加入运行队列
    // ttwu_activate 函数负责实际的唤醒操作
    ttwu_activate(p, rq, wake_flags & WF_SYNC, orig_cpu != cpu, cpu == this_cpu,
en_flags);

    // 完成唤醒后的后续处理，包括切换上下文和触发调度
    ttwu_post_activation(p, rq, wake_flags, success);
```

```
out:
    // 解锁运行队列，并释放当前 CPU
    task_rq_unlock(rq, &flags);
    put_cpu();

    // 返回唤醒结果
    return success;
}
```

当 try_to_wake_up 函数执行完成时，在 Socket 上因等待数据而被阻塞的线程被推入可运行队列里。

5.4.2　recvfrom 系统调用

回顾一下，我们用 C 语言编写的 UDP 示例程序。

```
int main() {
    // 忽略部分代码
    while (1) {
        // 接收数据
        client_addr_len = sizeof(client_addr);
        int bytes_received = recvfrom(server_socket, buffer, BUFFER_SIZE, 0,
                              (struct sockaddr *)&client_addr, &client_addr_len);
        if (bytes_received == -1) {
            perror("Receiving data failed");
            break;
        }

        buffer[bytes_received] = '\0';
        printf("Received data from client %s:%d: %s\n",
            inet_ntoa(client_addr.sin_addr), ntohs(client_addr.sin_port), buffer);

        // 可以在这里对接收的数据进行处理，如果需要的话回复客户端

    }
    // 忽略部分代码
}
```

在代码里调用的 recvfrom 是一个 glibc 库函数，该函数在执行后将用户进程陷入内核态，进入 Linux 实现的系统调用 sys_recvfrom。

```
SYSCALL_DEFINE6(recvfrom, int, fd, void __user *, ubuf, size_t, size, unsigned int,
flags, struct sockaddr __user *, addr, int __user *, addr_len)
{
    return __sys_recvfrom(fd, ubuf, size, flags, addr, addr_len);
}
```

接下来，深入研究一下 __sys_recvfrom 函数。

```
// __sys_recvfrom 是用于接收数据的系统调用函数
// fd: 文件描述符，表示要接收数据的 socket
// ubuf: 用户空间缓冲区指针，用于接收数据
// size: 接收数据的大小
// flags: 接收数据的选项标志
// addr: 指向用户空间的 sockaddr 结构体指针，用于接收对端地址信息
// addr_len: 指向用户空间的整型指针，用于接收对端地址信息的长度
int __sys_recvfrom(int fd, void __user *ubuf, size_t size, unsigned int flags, struct
sockaddr __user *addr, int __user *addr_len)
{
    struct sockaddr_storage address;
    // 定义一个 msghdr 结构体，用于接收和发送消息
    struct msghdr msg = {
        /* 如果需要，保存地址信息，否则设置为 NULL，节省处理开销 */
        .msg_name = addr ? (struct sockaddr *)&address : NULL,
    };
    struct socket *sock;
    struct iovec iov;
    int err, err2;
    int fput_needed;

    // 导入用户空间缓冲区 ubuf 的读取权限，得到对应的 iovec 和 msg_iter
    err = import_single_range(READ, ubuf, size, &iov, &msg.msg_iter);
    if (unlikely(err))
        return err;

    // 根据用户传入的 fd 找到 socket 对象，并对 socket 进行引用计数处理
    sock = sockfd_lookup_light(fd, &err, &fput_needed);
    if (!sock)
        goto out;

    // 如果 socket 对象为非阻塞，设置 flags 为 MSG_DONTWAIT
    if (sock->file->f_flags & O_NONBLOCK)
        flags |= MSG_DONTWAIT;

    // 调用 sock_recvmsg 函数进行实际的接收消息操作
    err = sock_recvmsg(sock, &msg, flags);

    // 如果接收消息成功，并且传入了 addr，将接收到的地址信息移动到用户空间
    if (err >= 0 && addr != NULL) {
        err2 = move_addr_to_user(&address, msg.msg_namelen, addr, addr_len);
        if (err2 < 0)
            err = err2;
    }

    // 释放对 socket 对象的引用计数
    fput_light(sock->file, fput_needed);
```

```
out:
    // 返回接收消息的结果
    return err;
}
```

该函数最后调用 sock_recvmsg 函数来具体获取数据。

```
//file: net/socket.c

int sock_recvmsg(struct socket *sock, struct msghdr *msg,
            size_t size, int flags)
{
    ....
    // 调用 __sock_recvmsg 函数进行实际的接收消息操作
    ret = __sock_recvmsg(&iocb, sock, msg, size, flags);
    return ret;
}

static inline int __sock_recvmsg(struct kiocb *iocb, struct socket *sock,
            struct msghdr *msg, size_t size, int flags)
{
    int err = security_socket_recvmsg(sock, msg, size, flags);
    return err ?: __sock_recvmsg_nosec(iocb, sock, msg, size, flags);
}

static int sock_recvmsg_nosec(struct socket *sock, struct msghdr *msg,
                        size_t size, int flags)
{
    // 调用 __sock_recvmsg_nosec 函数进行实际的接收消息操作，不涉及安全检查
    ret = __sock_recvmsg_nosec(&iocb, sock, msg, size, flags);
    return ret;
}

static inline int __sock_recvmsg_nosec(struct kiocb *iocb, struct socket *sock,
                            struct msghdr *msg, size_t size, int flags)
{
    // 将传入的 kiocb 转换为 sock_iocb 结构体类型
    struct sock_iocb *si = kiocb_to_siocb(iocb);

    // 更新 Socket 的 classid，用于流分类
    sock_update_classid(sock->sk);

    // 初始化 sock_iocb 结构体的相关字段
    si->sock = sock;
    si->scm = NULL;
    si->msg = msg;
    si->size = size;
    si->flags = flags;
```

```
// 调用 Socket 的 recvmsg 操作函数进行实际的接收消息操作
return sock->ops->recvmsg(iocb, sock, msg, size, flags);
}
```

跟踪 sock_recvmsg 函数，发现该函数调用了 __sock_recvmsg 函数。__sock_recvmsg 函数则调用 sock_recvmsg_nosec，该函数使用 __sock_recvmsg_nosec 执行实际的接收消息操作，最后调用 sock->ops->recvmsg 指针函数完成实际的接收消息操作。

5.4.3 Socket 数据结构

我们来看看 socket 数据结构。由于 socket 数据结构太大，我们只关注与其接收消息的函数指针相关的内容。

```
//file: include/Linux/net.h
struct socket {
    .....

    // socket 关联的 sock 结构体指针，表示 socket 与协议层的关联
    struct sock *sk;

    // socket 对应的协议操作函数指针，用于执行协议相关的操作
    const struct proto_ops *ops;
};
```

在 socket 数据结构中，const struct proto_ops 对应的是协议的方法集合。每种协议都实现不同的方法集，对于 IPv4 Internet 协议族而言，每种协议都有对应的处理方法。例如对于 UDP 协议，是通过 inet_dgram_ops 来定义的，其中注册了 inet_recvmsg 方法。

```
//file: net/ipv4/af_inet.c
// inet_dgram_ops 的 const 结构体，是基于 IPv4 的数据报协议的操作函数集合
const struct proto_ops inet_dgram_ops = {
    ...
    .recvmsg          = inet_recvmsg,         // 接收消息的函数
    .mmap             = sock_no_mmap,         // Socket 的内存映射函数（不支持）
};
```

对于 struct socket，struct sock *sk 数据结构其中的 sk_prot 定义了二级处理函数。对于 UDP 协议，会被设置为 UDP 协议实现的方法集 udp_prot。

```
//file:include/net/sock.h
struct sock {
#define sk_prot        __sk_common.skc_prot
}

struct proto udp_prot = {
    .name        = "UDP",
    .connect     = ip4_datagram_connect,
```

```
.recvmsg       = udp_recvmsg,
}
```

在 5.4.2 小节，了解到 recvfrom 系统调用，最终调用 sock->ops->recvmsg 指针函数完成实际的接收消息的操作。本章介绍了 socket 的数据结构，基本了解了 recvmsg 可能最终调用的函数是 udp_recvmsg。我们现在需要验证，只要我们找到 sock->ops->recvmsg 指针函数初始化的内容，就可以完成 recfrom 系统调用的逻辑，也就是完成网络消息接收最终归途。

5.4.4　socket 创建

为了找到 sock->ops->recvmsg 指针函数的初始化内容，需要查看 socket 的创建过程。创建 UDP socket 的代码如下。

```
// 创建 socket
server_socket = socket(AF_INET, SOCK_DGRAM, 0);

// socket 系统调用（内核态）
SYSCALL_DEFINE3(socket, int, family, int, type, int, protocol)
{
    return __sys_socket(family, type, protocol);
}
```

该系统调用的主要逻辑封装在 __sys_socket 函数中。

```
int __sys_socket(int family, int type, int protocol)
{
    struct socket *sock;
    int flags;

    // 创建 socket 对象，根据给定的协议族、类型和协议创建一个新的 socket 对象
    sock = __sys_socket_create(family, type, protocol);

    // 检查是否发生了错误，如果返回值为错误指针，则直接返回错误码
    if (IS_ERR(sock))
        return PTR_ERR(sock);

    // 获取 socket 类型中的附加标志（除去类型信息，只保留附加标志部分）
    flags = type & ~SOCK_TYPE_MASK;

    // 如果 socket 类型中包含 SOCK_NONBLOCK 标志且不等于 O_NONBLOCK
    // 则将其转换为 O_NONBLOCK 标志，用于设置 Socket 为非阻塞模式
    if (SOCK_NONBLOCK != O_NONBLOCK && (flags & SOCK_NONBLOCK))
        flags = (flags & ~SOCK_NONBLOCK) | O_NONBLOCK;

    // 将 socket 对象映射到文件描述符，并应用标志（O_CLOEXEC 和 O_NONBLOCK）
    // 将 socket 对象绑定到一个新的文件描述符，并根据 flags 参数设置文件描述符的属性
    // 返回新的文件描述符，以供应用程序使用
```

```
    return sock_map_fd(sock, flags & (O_CLOEXEC | O_NONBLOCK));
}

static struct socket *__sys_socket_create(int family, int type, int protocol)
{
    struct socket *sock;
    int retval;

    // 检查编译期间 SOCK_CLOEXEC 和 O_CLOEXEC 的值是否相等。如果不相等，触发一个编译期间的错误
    // 这是一种在编译期间进行常量检查的技巧，用于确保两个常量相等
    BUILD_BUG_ON(SOCK_CLOEXEC != O_CLOEXEC);

    // 检查编译期间 SOCK_MAX 和 SOCK_TYPE_MASK 的值是否按位或运算后等于 SOCK_TYPE_MASK。如果不
等于，触发一个编译期间的错误
    // 这是一种在编译期间进行常量检查的技巧，用于确保按位或运算后的结果符合预期
    BUILD_BUG_ON((SOCK_MAX | SOCK_TYPE_MASK) != SOCK_TYPE_MASK);

    // 检查编译期间 SOCK_CLOEXEC 和 SOCK_TYPE_MASK 的值进行按位与运算后是否为零。如果不为零，触
发一个编译期间的错误
    // 这是一种在编译期间进行常量检查的技巧，用于确保按位与运算后的结果符合预期
    BUILD_BUG_ON(SOCK_CLOEXEC & SOCK_TYPE_MASK);

    // 检查编译期间 SOCK_NONBLOCK 和 SOCK_TYPE_MASK 的值进行按位与运算后是否为零。如果不为零，
触发一个编译期间的错误
    // 这是一种在编译期间进行常量检查的技巧，用于确保按位与运算后的结果符合预期
    BUILD_BUG_ON(SOCK_NONBLOCK & SOCK_TYPE_MASK);

    // 检查 socket 类型和标志是否有效。如果 socket 类型和标志中有无效的位，则返回错误指针 -EINVAL
    if ((type & ~SOCK_TYPE_MASK) & ~(SOCK_CLOEXEC | SOCK_NONBLOCK))
        return ERR_PTR(-EINVAL);

    // 将 socket 类型中的附加标志位清除，只保留 socket 类型部分
    type &= SOCK_TYPE_MASK;

    // 调用 sock_create 函数创建一个 socket 对象，并将其保存在 sock 变量中
    // sock_create 函数用于根据给定的协议族、类型和协议创建一个新的 socket 对象
    retval = sock_create(family, type, protocol, &sock);

    // 检查创建 Socket 对象的结果是否成功，如果返回值小于 0，则说明创建失败，返回相应的错误指针
    if (retval < 0)
        return ERR_PTR(retval);

    // 创建成功，返回 socket 对象的指针
    return sock;
}
```

跟踪 __sys_socket 函数，发现其最终调用 __sys_socket_create。在 __sys_socket_create 中调用 sock_create 函数根据给定的协议族、类型和协议创建一个新的 socket 对象。

```
//file net/socket.c
int sock_create(int family, int type, int protocol, struct socket **res)
{
    return __sock_create(current->nsproxy->net_ns, family, type, protocol, res, 0);
}

int __sock_create(struct net *net, int family, int type, int protocol,
            struct socket **res, int kern)
{
    ....
    const struct net_proto_family *pf;
    pf = rcu_dereference(net_families[family]);
    // 调用协议族的 create 函数，用于创建对应的协议 Socket，并进行相应的初始化
    err = pf->create(net, sock, protocol, kern);
}
```

family：socket 的协议族，指定了 socket 的地址格式和通信协议。例如，PF_INET 表示 IPv4，PF_INET6 表示 IPv6。

__sock_create 函数通过调用协议族的 create 函数进行协议族特定 socket 对象的创建，对于 IPv4 Internet 协议族而言，create 函数指针指向 inet_create 函数。

```
//file net/ipv4/af_inet.c
static const struct net_proto_family inet_family_ops = {
    .family = PF_INET,
    .create = inet_create,
    .owner  = THIS_MODULE,
};

static int inet_create(struct net *net, struct socket *sock, int protocol, int kern)
{
    // 在 socket 通信中，通过查找 inet_protosw 数组来确定具体的协议处理方式
    // 根据给定的 Socket 类型和协议，查找对应的 inet_protosw 结构体
lookup_protocol:
    err = -ESOCKTNOSUPPORT;
    rcu_read_lock();
    list_for_each_entry_rcu(answer, &inetsw[sock->type], list) {

        err = 0;
        // 检查非通配符匹配
        if (protocol == answer->protocol) {
            if (protocol != IPPROTO_IP)
                break;
        } else {
            // 检查两种通配符情况
            if (IPPROTO_IP == protocol) {
                protocol = answer->protocol;
                break;
            }
```

```
        if (IPPROTO_IP == answer->protocol)
            break;
    }
    err = -EPROTONOSUPPORT;
}

// 设置 socket 操作对象为找到的 inet_protosw 的 ops 成员
sock->ops = answer->ops;
answer_prot = answer->prot;
}
```

我们还需要找到 inetsw 链表数组初始化内容，才能最终确定 sock->ops 的初始化和对应的函数指针。

```
//file net/ipv4/af_inet.c

static struct list_head inetsw[SOCK_MAX];

static struct inet_protosw inetsw_array[] =
{
    {
        .type =      SOCK_STREAM,
        .protocol =  IPPROTO_TCP,
        .prot =      &tcp_prot,
        .ops =       &inet_stream_ops,
        .no_check =  0,
        .flags =     INET_PROTOSW_PERMANENT |
                 INET_PROTOSW_ICSK,
    },

    {
        .type =      SOCK_DGRAM,
        .protocol =  IPPROTO_UDP,
        .prot =      &udp_prot,
        .ops =       &inet_dgram_ops,
        .no_check =  UDP_CSUM_DEFAULT,
        .flags =     INET_PROTOSW_PERMANENT,
    },


    {
        .type =      SOCK_RAW,
        .protocol =  IPPROTO_IP,    /* wild card */
        .prot =      &raw_prot,
        .ops =       &inet_sockraw_ops,
        .no_check =  UDP_CSUM_DEFAULT,
```

```
                .flags =      INET_PROTOSW_REUSE,
        }
};
```

inet_init 函数遍历所有协议，循环调用 inet_register_protosw 函数，将 inetsw_array 数组中的各个协议操作注册到 inetsw 链表数组中，便于 inet_create 函数根据具体协议类型创建套接字。详细初始化过程参见 5.2.9 小节。这里我们只关注 inetsw 链表数组初始化。

```
//file net/ipv4/af_inet.c

static int __init inet_init(void)
{
    for (q = inetsw_array; q < &inetsw_array[INETSW_ARRAY_LEN]; ++q)
        inet_register_protosw(q);
}

// 用于注册新的网络协议族，结构体 inet_protosw 包含协议族的相关信息，如协议类型、套接字类型等
// 这个函数将新的协议族添加到全局的协议族链表中
void inet_register_protosw(struct inet_protosw *p)
{

    // 用于寻找是否已经存在相同的协议类型和套接字类型的协议族
    // 如果存在且为永久协议族（INET_PROTOSW_PERMANENT 标志被设置），则不允许覆盖，跳转到标签
out_permanent
    // 如果找到相同协议类型但不是永久协议族，则在 last_perm 记录最后一个永久协议族的位置
    // 以便在添加新的协议族时保证新协议族不会覆盖已存在的永久协议族
    answer = NULL;
    last_perm = &inetsw[p->type];
    list_for_each(lh, &inetsw[p->type]) {
        answer = list_entry(lh, struct inet_protosw, list);

        // 只检查非通配符（wild-card）匹配的协议
        if (INET_PROTOSW_PERMANENT & answer->flags) {
            if (protocol == answer->protocol)
                break;
            last_perm = lh;
        }

        answer = NULL;
    }
}
```

将 socket 创建过程和 socket 数据结构体组合在一起，如图 5.11 所示。

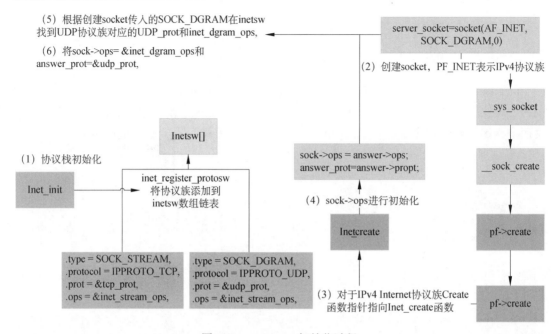

（5）根据创建socket传入的SOCK_DGRAM在inetsw 找到UDP协议族对应的UDP_prot和inet_dgram_ops，

（6）将sock->ops= &inet_dgram_ops和 answer_prot=&udp_prot，

图 5.11　sock->ops 初始化过程

```
//file: net/ipv4/af_inet.c
// inet_dgram_ops 的 const 结构体，是基于 IPv4 的数据报协议的操作函数集合
const struct proto_ops inet_dgram_ops = {
    ...
    .recvmsg        = inet_recvmsg,        // 接收消息的函数
    .mmap           = sock_no_mmap,        // socket 的内存映射函数（不支持）
};
```

结合 inet_dgram_ops 结构体，可以最终确认 sock->ops->recvmsg 函数指针为 inet_recvmsg。

```
//file: net/ipv4/af_inet.c

int inet_recvmsg(struct kiocb *iocb, struct socket *sock, struct msghdr *msg,
        size_t size, int flags)
{
    // 该函数用于处理网络套接字的接收消息操作。它调用了协议相关的 recvmsg 函数来实际处理消息的接收

    struct sock *sk = sock->sk;
    int addr_len = 0;
    int err;

    // 记录 RPS（Receive Packet Steering）的流，以提高网络处理性能
    // RPS 允许内核将网络数据包分发到多个 CPU 核心上进行处理，从而提高并行处理能力
    sock_rps_record_flow(sk);
```

```
// 调用协议相关的 recvmsg 函数来处理消息接收操作
// iocb: 异步 I/O 控制块
// sk: 套接字对应的 socket 对象
// msg: 接收消息的缓冲区
// size: 缓冲区的大小
// flags: 接收消息的选项
// flags & MSG_DONTWAIT: 用于设置 MSG_DONTWAIT 标志，表示非阻塞接收
// flags & ~MSG_DONTWAIT: 清除 MSG_DONTWAIT 标志，表示阻塞接收
// addr_len: 用于接收返回的地址长度信息
err = sk->sk_prot->recvmsg(iocb, sk, msg, size, flags & MSG_DONTWAIT,
            flags & ~MSG_DONTWAIT, &addr_len);

// 如果接收消息操作成功，更新 msg 结构体中的地址长度信息
if (err >= 0)
    msg->msg_namelen = addr_len;

// 返回接收消息操作的结果
return err;
}
EXPORT_SYMBOL(inet_recvmsg);
```

在 inet_recvmsg 中调用了 sk->sk_prot->recvmsg，通过图 5.11，可以最终确定，这个 sk_prot 就是 net/ipv4/udp.c 下的 struct proto udp_prot。由此，我们找到了 udp_recvmsg 函数。

```
//file: net/ipv4/udp.c

// 该函数用于处理 UDP 协议族套接字的接收消息操作
int udp_recvmsg(struct kiocb *iocb, struct sock *sk, struct msghdr *msg,
    size_t len, int noblock, int flags, int *addr_len)
{

try_again:
    // 尝试接收数据报文，返回一个指向 sk_buff 结构的指针
    skb = __skb_recv_datagram(sk, flags | (noblock ? MSG_DONTWAIT : 0),
                    &peeked, &err);
}
```

在函数内部，我们将看到网络数据最终接收报文的函数是 __skb_recv_datagram。

```
//file: net/code/datagram.c

// 该函数从接收队列中获取一个数据包（skb）用于数据报文接收
struct sk_buff *__skb_recv_datagram(struct sock *sk, unsigned flags,
            int *peeked, int *err)
{

    struct sk_buff *skb;
    long timeo;
    /*
     * Caller is allowed not to check sk->sk_err before skb_recv_datagram()
```

```
    */
    int error = sock_error(sk);

// 如果套接字存在错误，直接跳转到 no_packet 标签，将错误码返回
if (error)
    goto no_packet;

// 获取套接字接收超时时间
timeo = sock_rcvtimeo(sk, flags & MSG_DONTWAIT);

// 循环尝试从接收队列中获取数据包
do {
    /* Again only user level code calls this function, so nothing
     * interrupt level will suddenly eat the receive_queue.
     *
     * Look at current nfs client by the way...
     * However, this function was correct in any case. 8)
     */
    unsigned long cpu_flags;

    // 获取接收队列锁，并查看队列头部的数据包（peek）
    spin_lock_irqsave(&sk->sk_receive_queue.lock, cpu_flags);
    skb = skb_peek(&sk->sk_receive_queue);

    // 如果队列不为空，表示有数据包可用
    if (skb) {
        *peeked = skb->peeked;
        // 如果设置了 MSG_PEEK 标志，表示只是查看数据包但不移除，将 peeked 标志设置为 1，并增
加引用计数

        if (flags & MSG_PEEK) {
            skb->peeked = 1;
            atomic_inc(&skb->users);
        } else
            // 否则，从队列中移除数据包
            __skb_unlink(skb, &sk->sk_receive_queue);
    }
    spin_unlock_irqrestore(&sk->sk_receive_queue.lock, cpu_flags);

    // 如果获取数据包，直接返回
    if (skb)
        return skb;

    // User doesn't want to wait, 如果用户不想等待数据包，设置错误码为 -EAGAIN。
    error = -EAGAIN;
    // 如果超时时间为 0，直接跳转到 no_packet 标签，将错误码返回
    if (!timeo)
        goto no_packet;
```

```
    // 循环尝试接收数据包，直到成功或超时。
    } while (!wait_for_packet(sk, err, &timeo));

    return NULL;

no_packet:
    // 没有数据包可用，将错误码返回。
    *err = error;
    return NULL;
}
```

recvfrom 函数系统调用的读取过程，实际上是访问 sk->sk_receive_queue。如果队列中有数据，并且用户允许等待，则会调用 wait_for_packets()执行等待操作，这会让用户进程进入睡眠状态。

5.5　小　　结

在 Linux 操作系统中，最复杂的模块就是网络模块。只是介绍一下 Linux 操作系统网络收包细节，如图 5.12 所示，就涉及到网卡驱动、网络子系统，协议栈、内核 ksoftirqd 线程等内核组件之间直接的交互。

本章要点总结如下。

- ☑　介绍了 Linux 网络收包的总体流程。
- ☑　讨论了 Linux 进行网络收包所需的初始化操作。
- ☑　Linux 进行网络收包的存储、硬中断、软中断以及各个网络协议层分包的处理过程如下。

（1）网卡将数据帧通过 DMA 传到内存的 RingBuffer 中，然后向 CPU 发起中断通知。

（2）CPU 响应中断请求，调用网卡启动时注册的中断处理函数。

（3）中断处理函数发起软中断请求。

（4）内核 ksoftirqd 线程检测有软中断请求到来，首先关闭硬中断。

（5）ksoftirqd 线程开始调用驱动的 poll 函数收包。

（6）poll 函数将收到的包送入协议栈注册的 ip_rcv 函数中。

（7）ip_rcv 函数再将包送入 udp_rcv 函数（对于 TCP 包就送入 tcp_rcv）。

- ☑　网络消息最终归途是通过 recvfrom 函数进行系统调用，将网络消息传递到用户进程。

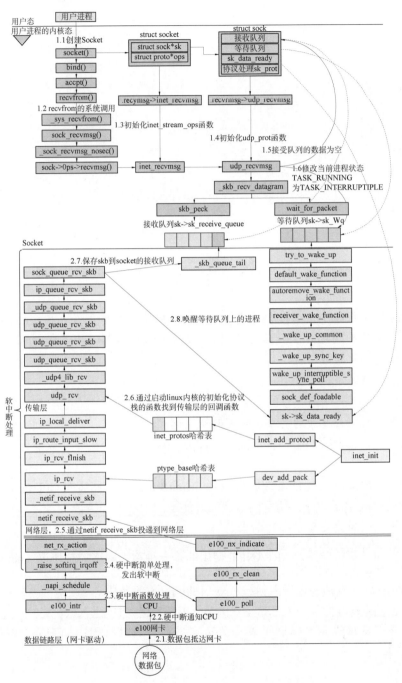

图 5.12　混沌知织树——Linux 接收网络数据包

第 6 章
应用层协议原理

互联网中有很多应用，如访问网站、域名解析、发送/接收电子邮件、文件传输等。每一种应用都需要明确定义客户端程序能够向服务器端程序发送哪些请求、服务器端程序能够向客户端程序返回哪些响应、客户端程序向服务器端程序发送请求（命令）的顺序、出现意外后如何处理、发送请求和响应的报文有哪些字段、每个字段的长度，以及每个字段的值代表的含义。这就是应用程序通信使用的协议，我们称这些类协议为应用层协议。

本章要点

☑ HTTP 协议及完整的 HTTP 请求解析。

☑ 扫码支付使用的 HTTPS 协议和非对称加密算法。

☑ 直播使用的流媒体协议。

6.1　HTTP 协议

超文本传递协议（hypertext transfer protocol，HTTP）是一种用于在网络上传输超文本的应用层协议。它的前身可以追溯到 20 世纪 60 年代和 70 年代早期，当时互联网还处于发展初期。

ARPANET：20 世纪 60 年代末，美国国防部高级研究计划署（ARPA）创建了一个名为 ARPANET 的计算机网络。ARPANET 使用的是一种称为网络控制协议（network control protocol，NCP）的协议，这可以看作 HTTP 的前身之一。

万维网的诞生：1989 年，蒂姆·伯纳斯-李（Tim Berners-Lee）在瑞士日内瓦的欧洲核子研究中心（CERN）发明了万维网（World Wide Web，Web，www），并创建了第一个 Web 浏览器和服务器。这个早期的 Web 系统使用的是一种简单的协议，用于在客户端和服务器之间传输文本和链接。这种协议最终演化成了 HTTP。

HTTP/0.9：1991 年，蒂姆·伯纳斯-李发布了最早的 HTTP 版本，称为 HTTP/0.9。这个版本非常简单，只支持获取纯文本内容，没有正式的协议规范。

HTTP/1.0：1996 年，HTTP/1.0 版本发布。它引入了多媒体内容的传输、状态码、请求方法（GET、POST 等）以及 HTTP 头部字段。HTTP/1.0 版本的主要特点是每个请求/响应都需要建立一个新的 TCP 连接。

HTTP/1.1：1999 年，HTTP/1.1 版本发布。它是当前最广泛使用的 HTTP 版本。HTTP/1.1 引入了持久连接（keep-alive）机制，支持在单个 TCP 连接上发送多个请求和响应，减少了连接建立和关闭的开销。此外，它还引入了管道化（pipeline）机制，支持客户端发送多个请求而无需等待响应。

HTTP/2：2015 年，HTTP/2 版本发布，旨在提高性能和效率。HTTP/2 采用了二进制协议，引入了多路复用（multiplexing）机制，支持并发发送多个请求和响应，减少了延迟。它还支持头部压缩，减少了数据传输的大小。

HTTP/3：2020 年发布，基于 UDP 协议，并使用 QUIC（quick UDP internet connections）作为传输层协议。HTTP/3 通过提供更低的延迟和更好的性能，解决了 TCP 协议上存在的一些性能问题，提供了更可靠的连接。

HTTP 协议几乎是每个人上网使用的第一个协议，同时也是很容易被忽视的协议。

一次 HTTP 请求的完整流程，即当我们在浏览器地址栏输入 http://github.com/NickleHuang 时，究竟发生了什么？

6.1.1　DNS 解析

http://github.com/NickleHuang 是一个 URL（统一资源定位符），输入 URL 后，先进行域名 DNS（domain name system）解析。DNS 解析是将域名转换为 IP 地址的过程。它支持使用易记的域名来访问互联网上的资源，而无须记住复杂的 IP 地址。

DNS 解析的过程如下。

（1）搜索浏览器自身的 DNS 缓存（缓存时间比较短，大概只有 1min，且只能容纳 1000 条缓存）。

（2）如果浏览器自身的缓存里没有找到，那么浏览器会搜索系统自身的 DNS 缓存。

（3）如果还没有找到，那么尝试从 hosts 文件中查找。

（4）在前面三个过程都没有获取到的情况下，浏览器将发起一个 DNS 系统调用，向本地配置的首选 DNS 服务器（一般是电信运营商提供的，也可以使用像 Google 提供的 DNS 服务器）发起域名解析请求（通过 UDP 协议向 DNS 的 53 端口发起请求，这个请求是递归的请求，也就是运营商的 DNS 服务器必须提供该域名的 IP 地址）。

DNS 具体过程如图 6.1 所示。

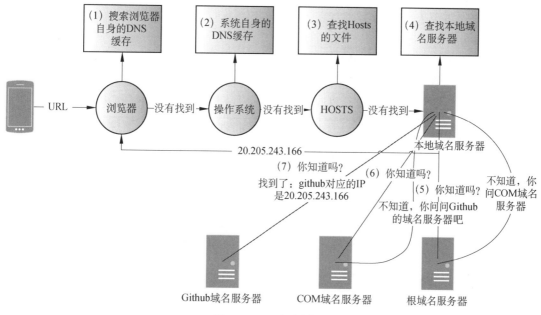

图 6.1　DNS 解析过程

用户在浏览器输入 URL：github.com，通过 DNS 解析获取 github 对应的服务器 IP20.205.243.166。那么接下来就是发送 HTTP 请求了吗？

由于 HTTP 是基于 TCP 协议的，需要先建立 TCP 连接，TCP 如何建立连接呢？可以参见 4.2.2 节。通过三次握手建立 TCP 连接，这样客户端就连接到 Web 服务器了。

目前使用的 HTTP 协议大部分都是 1.1 版本。在 1.1 的协议中，默认开启了 Keep-Alive 功能，这样建立的 TCP 连接可以在多次请求中复用。

6.1.2　发送 HTTP 请求

TCP 连接建立后，浏览器将发送 HTTP 请求。

1. HTTP 请求报文格式

请求的报文格式如图 6.2 所示。

第一部分：开始行

URL：http://github.com。

版本：HTTP1.1。

方法：有几种类型包括 GET、POST、HEAD、PUT、DELETE、TRACE、CONNECT、OPTIONS。

最后的"CR"和"LF"分别代表"回车"和"换行"。

第二部分：首部行

首部行用于说明浏览器、Web 服务器或报文主体的一些信息。首部可以包含多行，也可以不使用。在每一个首部行中都包含首部字段名和字段值，每一行在结束的位置都必须使用"回车换行"。整个首部行结束时，还需使用一行空行将首部行和后面的实体主体分开。

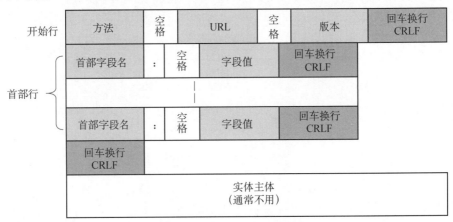

图 6.2　请求报文格式

首部行示例说明如下。

（1）Accept-Charset：UTF-8，表示客户端可以接收的字符集。防止传过来的是另外的字符集，从而导致出现乱码。

（2）Content-Type：JSON，指明正文的格式。在进行 POST 请求时，如果正文是 JSON，那么就将这个值设置为 JSON。

第三部分：实体主体

在请求报文中，一般不使用这个字段，在响应报文中，也可能没有这个字段。

2. HTTP 请求的发送

按照 HTTP 请求报文格式构建好报文，TCP 层会将请求转换为二进制流，并将其分割为一个个小的报文段发送给服务器。但是 HTTP 层并不需要知道这一点，因为是 TCP 层在完成这些工作。

6.1.3　HTTP 请求的响应

响应报文格式如图 6.3 所示。

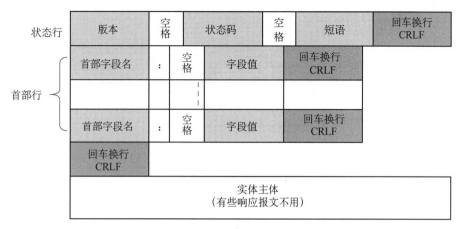

图 6.3　响应报文格式

第一部分：状态行

版本：HTTP1.1。

状态码：反映了 HTTP 请求的结果。常见的状态码如下。

（1）200（OK）是最常见的成功状态码，表示一切正常。

（2）404（not found）表示请求的资源在服务器上不存在或未找到，所以无法提供给客户端。

（3）405（method not allowed）表示某个请求针对的资源不支持对应的请求方法。

（5）500（Internal Server Error）表示服务器发生了错误。

（6）501（not implemented）表示 Web 服务器不认识或者不支持对应的请求方法。

（6）短语：解释状态码。

第二部分：首部行

首部的 key：value 如下。

（1）Content-Type 表示返回内容的类型，如 HTML 或 JSON。

（2）Retry-After 告诉客户端应该在多长时间后再次尝试。

（3）Content-Length: 1000 表示本次服务器响应的数据长度是 1000 字节。

6.1.4　浏览器解析

浏览器获取 index.html 文件后，将解析其中的 HTML 代码，遇到 js/css/image 等静态资源时，会向服务器端请求下载（使用多线程下载，不同浏览器的线程数可能不同），这时需要使用 keep-alive 特性，建立一次 HTTP 连接，可以请求多个资源。下载资源的顺序通常按照代码里的顺序进行，但是由于每个资源大小不同，而浏览器又是多线程请求资源，因此，最终显示的顺序可能与代码中的顺序不同，如图 6.4 所示。

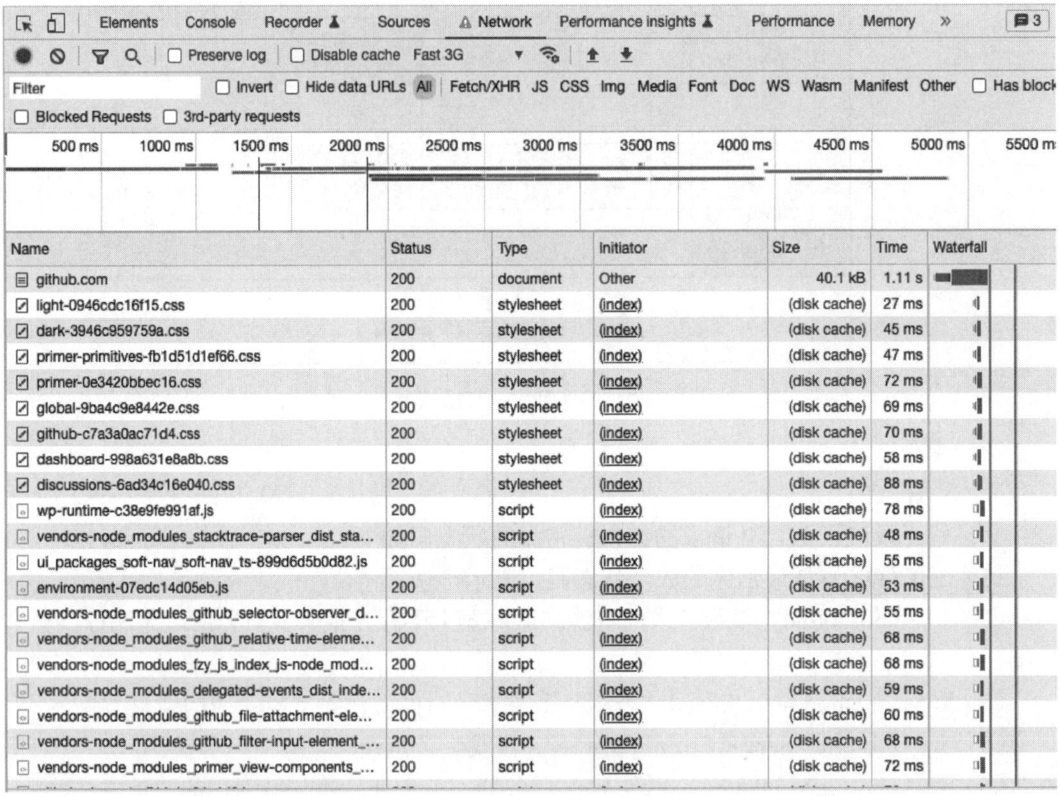
Elements
Console
Recorder
Sources
Network
Performance insights
Performance
Memory
3
Preserve log
Disable cache
Fast 3G
Filter
Invert
Hide data URLs
All
Fetch/XHR
JS
CSS
Img
Media
Font
Doc
WS
Wasm
Manifest
Other
Has block
Blocked Requests
3rd-party requests
500 ms
1000 ms
1500 ms
2000 ms
2500 ms
3000 ms
3500 ms
4000 ms
4500 ms
5000 ms
Name
Status
Type
Initiator
Size
Time
Waterfall
github.com 200 document Other 40.1 kB 1.11 s
light-0946cdc16f15.css 200 stylesheet (index) (disk cache) 27 ms
dark-3946c959759a.css 200 stylesheet (index) (disk cache) 45 ms
primer-primitives-fb1d51d1ef66.css 200 stylesheet (index) (disk cache) 47 ms
primer-0e3420bbec16.css 200 stylesheet (index) (disk cache) 72 ms
global-9ba4c9e8442e.css 200 stylesheet (index) (disk cache) 69 ms
github-c7a3a0ac71d4.css 200 stylesheet (index) (disk cache) 70 ms
dashboard-998a631e8a8b.css 200 stylesheet (index) (disk cache) 58 ms
discussions-6ad34c16e040.css 200 stylesheet (index) (disk cache) 88 ms
wp-runtime-c38e9fe991af.js 200 script (index) (disk cache) 78 ms
vendors-node_modules_stacktrace-parser_dist_sta... 200 script (index) (disk cache) 48 ms
ui_packages_soft-nav_soft-nav_ts-899d6d5b0d82.js 200 script (index) (disk cache) 55 ms
environment-07edc14d05eb.js 200 script (index) (disk cache) 53 ms
vendors-node_modules_github_selector-observer_d... 200 script (index) (disk cache) 55 ms
vendors-node_modules_github_relative-time-eleme... 200 script (index) (disk cache) 68 ms
vendors-node_modules_fzy_js_index_js-node_mod... 200 script (index) (disk cache) 68 ms
vendors-node_modules_delegated-events_dist_inde... 200 script (index) (disk cache) 59 ms
vendors-node_modules_github_file-attachment-ele... 200 script (index) (disk cache) 60 ms
vendors-node_modules_github_filter-input-element_... 200 script (index) (disk cache) 68 ms
vendors-node_modules_primer_view-components_... 200 script (index) (disk cache) 72 ms

图 6.4 浏览器解析

6.1.5 浏览器进行页面渲染

浏览器进行页面渲染的步骤如下。

（1）HTML 解析：浏览器收到服务器返回的 HTML 文档后，开始进行 HTML 解析。解析器将 HTML 文档按照标签的层次结构进行解析，并构建文档对象模型（document object model，DOM）树，表示文档的结构。

（2）CSS 解析和样式计算：浏览器解析 HTML 文档时，同时解析 CSS 样式表。解析器将 CSS 样式表中的样式规则解析为浏览器可以理解的内部表示形式，并计算每个元素应用的最终样式。这个过程称为样式计算。

（3）构建渲染树：样式计算完成后，浏览器将 DOM 树和样式计算得到的样式信息结合起来，构建渲染树（render tree）。渲染树只包含需要显示的元素和其对应的样式信息，它是将 DOM 树和 CSS 样式关联起来的结果。

（4）布局（layout）：构建渲染树后，浏览器需要计算每个元素在页面中的位置和大小。这个过程称为布局或重排（reflow）。浏览器根据渲染树的结构和样式信息，计算每个元素在屏幕上的准确位置和尺寸。

（5）绘制（painting）：布局完成后，浏览器将渲染树中的元素绘制到屏幕上。这个过程称为绘制或重绘（repaint）。浏览器按照渲染树的顺序遍历每个元素，并将其绘制到屏幕上的对应位置。

（6）合成与显示：绘制完成后，浏览器将绘制好的图像交给操作系统或硬件进行合成和显示。操作系统或硬件将最终的图像显示在屏幕上，用户可以看到渲染后的页面。

需要注意的是，虽然上述步骤是按顺序进行的，但在实际过程中，浏览器会尽可能地进行优化，以提高页面渲染的性能和效率。例如，浏览器可能使用异步加载、缓存和预解析等技术来加速页面渲染过程。

6.1.6　一次完整的 HTTP 请求小结

一次完整的 HTTP 请求流程包括以下步骤。

（1）解析 URL：浏览器收到用户输入的统一资源定位系统（uniform resource locator，URL），首先需要解析 URL 的各个部分，包括协议（如 HTTP）、主机名（如 www.example.com）、端口号（默认为 80）、路径等。

（2）建立 TCP 连接：浏览器使用 URL 中的主机名和端口号与服务器建立 TCP 连接。如果指定了 HTTPS 协议，则先进行安全握手（SSL/TLS）以建立加密的安全连接。

（3）发起 HTTP 请求：一旦 TCP 连接建立，浏览器向服务器发送 HTTP 请求。请求包括请求方法（如 GET、POST）、URL 路径、HTTP 版本号、请求头部（包含请求的附加信息，如 User-Agent、Accept 等）以及请求体（适用于 POST 请求，包含要传输的数据）。

（4）服务器处理请求：服务器收到 HTTP 请求后，进行相应的处理。处理的具体过程根据请求的内容和服务器的配置有所不同，可能包括验证身份、处理业务逻辑、查询数据库等。

（5）服务器发送响应：服务器处理完请求后，生成 HTTP 响应。响应包括 HTTP 版本号、状态码（表示请求的处理结果，如 200 表示成功、404 表示未找到等）、响应头部（包含响应的附加信息，如 Content-Type、Content-Length 等）以及响应体（包含要返回的数据）。

（6）接收和处理响应：浏览器收到服务器的 HTTP 响应后，根据状态码判断请求的结果。然后，浏览器解析响应的头部和响应体，并根据内容类型进行相应的处理。如果是 HTML 页面，则渲染页面并显示。

（7）断开 TCP 连接：一旦响应处理完毕，浏览器断开与服务器的 TCP 连接，释放资源。如果页面中包含其他资源（如图片、样式表、JavaScript 文件等），则继续发送 HTTP 请求获取这些资源，并重复以上流程。

6.2 扫码支付背后那些事

在便利店购买了一瓶肥宅快乐水（即可乐），最后结账时，使用支付宝/微信支付付款，如图 6.5 所示。

（1）用户出示付款码 　　　（2）商家扫码　　　（3）支付结果页

图 6.5　付款码支付

或者商家提供收款二维码，由用户通过支付宝扫码进行支付，从而实现收款，如图 6.6 所示。

（1）用户扫商家二维码　　　（2）选择支付工具　　　（3）输入支付密码　　　（4）支付成功

图 6.6　扫码支付

6.2.1　扫码支付的工作流程

付款码支付的后台调用流程如图 6.7 所示。

6.2.2　扫码支付如何保证交易安全

支付宝为了保证交易安全采取了一系列安全手段，主要采用了以下安全设计策略。

（1）采用 HTTPS 协议传输交易数据，防止数据被截获、解密。

（2）采用 RSA/RSA2 非对称密钥技术，明确交易双方的身份，保证交易主体的正确性和唯一性。

（3）付款码定时刷新，防止被拍照。

（4）防止截屏（截屏后二维码失效）。

接下来，我们将对扫码支付使用的 HTTPS 协议和非对称加密算法进行详细说明。

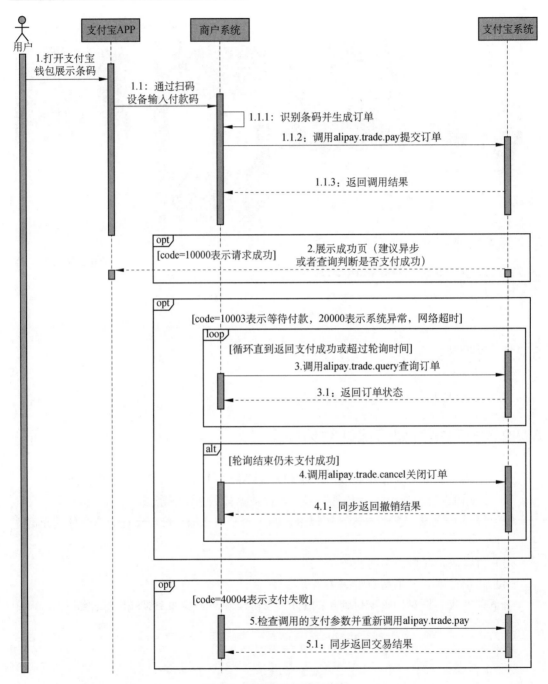

图 6.7　付款码支付详细流程

6.2.3　HTTPS 协议

HTTP 协议以明文传输数据，所以安全上存在以下三个风险。

（1）窃听风险，通过抓包软件，黑客在通信链路上可以获取通信内容。

（2）篡改风险，黑客提供植入代理工具的浏览器，用户使用该浏览器上网，浏览网页看到的内容，会被强制植入垃圾广告。

（3）冒充风险，例如浏览假淘宝网站，用户可能被诈骗。

1. HTTPS 如何解决 HTTP 的窃听风险

要解决窃听风险，一般的思路是对发送的数据报文进行加密，具体加密方式如下。

（1）对称加密：在对称加密算法中，加密和解密使用的密钥是相同的。因此对称加密算法要保证安全性的话，密钥要做好保密。只能让使用者知道，不能对外公开。常见的对称加密算法有 DES、3DES、Blowfish、IDEA、RC4、RC5、RC6 和 AES。对称加密流程如图 6.8 所示。

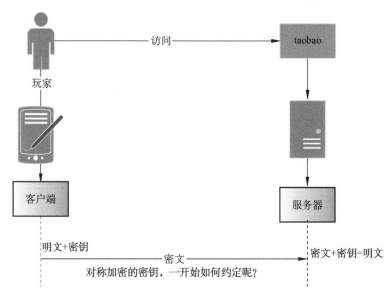

图 6.8　对称加密流程

（2）非对称加密：在非对称加密算法中，加密和解密使用的密钥是不相同的。公钥（public_key）加密的信息，只有对应的私钥（private_key）才能解密。私钥加密的信息，只有对应的公钥才能解密。常见的非对称加密算法有 RSA、ECC（常用于移动设备）、Diffie-Hellman、El Gamal、DSA（主要用于数字签名）。非对称加密流程如图 6.9 所示。

当玩家访问 taobao 的时候，不希望发送的消息被窃听，因此他们约定使用对称加密进行加密传输。但玩家和 taobao 怎么来约定这个密钥呢？如果这个密钥在互联网上传输，也是很有可能被截获的。密钥被截获了，发送的消息就有被窃听的风险。也许有人会说，玩家要访问 taobao 的时候，先约定好时间、地点，然后线下通过对口号的方式沟通密钥。这样密钥就不在互联网上传输。但是 taobao 网的用户按亿计算，玩家线下对接消耗的成本巨大，且无法实现所有的玩家进行线下约定密钥的行为。而且线下约定也有被篡改的风险，无法保证通信安全。所以只是通过对称加密无法解决密钥被截获的风险。

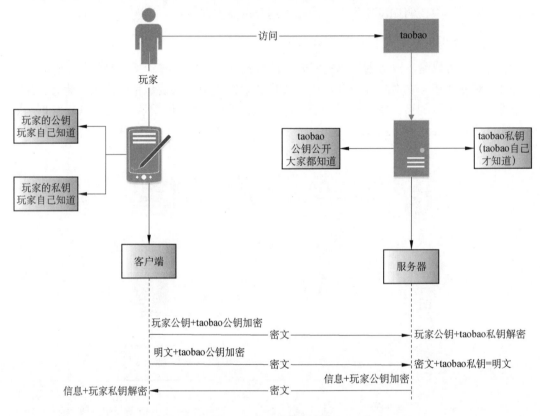

图 6.9　非对称加密流程

　　Taobao 拥有非对称加密的私钥，并不对外透露。这样就能保证这个密钥的私密性。而 taobao 的公钥刚可以在互联网上公平传播，你使用 taobao 的公钥对传输的信息加密，在网络上传输的密文，只有 taobao 的私钥才能解开。通过 taobao 的公钥对自己的公钥加密并发给 taobao，这时候 taobao 就有你的公钥了。

　　taobao 有了你的公钥，就可以用你的公钥给你发密文，这个密文只有你自己用私钥才能解开。

　　这个时候你们互相利用对方公钥加密明文进行传输，对方用自己的私钥解密。这样就可以保证传输安全了。

HTTPS 采用对称加密和非对称加密结合的混合加密方式。在通信建立前，采用非对称加密方式交换会话密钥，后续则不再使用非对称加密。在通信过程中，全部使用对称加密的会话密钥加密明文数据。采用混合加密方式的原因如下。

（1）对称加密只使用一个密钥，运算速度快，但密钥必须保密，无法做到安全的密钥交换。

（2）非对称加密使用两个密钥：公钥和私钥，公钥可以任意分发而私钥必须保密，解决了密钥交换问题但速度慢。

2. HTTPS 解决 HTTP 的篡改风险

在开发对外 API 接口时，如何验证客户端数据是否被篡改？一般是服务器要求客户端通过 MD5（传输内容+密钥）算出一个哈希值，一起传输过来。然后服务器采用同样的方式 MD5（传输内容+密钥）算出一个哈希值，对比这两个哈希值是否一致。如果一致表示没有被篡改。

哈希算法可以确保内容不会被篡改，但是并不能保证（内容+哈希值）不会被中间人替换，因为这里缺少对客户端收到的消息是否来源于服务端的证明。

为了避免这种情况，可以使用非对称加密算法来解决，非对称加密算法是双向加解密的，例如可以用公钥加密内容，然后用私钥解密，也可以用私钥加密内容，公钥解密内容。

由于非对称加密算法的私钥只有自己的服务器知道，如果我们用私钥来加密哈希值并发给服务器，服务器用我们的公钥解开获取对应的哈希值，就可以避免被中间人替换篡改的风险。

非对称加密算法加密流程不同，意味着目的也不相同。

（1）公钥加密，私钥解密。这个目的是保证内容传输的安全，因为被公钥加密的内容，其他人是无法解密的，只有持有私钥的人，才能解密实际的内容。

（2）私钥加密，公钥解密。这个目的是保证消息不被冒充，因为私钥是不可泄露的，如果公钥能正常解密私钥加密的内容，就能证明这个消息是来源于持有私钥的人。

3. HTTPS 解决 HTTP 站点被冒充的风险

前面的知识我们可以了解到：

（1）可以通过哈希算法来保证消息的完整性；

（2）可以通过数字签名来保证消息的来源可靠性（能确认消息是由持有私钥的一方发送的）。

作为一个普通网民，你怎么鉴别别人给你的公钥是正确的，会不会有人冒充 taobao 网站，发给你一个伪造的公钥呢？

我们平时如何证明自己是自己的呢？当然是通过身份证。那么通过数字证书的方式也能保证服务器公钥的身份，解决冒充的风险。

证书是怎么生成的呢？需要发起一个证书请求，然后将这个请求提交给一个权威机构去认证，这个权威机构称为 CA（certificate authority）。

数字证书包括（个人信息+公钥+数字签名+发布机构+有效期）。拿到数字证书后，首先去权威机构（公安局）验证其是否合法，因为数字证书里有 CA 签名，在验证证书合法性时，用自己的公钥解密，如果能解密成功，就说明这个数字证书是在 CA 注册过的，就认为该数字证书是合法的。

6.2.4 HTTPS 协议建立连接

前面介绍了 HTTPS 解决了 HTTPS 协议存在的 3 个风险，即 HTTPS 在 HTTP 与 TCP 层之间加入了 SSL/TLS 协议，如图 6.10 所示。

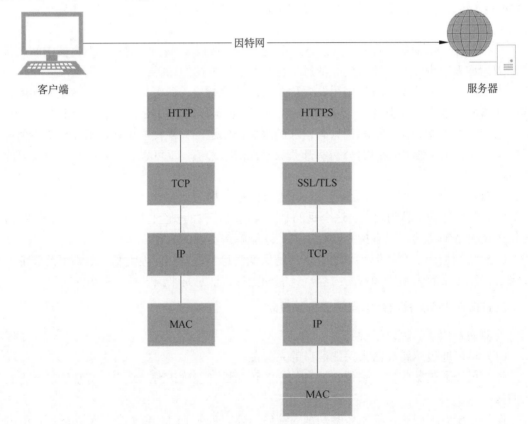

图 6.10 HTTP 和 HTTPS 协议

HTTPS 是如何建立连接的呢？连接期间交互了什么？

（1）HTTP 基于 TCP，TCP 连接的建立是通过三次握手完成的。

（2）HTTPS 是在 HTTP 和 TCP 之间添加了 SSL/TLS，其基本流程是客户端首先向服务器索要并验证服务器的公钥。然后双方协商生成「会话密钥」，最后双方采用「会话密钥」进行加密通信。

HTTPS 连接建立过程如图 6.11 所示。

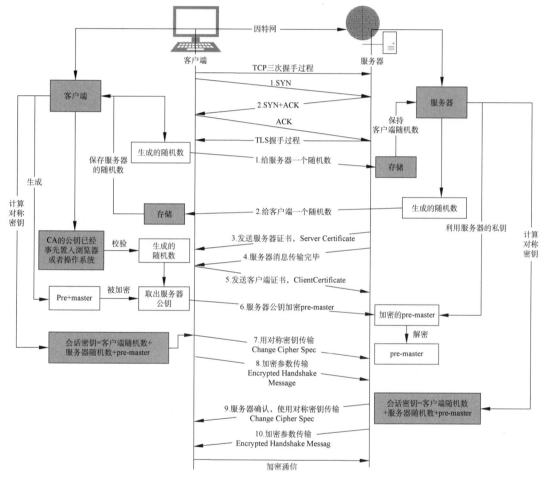

图 6.11　HTTPS 连接建立过程

TLS 协议建立的详细流程如下。

1. ClientHello

首先，由客户端向服务器发起加密通信请求，即 ClientHello 请求。客户端主要向服务器发送以下信息。

（1）客户端支持的 TLS 协议版本，如 TLS 1.2 版本。

（2）客户端生成的随机数（client random），是后面用于生成「会话密钥」的条件之一。

（3）客户端支持的密码套件列表，如 RSA 加密算法。

2. SeverHello

服务器收到客户端请求后，向客户端发出响应，即 SeverHello。服务器回应的内容如下。

（1）确认 TLS 协议版本，如果浏览器不支持，则关闭加密通信。

（2）服务器生成的随机数（server random），也是后面用于生成「会话密钥」的条件之一。

（3）确认的密码套件列表，如 RSA 加密算法。

（4）服务器的数字证书。

3. 客户端回应

客户端收到服务器回应后，首先使用浏览器或操作系统中的 CA 公钥确认服务器数字证书的真实性。如果证书没有问题，客户端从数字证书中提取服务器的公钥，然后使用它加密报文，向服务器发送以下信息。

（1）一个随机数（pre-master key），该随机数被服务器公钥加密。

（2）加密通信算法改变通知，表示随后的信息都将使用「会话密钥」加密通信。

（3）客户端握手结束通知，表示客户端的握手阶段已经结束。同时，这一项会对之前所有变换的数据进行摘要，供服务端校验。

随机数是整个握手阶段的第三个随机数，会发给服务端，所以这个随机数客户端和服务端都是一样的。

服务器和客户端有了这三个随机数（client random、server random、pre-master key），接着使用双方协商的加密算法，各自生成本次通信的「会话密钥」。

4. 服务器的最后回应

服务器收到客户端的第三个随机数（pre-master key）后，通过协商的加密算法计算本次通信的「会话密钥」。然后，向客户端发送最后的信息。

（1）加密通信算法改变通知，表示随后的信息都将用「会话密钥」加密通信。

（2）服务器握手结束通知，表示服务器的握手阶段已经结束。同时，这一项对之前所有交换的数据进行摘要，供客户端校验。

至此，整个 TLS 握手阶段全部结束。接下来，客户端与服务器进入加密通信，完全使用普通的 HTTP 协议，但会使用「会话密钥」加密内容。

6.3　直播使用的流媒体协议

很多人都喜欢看抖音直播或者选择直播带货进行购物。那么，一个直播系统有哪些组成部分，使用了什么协议呢？

6.3.1　直播的技术组成部分

直播的组成部分如图 6.12 所示（图片来自阿里云）。

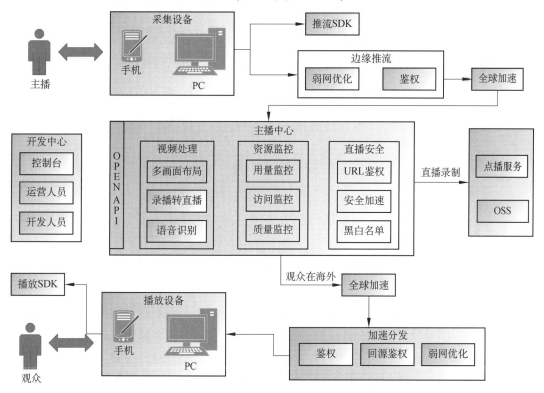

图 6.12　直播组成部分

6.3.2　直播的核心技术

将图 6.12 简化，只保留直播核心技术，如图 6.13 所示。

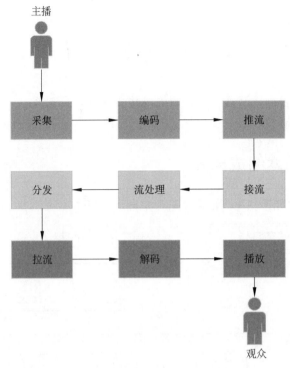

图 6.13　直播核心技术

1. 采集

采集是整个视频推流过程中的第一个环节，它从系统的采集设备中获取原始视频数据，将其输到下一个环节。视频采集涉及两方面数据的采集，分别是音频采集和图像采集，分别对应两种完全不同的输入源和数据格式。

2. 编码

直播视频实际上是快速播放一系列连续的图片。播放的一张图片称为一帧。例如 30 帧/s，即每秒播放 30 张图片，以人眼的敏感程度，是看不出这是一张张独立图片的。

每一张图片都是由像素组成的，假设分辨率为 1024*768（这个像素数并不高）。每个像素由 RGB 三原色组成，每个颜色通道 8 位，共 24 位。每秒钟的视频为 30 帧$\times$1024$\times$768$\times$24=566231040b=70778880B。如果一分钟呢？4246732800Bytes，已经达到 4GB 了。

这个数据量实在是太大，根本没办法存储和传输。如果这样存储，硬盘很快就满了；如果这样传输，那多少带宽也不够用。怎么办呢？人们想到了编码，即如何用尽量少的比特数保存视频，同时保持播放时画面看起来仍然很精美。编码是一个压缩过程。

为什么巨大的原始视频可以编码成很小的视频文件呢？核心思想是去除以下冗余信息。

（1）空间冗余：图像相邻像素之间有较强的相关性。

（2）时间冗余：视频序列的相邻图像之间内容相似。

（3）编码冗余：不同像素出现的概率不同。

（4）视觉冗余：人的视觉系统对某些细节不敏感。

（5）知识冗余：规律性的结构可由先验知识和背景知识得到。

3. 推流

对视频进行编码后，是否可以将这个编码格式直接在网上传到对端，开始直播了呢？实际上，还需要将这个二进制流打包成网络包进行发送，这里我们使用 RTMP 协议。

RTMP 协议基于 TCP，是一种用来进行实时数据通信的网络协议，主要用于在 Flash/AIR 平台和支持 RTMP 协议的流媒体/交互服务器之间进行音视频和数据通信。支持该协议的软件包括 Adobe Media Server/Ultrant Media Server/red5 等。

它有三种变种。

（1）RTMP 工作在 TCP 之上的明文协议，使用端口 1935。

（2）RTMPT 封装在 HTTP 请求之中，可穿越防火墙。

（3）RTMPS 类似 RTMPT，但使用的是 HTTPS 连接。

RTMP 是目前主流的流媒体传输协议，广泛用于直播领域，可以说市面上绝大多数直播产品都采用了这个协议。

RTMP 协议就像一个用来装数据包的容器，这些数据可以是 AMF 格式的数据，也可以是 FLV 格式中的音/视频数据。一个单一的连接可以通过不同的通道传输多路网络流，这些通道中的包都是按照固定大小传输的。

4. 拉流

拉流是指服务器已有直播内容，客户端根据协议类型（如 RTMP、RTP、RTSP、HTTP 等）与服务器建立连接并接收数据，进行拉取的过程。拉流的核心处理在播放器端的解码和渲染。在互动直播中还需集成聊天室、点赞和礼物系统等功能。观众的客户端通过 RTMP 拉流，对收到的由 NALU 组成的帧进行解码，然后交给播放器播放，一个绚丽多彩的视频画面就呈现出来了。

6.4 小　结

本章结构如图 6.14 所示。

本章要点总结如下。

☑　介绍了最常见却也最容易被我们忽视的 HTTP 协议。

- ☑ 基于扫码支付的安全性，介绍了 HTTPS 协议。
- ☑ 探讨了最流行的直播协议——流媒体协议。

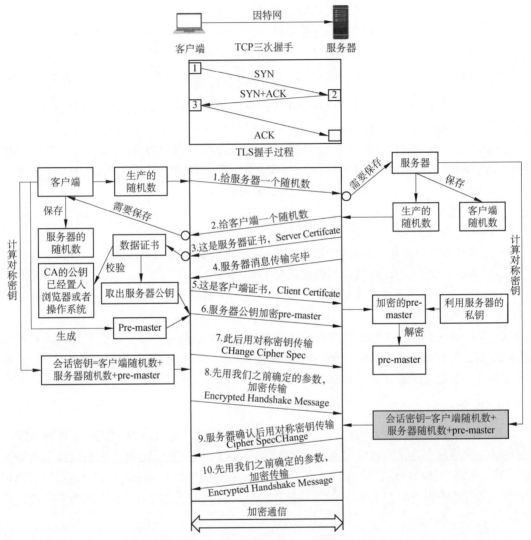

图 6.14 混沌知识树——HTTPS 协议整合传输层协议

第 7 章
Java Hello World 底层推理

假舆马者，非利足也，而致千里；假舟楫者，非能水也，而绝江河。

——《劝学》

本章要点

☑ 探讨 C 语言 Hello World 程序从编译到执行的过程。

☑ 通过 C 语言的 Hello World 程序，学习 Java 的 Hello World 程序，并比较两者异同。

☑ 分析 Java 的 Hello World 程序从编译到执行的过程，推导 JVM 实现的功能。

7.1 回顾 C 语言的 Hello World

C 语言的 Hello World 程序示例代码如下。

```
#include <stdio.h>
int main()
{
 printf("hello world!\n");
 return 0;
}
```

将这段代码保存为 hello.c，经过编译和运行。这段程序最终在命令行上输出 "hello world!"。

让我们根据之前所学的知识，回顾一下在 hello.c 执行并输出 "hello world!" 的过程中发生了什么。

（1）hello.c 是如何编译成可执行文件的？

（2）最后编译出来的可执行文件里面包含什么？

（3）不同的编译器（如 Microsoft VC，GCC）、不同的硬件平台（如 ARM,x86）和不同的操作系统（如 Windows，Linux， MacOS）最终编译的结果相同吗？

（4）#include <stdio.h>的作用是什么？

（5）main 函数执行前发生了什么？

（6）printf 是怎么将"hello world"输出到终端的？

（7）main 函数结束后又发生了什么？

（8）hello world 程序运行时，它在内存中是什么样子？

对于上述问题，你能否真正将各个细节都梳理明白呢？

7.1.1　Hello World 在 Linux 平台编译执行过程

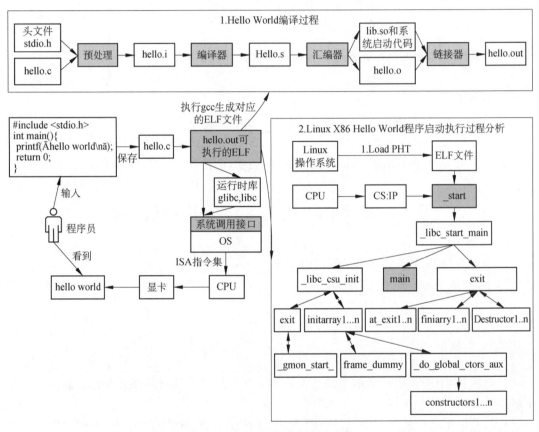

图 7.1　Hello World 编译执行过程

7.1.2　hello.c 程序编译过程

如图 7.1 所示的 Hello World 编译过程，即程序编译成可执行文件的过程如下。

（1）预处理：执行 gcc -E hello.c -o hello.i，将源代码文件 hello.c 和头文件 stdio.h 等被预处理成一个 .i 文件。这个过程主要处理源代码中的以#开始的指令。包括#include 和

#define，主要处理规则为：处理#include 指令，将被包含的文件插入该预处理指令的位置；展开所有宏定义，并将所有#define 删除；删除所有注释（//和/**/）；处理所有条件预编译指令（如#if、#else、#endif）；保留所有#program 指令；添加行号和文件名标识，便于编译时产生错误或警告能够显示行号。

（2）编译：执行 gcc -S hello.i -o hello.s，将预处理完的文件进行一系列词法分析、语法分析、语义分析及编译优化，生成相应的汇编代码文件。

（3）汇编：执行 gcc -c hello.s -o hello.o，将汇编代码翻译成机器码。

（4）链接：将 hello.o 程序引用的库（如 glibc.so 等）和系统启动代码文件链接起来，得到可执行的 a.out，即最终的可执行文件。为了构造可执行文件，链接器必须完成两个主要任务——符号解析和重定位。

静态链接技术存在以下弊端。

（1）当操作系统执行上百个进程时，多个进程共同使用同一个系统库函数。如果使用静态链接，会重复拷贝公共库的机器码，浪费宝贵的内存空间。

（2）多个可执行文件共同使用一个系统库函数更新，则各个静态链接引用的可执行文件都需要重新编译。

为了解决静态链接技术的弊端，设计了动态链接技术，即在进程运行时或加载时，可以加载到任意内存地址，并和一个在内存中的程序链接起来。

7.1.3　hello.out 可执行文件格式及内存映像

在前面的章节里，我们了解到在 Linux 下，可执行文件的存储格式为 ELF（executable linkable format）。其内部结构如图 7.2 所示，其中 ELF 的程序头表（program header table）描述了可执行文件被加载到内存后，其虚拟内存空间的映射情况。

7.1.4　hello.out 程序装载和执行的过程

在 Linux 操作系统里，可以在 bash 通过以下指令运行 hello 程序。

```
$ ./hello
hello world
```

当在 bash 上输入./hello 时，Linux 系统是怎样装载这个 ELF 文件并且执行它的呢？

在用户层面，bash 进程调用 fork()函数创建一个新的进程。然后，新进程调用 execve()函数执行指定的 ELF 文件。

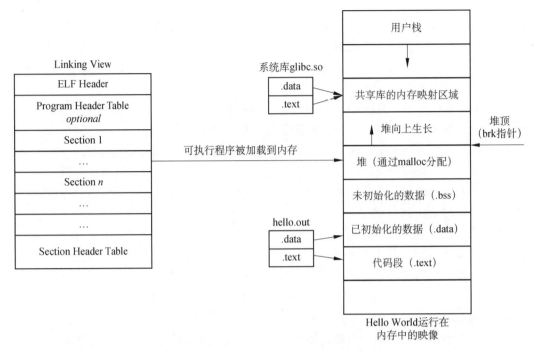

图 7.2 helloWorld.out 文件格式及内存映像

系统函数 execve()在 unistd.h 中定义，它的原型如下。

```
int execve(const char *filename, char *const argv[], char *const envp[])
```

execve()函数的三个参数分别是执行的程序文件名、执行参数和环境变量。

execve()系统调用入口是 sys_execve()。

sys_execve()在进行一些参数检查和复制之后，调用 do_execve()

do_execve()首先查找被执行的文件，找到后判断可执行文件的类型。

根据可执行的文件类型，调用 search_binary_handle()搜索和匹配合适的可执行文件装载处理函数。例如，ELF 可执行文件的装载处理函数叫 load_elf_binary()。load_elf_binary()函数的主要步骤如下。

第一步，检查 ELF 可执行文件是否有效。

第二步，寻找动态链接的.interp 段，设置动态链接器路径。

第三步，根据 ELF 可执行文件程序头表的描述，对 ELF 文件进行虚拟内存空间映射。

第四步，初始化 ELF 进程环境。

第五步，将系统调用的返回地址修改成 ELF 可执行文件的入口点（entry point）或入口函数。

上述第五步已经将系统调用的返回地址修改为入口点（entry point）或入口函数。当

sys_execve()系统调用从内核态返回到用户态时，EIP 寄存器 CS:IP 直接跳转到 ELF 程序的入口点。

此时，hello 程序开始执行，ELF 可执行文件装载完成。原先的 bash 进程继续运行，等待刚才启动的新进程结束，然后继续等待用户输入命令。

7.1.5　入口函数和程序初始化

在 Linux 操作系统中，程序初始化流程如图 7.3 所示，那么 main 函数是怎么被调用的呢？

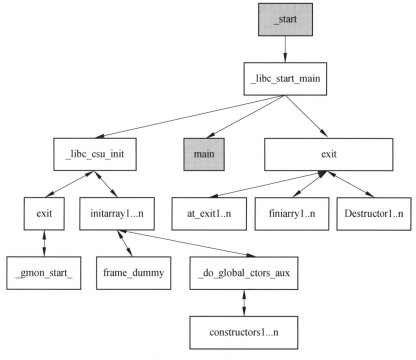

图 7.3　程序初始化流程

在前面的章节里，我们了解到，在 Linux 操作系统创建进程后，会从内核态切换到用户态，寄存器 EIP 通过 CS:IP 直接跳转到 ELF 程序的入口点_start。

_start 由汇编实现，并且和平台相关。_start 在调用_libc_start_main 函数之前设置环境变量。由于从内核态到用户态特权级发生变化，需要进行栈切换。并将_libc_start_main 函数所需参数压入栈中。

_libc_start_main 函数如下。

```
int __libc_start_main( int (*main) (int, char * *, char * *),
          int argc, char * * ubp_av,
```

```
                    void (*init) (void),
                    void (*fini) (void),
                    void (*rtld_fini) (void),
                    void (* stack_end));
```

_libc_start_main 函数的主要功能包括：使用 setuid 和 setgid 处理用户程序特权级切换可能产生的安全问题、启动线程、main 函数指针（通过 argc、argv 和全局的_environ 调用程序的 main 函数）、调用 exit 函数、通过参数指针注册 3 个函数（init 函数指针、fini 函数指针、rtld_fini 函数指针）。

init 函数指针指的 main 调用前的初始化函数_libc_csu_init。_libc_start_main 函数调用_libc_init_first 函数从堆栈中获取环境变量。_libc_csu_init 函数首先执行_init，在_init 调用_gmon_start。_gmon_start 函数用于初始化进程。

_gmon_start 函数在初始化成功后返回。随后_libc_start_main 函数开始执行程序 main 函数。

fini 函数指针指向 main 结束后的收尾函数。

rtld_fini 函数指针和动态加载有关，是运行时加载器的收尾函数。参数传入的 fini 和 rtld_fini 均是用于 main 结束后被 at_exit 调用的。在_libc_start_main 函数末尾执行_exit 函数，完成用户程序清理和加载器清理。

最后参数 stack_end 表明栈底的地址。

7.1.6 Windows 操作系统的 hello.c

在 Windows 下编译 hello.c，在命令行输入 cl hello.c 进行编译。编译成功后，将输出 hello.exe 文件，内容如下。

```
c:\hello>cl hello.c
Microsoft (R) C/C++ Optimizing Compiler Version 19.10.25017 for x86
Copyright (C) Microsoft Corporation.  All rights reserved.

hello.c
Microsoft (R) Incremental Linker Version 14.10.25017.0
Copyright (C) Microsoft Corporation.  All rights reserved.

/out:hello.exe
hello.obj
```

在 32 位 Windows 平台上，微软将编译后的可执行文件格式命名为 Portable Executable（PE），是希望这个可执行文件格式能够在不同版本的 Windows 平台上使用，并支持各种 CPU。例如，Windows XP 和 Windows Vista 都使用 PE 可执行文件格式。实际上 Windows 的 PC 版本只支持 x86 的 CPU。

在 64 位 Windows 平台上，微软将 PE 文件结构做了一些修改。最大的变化是把那些原来 32 位的字段变成 64 位，这个新的文件格式被称为 PE32+。

C/C++语言在不同操作系统和不同 CPU 上执行时，需要借助不同的编译器。如果 C 语言依赖于操作系统的独立 API，则此程序可移植性不高。移植到不同平台时，可能需要重新修改代码。

7.1.7　C 语言的平台关联性

如图 7.4 所示，C 语言平台关联如下。

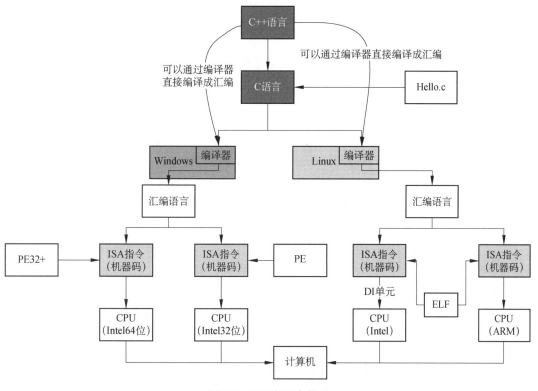

图 7.4　C 语言平台关联

1. C 语言操作系统平台关联性

（1）hello.c 在 Linux 操作系统的编译依赖于 GCC 编绎器，最后输出的 hello.out 满足 Linux 的 ELF 规范。

（2）hello.c 在 Windows 操作系统的编译依赖于 LC 编绎器，最后输出的 hello.exe 满足 Windows 的 PE 规范。

2. C 语言 CPU 架构平台关联性

从前面的知识我们了解 CPU 的 ISA 指令集分为 CISC 和 RISC 两种。

在汇编语言中，用助记符代替机器指令的操作码，用地址符号或标号代替指令或操作数的地址。在不同的设备中，汇编语言对应着不同的机器语言指令集，通过汇编过程转换成机器指令。所以 C 语言是最基础的汇编抽象语言，与不同 CPU 架构平台紧密耦合。需要在 C 语言里编写不同的代码，以满足不同平台下的功能和优化。

C++语言是基于 C 语言基本语法和 C 语言函数库（如 GLIBC）发展而来，添加了面向对象特性。可以通过编译器直接编译成汇编语言。因此 C++语言也耦合了不同的 CPU 架构平台。

查看 Linux 内核代码，也会看到存在针对不同 CPU 架构平台的代码文件夹。

7.2　Java 的 HelloWorld

C 语言和 C++语言可以通过指针直接操作内存，给程序员在内存管理方面提供了很大的自由度和灵活度。同时也严重依赖程序员对内存引用执行所需的检查，程序员简单的错误可能导致被黑客利用的内存漏洞。所谓 C/C++语言编程安全问题，主要涉及内存管理、数据在共享中出现的野指针和野引用问题。

软件分析工具可以检测许多内存管理问题，操作系统提供的虚拟内存也可以提供一些保护。

内存安全软件语言所提供的特性可以防止或减轻大多数内存管理问题，但即使使用内存安全语言，内存管理也并非完全安全。

Java 的出现就是为了解决 C/C++语言编程安全问题和简化编程的开发难度。

Java 引入垃圾回收技术对内存进行管理，使得程序员不再需要对内存管理而担忧。

此外，Java 语言还引入了字节码技术。字节码可以让 Java 脱离 CPU 架构平台依赖和操作系统平台依赖，进一步简化程序员开发难度。

字节码可以让 Java 即是编译型语言又是解释型语言。

字节码为 Java 运行环境提供了以下安全保障机制。

- ☑ 字节码校验器
- ☑ 类装载器
- ☑ 运行时内存布局
- ☑ 文件访问限制

"计算机科学领域的任何问题都可以增加一个间接的中间层来解决。"

Any problem in computer science can be solved by another layer of indirection.

Java 语言的这些特性,在 JVM 里面是怎么实现的? 让我们通过分析 Java 的 HelloWorld 程序编译运行过程来追根溯源。

对比 Java 和 C 语言 HelloWorld 的编译过程。

```
public class HelloWorld {
  public static void main(String[] args) {
      System.out.println("Hello World!");
  }
}
```

将代码保存为 HelloWorld.java 文件,以下 Linux 操作系统对 HelloWorld.java 源文件进行编译和执行的步骤。

(1)通过命令 javac HelloWorld.java 进行编译,编译成功后生成 HelloWorld.class 文件。

(2)通过 java HelloWorld 命令执行,命令行输出"Hello World!"。

如图 7.5 所示,对比 C 语言 HelloWorld 的编译过程。

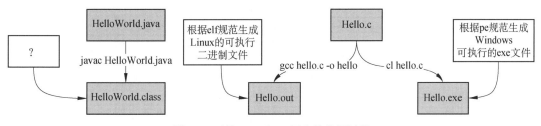

图 7.5　对比 Java 和 C 语言的编译过程

(1)在编译 C 语言代码时,不同操作系统需要使用不同的编译器。例如 Linux 平台使用 GCC,Windows 平台使用 CL。

(2)编译 Java 代码时,只需要执行 Javac,所有的平台一致。

(3)在编译 C 语言代码时,不同的操作系统需要编译的格式要求不同。例如 Linux 平台按照 ELF 规范生成可执行的二进制文件,Windows 则按照 PE 规范或 PE32+规范生成可执行的二进制文件。

(4)编译 Java 语言代码时,图 7.5 中问号代表《JVM 规范手册》,所有的操作系统平台输出的字节码格式都一致。

我们知道,C 语言 HelloWorld 经编译后,输出的是可执行文件,可以在操作系统直接执行。而 Java 源码经过 Javac 编译后输出的是字节码文件,并不是最终的可执行文件。因为字节码没有按照操作系统的规范输出可执行文件格式,所以无法执行。字节码文件要被执行,必须依赖一个可执行字节码的系统软件,如图 7.6 所示,这就是 Java 虚拟机(JVM)。

对于 HelloWorld.java 源文件,经过 Javac 编译成字节码 HelloWorld.class 后,无论是 Linux 系统,还是 Windows 系统都无法识别。JVM 虚拟机就像操作系统运行的翻译软件,在 Linux 系统上翻译成 Linux 机器码给 Linux 执行,在 Windows 上翻译成 Windows 机器码给 Windows

执行。基于 JVM，Java 实现了"一次编写，到处执行（Write Once，Run Anywhere）"的理念。

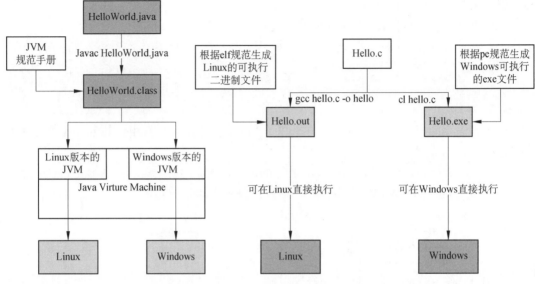

图 7.6　Java 字节码执行依赖

Java 虚拟机帮助程序员屏蔽了平台相关的依赖，提高了开发效率。很多初学者对 Java 虚拟机有一个误区，他们会认为 Java 虚拟机只运行 Java 代码。但实际上，Java 虚拟机运行的是字节码文件，与程序语言无关。如果用 PHP 语言写一段代码，并将这段代码编译生成符合字节码规范的字节码文件，那么 Java 虚拟机也可以执行。这就是 GraalVM 架构基础。

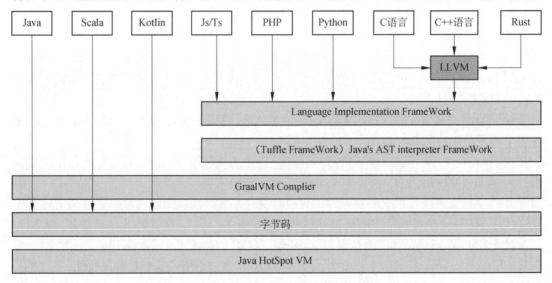

图 7.7　基于 Hotspot 的 GraalVm

基于 Hotspot 的 GraalVm 如图 7.7 所示，所有的编程语言最终都可以运行在 JVM 上，但这并不是 GraalVm 的全部能力。能否将程序直接打包成平台相关的可执行文件，然后直接执行这个可执行文件，而不依赖 JVM 呢？

SubstrateVM 借助 GraalVm 编译器，可以将 Java 程序 AOT 编译为可执行程序。它首先通过静态分析找到 Java 程序用到的所有类、方法和字段，以及一个非常小的 SVM 运行时环境，然后对这些代码进行 AOT 编译，最终生成一个可执行文件。

7.3　Hello World 的运行

从上一节我们了解到：对应 JVM，其实际输入的是字节码文件，而不是 Java 文件。那么对于 Java 语言，怎么将 Java 源代码转化成字节码文件？字节码又是如何转化成机器码文件，从而让 HelloWorld 运行起来的呢？

从图 7.8 中我们可以看到，Java 的 HelloWorld 程序从 Java 源文件到执行分成两个阶段：第一阶段是通过 Javac 命令将 Java 源码编译成字节码；第二阶段是 JVM 将字节码翻译成机器码。

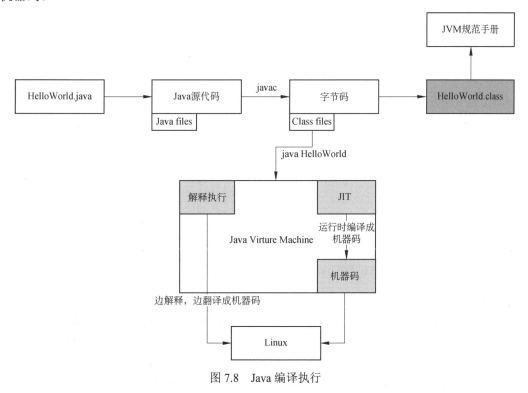

图 7.8　Java 编译执行

其中，Java 源码通过 Javac 命令编译成字节码的处理过程可以分为四个阶段。词法分析和语法分析。JVM 会对源代码的字符进行一次扫描，最终生成一个抽象的语法树。

填充符合表。从 C 语言的 HelloWorld 编译过程我们知道，C 语言通过链接器（静态链接和动态链接）方式加载公共库函数。而在 Java 中，编译阶段无法确定公共库函数具体的地址，会使用一个符号来代替。等到类加载阶段，JVM 将符号替换成具体的内存地址。

注解处理。对注解进行分析，根据注解的作用将其还原成具体的指令集。

字节码生成。JVM 根据前 3 个步骤的解释结果，进行字节码生成。

最后阶段，在 JVM 中将字节码翻译成机器码。如图 7.8 所示，要运行字节码，JVM 提供了 2 种方式，使用 Java 解释器解释执行字节码，或使用 JIT 编译器将字节码编译为本地机器码。

这两种方式的区别如下。

（1）解释执行，启动速度快但运行速度慢。因为解释器不需要像 JIT 编译器那样将所有字节码转换为机器码，启动时节省了编译时间，启动速度快。后面运行时，存在将字节码翻译成机器码的过程，运行速度慢。

（2）JIT 编译执行，启动速度慢但运行速度快。因为 JIT 编译在第一次编译时，将字节码对应的机器码保存起来，下次可以直接使用。启动时存在编译时间，速度慢。运行时节省了翻译时间，运行速度快。

1. Hotspot 虚拟机的编译模式

Oracle 官网文档描述如下。

Inside Java Hotspot VM, there are actually two separate JIT compiler modes, which are known as C1 and C2. C1 is used for applications where quick startup and rock-solid optimization are required; GUI applications are often good candidates for this compiler. C2, on the other hand, was originally intended for long-running, predominantly server-side applications. Prior to some of the later Java SE 7 releases, these two modes were available using the -client and -server switches, respectively.

根据以上描述，在 Hotspot 虚拟机内置了两个即时编译器，程序员称之为 C1 编译模式（Client Compiler）和 C2 编译模式（Server Compiler）。

2. C1 和 C2 的区别

Oracle 官网文档描述如下。

The two compiler modes use different techniques for JIT compilation, and they can output very different machine code for the same Java method. Modern Java applications, however, can usually make use of both compilation modes. To take advantage of this fact, starting with some of the later Java SE 7 releases, a new feature called tiered compilation became available. This feature uses the C1 compiler mode at the start to provide better startup performance. Once the application is properly warmed up, the C2 compiler mode takes over to provide more-aggressive optimizations and, usually, better performance. With the arrival of Java SE 8, tiered compilation is now the default behavior.

简单来说，C1 编译模式进行的优化相对比较保守，其编译速度相比 C2 快。而 C2 编译模式会进行一些激进的优化，并根据性能监控进行针对性优化，所以其编译质量相对较好，但是耗时更长。

3. C1 和 C2 的选择

对于 Hotspot 虚拟机而言，共有如下三种运行模式可选。

（1）混合模式（mixed mode）。即 C1 和 C2 两种模式混合使用，这是默认的运行模式。如果想单独使用 C1 模式或 C2 模式，使用-client 或-server 参数打开即可。

（2）解释模式（interpreted mode）。即所有代码都解释执行，使用-Xint 参数可以打开这个模式。

（3）编译模式（compiled mode）。此模式优先采用编译执行，但在无法编译时也解释执行，使用 -Xcomp 参数打开这种模式。

本节我们了解了 Java 源代码到字节码，再从字节码到机器码的全过程。但我们对 HelloWorld.class 文件结构还一无所知。

7.4　Hello World 的字节码文件结构

将代码编译的结果从本地机器码转变为字节码，是存储格式发展的一小步，却是编程语言发展的一大步。

在学习过程中，我们可以通过执行 gcc -m32 -S hello.c 命令来查看 C 语言编译后的汇编代码，然后再查询《Intel 手册》来理解 C 语言的底层原理。通过这个方法，也可以从 HelloWorld.class 的字节码开始，探索 JVM 的执行逻辑和底层原理，如图 7.9 所示。

在《JVM 规范手册》第 4 章中定义了类文件结构，这是一种类似 C 语言结构体的伪结构，用于存储数据。

4.1 The ClassFile Structure

A class file consists of a single ClassFile structure:

```
ClassFile {
    u4 magic;
    u2 minor_version;
    u2 major_version;
    u2 constant_pool_count;
```

```
    cp_info constant_pool[constant_pool_count-1];
    u2 access_flags;
    u2 this_class;
    u2 super_class;
    u2 interfaces_count;
    u2 interfaces[interfaces_count];
    u2 fields_count;
    field_info fields[fields_count];
    u2 methods_count;
    method_info methods[methods_count];
    u2 attributes_count;
    attribute_info attributes[attributes_count];
}
```

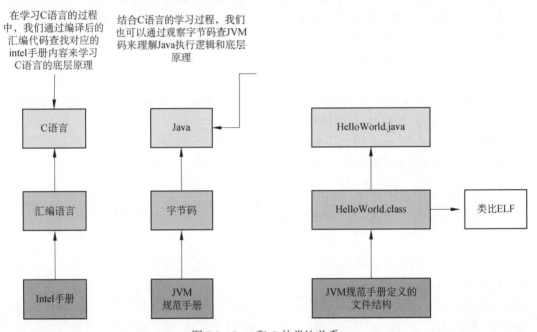

图 7.9　Java 和 C 的类比关系

　　字节码文件结构是一组以 8 位字节为基础的二进制流，各数据项目严格按照顺序紧凑地排列在 class 文件中，中间没有添加任何分隔符。在字节码结构中，字节码文件格式有两种最基本的数据类型，分别是无符号数和表。

　　（1）无符号数属于最基本的数据类型。它以 u1、u2、u4、u8 分别代表 1 个字节、2 个字节、4 个字节、8 个字节的无符号数。无符号数可以用来描述数字、索引引用、数量值或者按照 UTF-8 编码构成的字符串值。例如，u4 magic 表示 class 前 4 个字节，为该文件的魔术数，u2 minor_version 表示 class 文件的 5~6 个字节，为该 JDK 的次版本号。

　　（2）表：是由多个无符号数或其他表作为数据项构成的复合数据类型。所有表习惯性地以_info 结尾，用于描述有层次关系的复合结构数据。例如，cp_info constant_pool [constant_pool_count-1]存储了该类的所有常量。

通过命令行输入 javap -verbose HelloWorld，可以查看 HelloWorld.class 源文件。

```
public class HelloWorld
  minor version: 0
  major version: 59
  flags: (0x0021) ACC_PUBLIC, ACC_SUPER
  this_class: #21                   // HelloWorld
  super_class: #2                   // java/lang/Object
  interfaces: 0, fields: 0, methods: 2, attributes: 1
Constant pool:
  #1 = Methodref        #2.#3       // java/lang/Object."<init>":()V
  #2 = Class            #4          // java/lang/Object
  #3 = NameAndType      #5:#6       // "<init>":()V
  #4 = Utf8             java/lang/Object
  #5 = Utf8             <init>
  #6 = Utf8             ()V
  #7 = Fieldref         #8.#9       // java/lang/System.out:Ljava/io/PrintStream;
  #8 = Class            #10         // java/lang/System
  #9 = NameAndType      #11:#12     // out:Ljava/io/PrintStream;
  #10 = Utf8            java/lang/System
  #11 = Utf8            out
  #12 = Utf8            Ljava/io/PrintStream;
  #13 = String          #14         // Hello World!
  #14 = Utf8            Hello World!
  #15 = Methodref  #16.#17          // java/io/PrintStream.println: (Ljava/ lang/String;) V
  #16 = Class           #18         // java/io/PrintStream
  #17 = NameAndType     #19:#20     // println:(Ljava/lang/String;)V
  #18 = Utf8            java/io/PrintStream
  #19 = Utf8            println
  #20 = Utf8            (Ljava/lang/String;)V
  #21 = Class           #22         // HelloWorld
  #22 = Utf8            HelloWorld
  #23 = Utf8            Code
  #24 = Utf8            LineNumberTable
  #25 = Utf8            main
  #26 = Utf8            ([Ljava/lang/String;)V
  #27 = Utf8            SourceFile
  #28 = Utf8            HelloWorld.java
{
  public HelloWorld();
    descriptor: ()V
    flags: (0x0001) ACC_PUBLIC
    Code:
      stack=1, locals=1, args_size=1
        0: aload_0
        1: invokespecial #1    // Method java/lang/Object."<init>":()V
```

```
         4: return
      LineNumberTable:
        line 1: 0

  public static void main(java.lang.String[]);
    descriptor: ([Ljava/lang/String;)V
    flags: (0x0009) ACC_PUBLIC, ACC_STATIC
    Code:
      stack=2, locals=1, args_size=1
         0: getstatic    #7        // Field java/lang/System.out:Ljava/io/PrintStream;
         3: ldc          #13       // String Hello World!
         5: invokevirtual #15    // Method java/io/PrintStream.println:(Ljava/lang/
String;)V
         8: return
      LineNumberTable:
        line 3: 0
        line 4: 8
  }
```

结合《JVM 规范手册》第 4 章，查看 HelloWorld.class 源文件，可以总结出一个完整的 class 字节码文件包含以下内容。

magic 魔术数，唯一作用是确定是否为 class 文件。

minor version 和 major_version 是 class 文件版本号。

constant pool 常量池，主要包括字面量（如文本字符串、final 修饰的常量）和符号引用（如包、类和接口）。它相当于 ELF 文件的.dynamic，保存了动态链接的基本信息。

access_flags 访问标志，决定了这个 class 是类还是接口、是否定义为 public、是否定义为 abstract 类型，以及如果是类，是否被声明为 final。

this_class 类索引。

super_class 父类索引。

interfaces_count 接口数量。

interfaces[] 接口集合。

fields_count 字段数量。

fields[] 字段集合，描述接口或类中声明的变量。

methods_count 方法数量。

methods[] 方法集合，包括实例初始化及类或接口的初始化方法。

attributes_count 属性数量。

attributes[]属性集合，属性信息、class 文件、字段表、方法表中的属性表集合。

通过命令行输入 javap -verbose HelloWorld，可以清楚地看到 HelloWorld.class 文件的类名、版本、常量池信息。这个 HelloWorld.class 文件包含一个构造方法和一个 main 方法。方法中包含了描述信息、访问标识及一个 Code 属性。

（1）描述信息：返回值为 void，一个 string 数组类型参数。

（2）访问标志：public、static。

（3）Code 属性：

stack：操作数栈的深度，上述代码中为 2。

locals：局部变量表所需的存储空间，1 个变量槽。

args_size：参数数量，上述代码中为 1，static 方法从 0 计数，实例方法从 1 计数，因实例方法会有 1 个指向对象实例(this)的局部变量作为参数传入。

getstatic：执行指令操作静态方法。

ldc：执行指令将 string 常量 Hello World 从常量池中推送至栈顶。

invokevirtual：调用 PrintStream 的 println 方法。

return：方法返回。

LineNumberTable：Java 源码行号与字节码行号（字节码的偏移量）之间的对应关系，当抛出异常时，堆栈中显示出错的行号信息就是从这里获取的。

通过对 HelloWorld.class 文件的解析，同时简单地了解 Java 虚拟机规范手册。从而对 Java Class 文件结构有了一个全面的认识。在 7.3 小节中，我们知道 HelloWorld.class 执行需要依赖 JVM 将字节码翻译机器码。但对 JVM 如何将 HelloWorld.class 翻译成机器码的过程，并没有进一步探讨。接下来，让我们探讨一下 JVM 是如何执行 HelloWorld.class 字节码文件的。

7.5　执行 Hello World 的 main 方法前的过程

在 Linux 环境下，需要配置 PATH 环境变量，其作用是指定命令搜索路径。在 shell 下执行命令时，系统到 PATH 变量指定的路径查找相应的命令程序。

修改/etc/profile,在 profile 文件末加入以下配置。

```
export JAVA_HOME=/usr/share/jdk1.8.0_xxx
export PATH=$JAVA_HOME/bin:$PATH
```

设置环境变量后，返回 HelloWorld.class 目录，执行以下语句。

```
$ java HelloWorld
Hello World!
```

执行 C 语言编译好的 hello.out，使用./hello 即可执行 hello 程序。同理，使用 Java 命令意味着系统将启动 JVM 程序，如图 7.10 所示。而 java HelloWorld 表示 JVM 程序启动后，将解析执行字节码文件 HelloWorld.class。

在执行 HelloWorld 的 main 方法之前，系统会发生以下过程。

利用 Java 命令启动 JVM 虚拟机程序，JVM 将准备一个 Java 运行时环境。JVM 虚拟机程序启动后，加载指定的类，如 HelloWorld.class。加载结束后，调用该类的 main 方法。

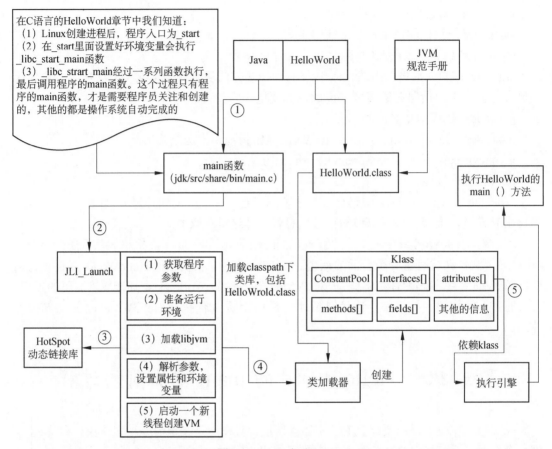

图 7.10　Java 启动 JVM

在 OpenJDK 的包中，有 jdk 和 hotspot 两个目录。这两个目录包含了我们需要关注的 JVM 源码相关逻辑。

jdk 目录对应的源码是 Java 执行的相关命令工具，如 javac,java 等，如图 7.11 所示。

hotspot 目录对应的是 JVM 虚拟机核心代码模块，由以下四个子目录组成。

（1）cpu：主要是依赖具体 CPU 架构对应的代码模块，按照 sparc，x86 和 zero 三种计算机体系结构划分模块。

（2）os：主要是依赖操作系统的代码，按照 Linux、Windows、Solaris 和 POSIX 进行模块划分。

（3）os_cpu：主要是同时依赖操作系统和 CPU 处理器类型的代码，例如 Linux+x86、

Windows+x86 等模块。

（4）share：独立于操作系统和 CPU 处理器类型的代码，是 Hotspot 的核心业务代码，实现了 Hotspot 的主要功能。

如图 7.10 所示，从 JVM 的启动到执行 HelloWorld.class 的 main 方法的过程，大致分为 5 个步骤。

（1）在 bash 中执行 Java 命令调用 JDK 工具的 main 函数。JDK 工具的 Java 命令源码的 main 函数位于 OpenJDK 目录 jdk/src/share/bin/main.c。

（2）JDK 工具 main 函数执行 JLI_Launch，这是 JVM 的启动入口函数，位于 OpenJDK 目录 jdk/src/share/bin/java.c。

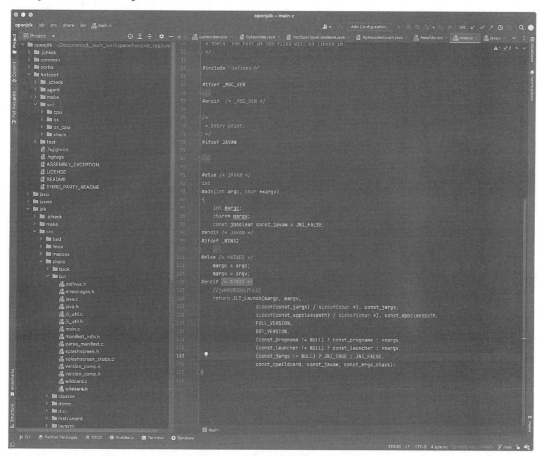

图 7.11　OpenJDK 的源码结构

```
/*
 * Entry point.
 */
```

```
int
JLI_Launch(int argc, char ** argv,                    /* main argc, argc */
        int jargc, const char** jargv,                /* java args */
        int appclassc, const char** appclassv,        /* app classpath */
        const char* fullversion,                      /* full version defined */
        const char* dotversion,                       /* dot version defined */
        const char* pname,                            /* program name */
        const char* lname,                            /* launcher name */
        jboolean javaargs,                            /* JAVA_ARGS */
        jboolean cpwildcard,                          /* classpath wildcard*/
        jboolean javaw,                               /* windows-only javaw */
        jint ergo                                     /* ergonomics class policy */
)
```

（3）通过动态链接器加载 libjvm.so，初始化虚拟机。

（4）加载并创建引导类加载器实例。

Java 虚拟机将数据从 class 文件加载到内存，并对数据进行校验、转换、解析和初始化，最终形成可以被虚拟机直接使用的 Java 类型。这个过程被称为虚拟机的类加载机制。类加载机制的具体实现就是类加载器。

《JVM 规范手册》第 5 章将这个过程定义为：Loading，Linking and Initializing。

THE Java Virtual Machine dynamically loads, links and initializes classes and interfaces.

Loading is the process of finding the binary representation of a class or interface type with a particular name and creating a class or interface from that binary representation.

Linking is the process of taking a class or interface and combining it into the run-time state of the Java Virtual Machine so that it can be executed.

Initialization of a class or interface consists of executing the class or interface initialization method.

简单理解如下。

Loading（加载）：即 JVM 创建 class 的过程。

Linking 链接：即对 class 文件中的方法进行符号解析和重定位的过程（与 7.1.4 节解释的动态链接过程相同）。

Initialization（初始者）：对应的是 ELF 文件的.init，是类加载的最后阶段，所有静态变量都将被赋予初始值，并且静态区块将被执行。

（5）创建系统类加载器 AppClassLoader 加载 classpath 类库，包括 HelloWorld.class。

最后，通过 JVM 的执行引擎，执行 HelloWorld 的 main 方法。

我们将在第 8 章结合 Hotspot 源码进一步了解 JVM 是如何启动、加载、链接、初始化和执行字节码文件的。

7.6　Hello World 的 main 方法的执行过程

上一节我们介绍了执行 HelloWorld 的 main 方法时 JVM 怎么启动，以及类加载器如何加载、链接、初始化字节码文件。这一节我们将继续探讨执行 HelloWorld 的 main 方法时，JVM 的执行引擎和 GC 模块是如何工作的，如图 7.12 所示。

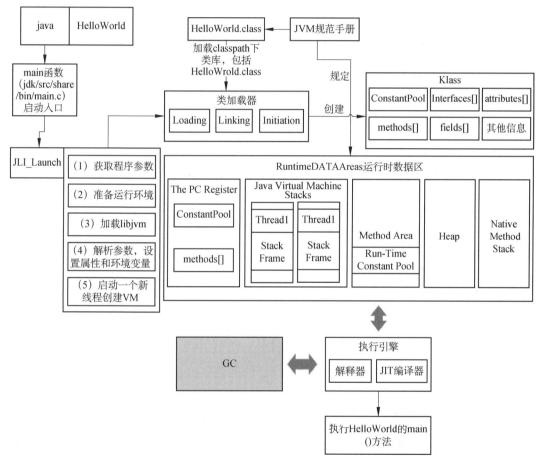

图 7.12　Java 运行时

7.6.1　JVM 的执行引擎

在 C 语言的 HelloWorld 程序 hello.out 执行过程中依赖于操作系统、CPU、缓存和指令集，最终将二进制的输出结果显示在屏幕上。hello.out 的执行过程中可以抽象如下。

（1）输入的是机器码。

（2）处理过程是机器码对应指令集的处理。

（3）输出的是机器码执行结果（即符合显示器规则的二进制数据）。

在 Java HelloWorld 的执行过程中，观察发现其执行是依赖于 JVM 的。其执行过程可以抽象如下。

（1）输入的是字节码二进制流。

（2）处理过程是 JVM 将字节码解析为机器码执行的等效过程。

（3）输出的是执行结果。

看上去这两个处理过程极其相似，其主要差异在于 JVM 需要实现的功能，也就是虚拟机究竟虚拟了什么。两者区别如下。

（1）C 语言程序运行环境是真实的物理机。JVM 运行环境可以看成一个实现了虚拟的"真实的物理机"的应用程序。

（2）C 语言执行过程的机器码对应于 CPU 的指令集（基于寄存器）。JVM 执行字节码则是虚拟的操作指令集（基于栈）。

分别使用这两种指令集计算 1+1 的结果，C 语言编译的机器码是基于寄存器的指令集，反汇编的结果如下。

```
mov eax, 1
add eax, 1
```

Javac 编译的字节码是基于栈的指令集，其结果如下。

```
iconst_1
iconst_1
iadd
istore_0
```

C 语言编译后的可执行文件是一种基于具体 CPU 架构寄存器的指令集二进制文件。而 javac 编译输出的字节码指令流是一种基于栈指令集架构的二进制文件。JVM 的执行引擎实现了基于栈指令集的执行过程。

如前所述，JVM 的执行引擎有两种工作模式：解释执行和 JIT 编译执行。

7.6.2　JVM 的 GC

在 C 语言中，hello.out 执行结束后，操作系统调用 fini 函数对 main 函数结束进行收尾工作。rtld_fini 函数则负责动态加载有关的收尾工作。在 C 语言中，程序员需要自己管理内存，使用内存后，需要自己检查并释放对应的内存块。

而在 Java 中，程序员不需要关注对象内存的使用和回收工作，由 JVM 自动进行内存管理。那么，哪些内存需要回收？什么时候回收？如何回收？

在《JVM 规范手册》中，介绍了 Java 内存运行时区域的 5 个部分。

（1）The PC Register（PC 寄存器）

（2）Java Virtual Machine Stacks（Java 虚拟机栈）

（3）Native Method Stacks（本地方法栈）

上面 3 个区域随线程而生，随线程而灭，JVM Stacks 的栈帧随着方法的进入和退出有条不紊地执行着出栈和入栈操作。每一个栈帧中分配多少内存基本在创建 Klass 阶段，确定下来时就已知的。因此这几个区域的内存分配和回收都具备确定性。

（4）Heap（堆）

（5）Methods Area（方法区）

Run-Time Constant Pool 运行时的常量池属于方法区的一部分。

Heap 和 Methods Area 两个区域的内存分配和回收就具有很大的不确定性。一个接口的多个实现类需要的内存可能会不一样。一个方法执行不同条件分支所需要的内存也可能不一样。

只有处于运行期间，我们才能知道程序究竟会创建哪些对象，创建多少对象，这部分内存的分配和回收是动态的。JVM 的垃圾收集器（GC）关注的正是这部分内存该如何管理。

7.7　《JVM 规范手册》

在学习 C 语言、汇编和操作系统时，我们通过查询《Intel 手册》，理解和学习底层原理。而在学习 Java 过程中，《JVM 规范手册》就相当于《Intel 手册》。对于 Java 开发者而言，《JVM 规范手册》可以让我们更深入地理解 JVM 的底层原理和实现规则。例如 Hotspot 就是 JVM 规范的一种实现。《JVM 规范手册》的官网地址为 https://docs.oracle.com/javase/specs/index.html。

打开《JVM 规范手册》目录，可以看到手册包含以下几部分内容。

第 1 章 Introduction（简介）

第 2 章 The Structure of the Java Virtual Machine（JVM 结构）

第 3 章 Compiling for the Java Virtual Machine（JVM 编译）

第 4 章 The class File Format（类文件格式）

第 5 章 Loading, Linking, and Initializing（加载、链接与初始化）

第 6 章 The Java Virtual Machine Instruction Set（JVM 指令集）

第 7 章 Opcode Mnemonics by Opcode（操作码助记符）

《JVM 规范手册》的使用方式，在 Java 编程过程中，如果遇到一些概念或底层原理不理解的，通过《JVM 规范手册》查询即可。前期我们只需要大概理解一下每个章节的描述内容，建立 JVM 源码阅读所需要的基本概念。

第 1 章 简介

主要介绍 Java 发展历史、Java 出现目的，以及 JVM 的基础知识，同时提供各个章节的概要。

第 2 章 JVM 结构

主要介绍运行时数据区（通常称为 JVM 内存模型或内存结构）、栈帧、方法调用原理和字节码指令。与《Intel 手册》中的字节码指令集不同，JVM 的字节码指令是通过栈模拟的 CPU 指令集。

其他内容还包括文件格式、数据类型、基本数据类型和值、引用数据类型和值等基础知识。

第 3 章 JVM 编译

主要介绍如何将 Java 文件编译为字节码文件，即 javac HelloWorld.java 的过程，包括常量池的编译、方法调用的编译以及算数的编译。

第 4 章 类文件格式

在 1.4 小节中介绍了 HelloWorld.class 文件格式构成，这个章节将深入介绍 class 文件格式内容及构成。

第 5 章 加载、链接与初始化

在 1.5 小节中介绍了执行 HelloWorld 的 main 方法时发生了什么，是基于这个章节内容的延伸。这个章节主要介绍如下内容。

☑ 加载：JVM 如何启动，如何创建和加载类。

☑ 链接：分为验证、准备和解析三个部分。

☑ 初始化：初始化数据。

第 6 章 JVM 指令集

虚拟的 CPU 指令集和 CPU 架构无关，这些指令集由操作码和操作数组成，是基于栈的指令集。

第 7 章 操作码助记符

列出了 JVM 提供的所有指令集助记符，无须关注。

7.8 小　　结

希望了解虚拟机，就要了解真实的物理机。本章首先介绍了 C 语言程序 HelloWorld 在真实物理机下的编译过程，编译后的二进制格式 ELF，以及 Linux 执行 ELF 的过程，作为相关知识背景，要点总结如下，混沌知识树如图 7.13 所示。

☑　讲解 Java 的 HelloWorld 程序编译过程，通过类比的方式总结 Java 语言的特性。

☑　通过 C 语言的平台相关性，得出字节码文件是如何和平台解耦的，以及《JVM 规范手册》对字节码文件的定义。

☑　通过观察 Java 的 HelloWorld 程序运行过程，推导 JVM 的功能模块：JVM 的启动、类加载器、执行引擎和 GC，以及它们分别需要解决和关注的重点逻辑。

☑　介绍了《JVM 规范手册》的基本内容。

在后续章节中，我们将通过 Hotspot 源码进一步介绍 JVM 的启动、加载器、执行引擎和 GC 的相关代码实现和底层原理。

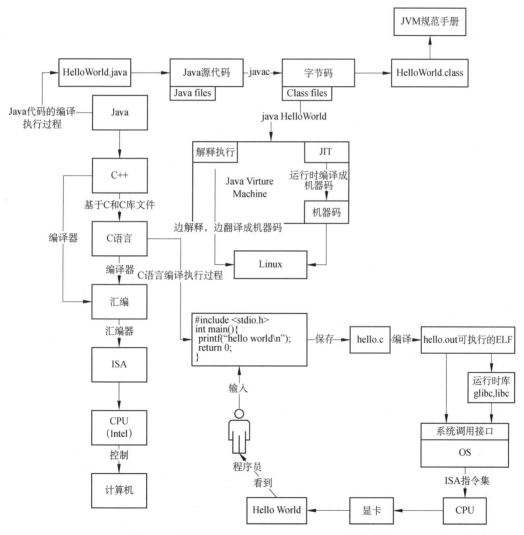

图 7.13　混沌知识树——Java Hello World 底层推理

第 8 章

Hotspot JVM 启动原理

故不积跬步，无以至千里；不积小流，无以成江海。骐骥一跃，不能十步；驽马十驾，功在不舍。

——《劝学》

本章要点

☑ 从 JVM 源码开发者的角度出发，理解 JVM 各个组件的具体实现和交互方式。

☑ 探索 JVM 源码是如何设计并实现 Java 语言特性的。

☑ 利用 JVM 源码分析 Java 程序问题。

本章 OpenJDK 对应的源码版本为 https://github.com/openjdk/jdk/tree/jdk8-b120。源码对应的目录及内容如表 8.1 所示。

表 8.1 源码对应的目录及内容

目　　录	内　　容
. (root)	common configure and makefile logic
hotspot	source code and make files for building the OpenJDK Hotspot Virtual Machine
langtools	source code for the OpenJDK javac and language tools
jdk	source code and make files for building the OpenJDK runtime libraries and misc files
jaxp	source code for the OpenJDK JAXP functionality
jaxws	source code for the OpenJDK JAX-WS functionality
corba	source code for the OpenJDK Corba functionality
nashorn	source code for the OpenJDK JavaScript implementation

为什么需要这样划分源码目录？在 C 语言和 C++开发中，不会将操作命令和引擎打包在一个可执行文件中。因为这样会导致我只想执行一个帮助命令，却需要将整个用不到的程序放入内存，导致操作系统内存使用率下降。在研究 OpenJDK 源码时，只需要关注以下两个文件夹。

（1）jdk 目录：包含工具命令。jdk 工具命令依赖不同的操作系统，所以工具命令的具体目录按操作系统划分如下。

☑　Bsd。

☑　Linux。

☑　macOS X。

☑　share：各操作工具命令的公共代码。

☑　Solaris：Solaris 是 Linux 发行的改版，Solaris 和 Linux 共用部分代码逻辑，在查找源码时，可以先查找 Linux 代码，Linux 无法找到，再查找 Solaris 代码。

☑　Windows。

（2）hotspot 目录：执行引擎代码目录。

☑　cpu。

☑　os。

☑　os_cpu。

☑　share：包含独立于操作系统和处理器架构的代码。

☑　tools。

☑　vm：Hotspot 的一些主要功能模块都在这个目录中，如表 8.2 所示。

表 8.2　hotspot 目录

目　　录	内　　容	目　　录	内　　容
ablc	平台描述文件	gc_implementation	存放垃圾收集器的具体实现代码
asm	汇编器	interpreter	解释器
c1	c1 编译器，即 client 编译器	libadt	抽象数据结构
ci	动态编译器	memory	内存管理
classfile	class 文件解析	oops	JVM 内部对象
code	生成机器码	prims	Hotspot VM 对外接口，重点关注
compiler	调用动态编译器的接口	runtime	存放运行时的相关代码
opto	c2 编译器，即 server 编译器	services	JMX 接口
gc_interface	GC 接口	utilizes	内部工具类和公共函数

8.1　启动 Hotspot VM

Hotspot 一般通过 java 或者 javaw 命令调用 jdk/src/share/bin/main.c 文件中的 main()函数

启动虚拟机。Hotspot VM 的启动过程如图 8.1 所示。

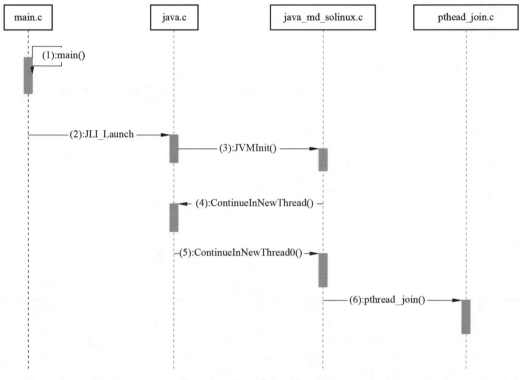

图 8.1 HotspotVm 的启动过程

执行 main()函数的线程最终会调用 pthread_join()函数进行阻塞，由另一个线程调用 JavaMain 函数执行 java 程序的 main()方法。

8.1.1 main()函数

main()函数在不同的操作系统中，入口函数是不同的。为了尽可能地重用代码，使用 #ifdef 条件编译。对于 Linux 内核的系统而言，最终编译代码如下。

```
int
main(int argc, char **argv)
{
    //移除#ifdef 代码,保留 Linux 内核系统代码
    int margc;
    char** margv;
    const jboolean const_javaw = JNI_FALSE;
    margc = argc;
    margv = argv;
```

```
        return JLI_Launch(margc, margv, /* main argc, argc */
                sizeof(const_jargs) / sizeof(char *), const_jargs, /* java args */
                sizeof(const_appclasspath) / sizeof(char *), const_appclasspath, /*
app classpath */
                FULL_VERSION, /* full version defined */
                DOT_VERSION, /* dot version defined */
                (const_progname != NULL) ? const_progname : *margv, /* program name */
                (const_launcher != NULL) ? const_launcher : *margv, /* launcher name */
                (const_jargs != NULL) ? JNI_TRUE : JNI_FALSE, /* JAVA_ARGS */
                const_cpwildcard, /* classpath wildcard*/
                const_javaw, /* windows-only javaw */
                const_ergo_class /* ergonomics class policy */
                );
```

8.1.2　JLI_Launch()函数

JLI_Launch 函数本身并不具有创建 JVM 的能力，它必须借助其他专门的模块如 Hotspot 来创建 JVM 功能。因此在阅读源码时，我们应当建立这样的意识，在遇到某个核心功能或重要组件时，应该先思考如下问题。

（1）核心功能由哪个模块提供？

（2）它最终为系统哪个组件提供服务？

（3）调用者通过什么形式来使用它提供的服务？

```
int
JLI_Launch(//参数忽略)
{
    InitLauncher(javaw);
    DumpState();
    if (JLI_IsTraceLauncher()) {
        //....
    }
    //....
//选择版本
    SelectVersion(argc, argv, &main_class);

//Classpath 的获取和设置
    CreateExecutionEnvironment(&argc, &argv,
                        jrepath, sizeof(jrepath),
                        jvmpath, sizeof(jvmpath),
                        jvmcfg,  sizeof(jvmcfg));
//libjvm.so 的加载（即加载 hotspot 打包的动态链接库）
    if (!LoadJavaVM(jvmpath, &ifn)) {
        return(6);
    }
```

```
//参数解析
    /* set the -Dsun.java.command pseudo property */
SetJavaCommandLineProp(what, argc, argv);

//属性设置
/* Set the -Dsun.java.launcher pseudo property */
SetJavaLauncherProp();

//系统属性设置
/* set the -Dsun.java.launcher.* platform properties */
SetJavaLauncherPlatformProps();

    //JVM 初始化等
return JVMInit(&ifn, threadStackSize, argc, argv, mode, what, ret);
}
```

jdk 目录提供的是 java 工具命令集，hotspot 目录提供的是 JVM 引擎源码内容。在 JLI_Launch()函数里，调用 LoadJavaVM(jvmpath,&ifn)加载 libjvm.so。

jvmpath：jvmpath 为/openjdk/build/Linux-x86_64-normal-server-slowdebug/jdk/lib/amd64/server/libjvm.so，即 libjvm.so 的存储路径。

☑ 在 Linux 操作系统下，#define JVM_DLL "libjvm.so"。

☑ 在 Windows 操作系统下，#define JVM_DLL "jvm.dll"。

&ifn 是 InvocationFunctions 类型指针。

```
typedef struct {
    CreateJavaVM_t CreateJavaVM;
    GetDefaultJavaVMInitArgs_t GetDefaultJavaVMInitArgs;
    GetCreatedJavaVMs_t GetCreatedJavaVMs;
} InvocationFunctions;
```

结构体 InvocationFunctions 定义了 3 个函数指针，这 3 个函数指针的实现代码位于 libjvm.so 动态链接库中。查看 LoadJavaVM()函数，可以看到以下内容。

```
jboolean
LoadJavaVM(const char *jvmpath, InvocationFunctions *ifn)
{
    void *libjvm;
        //通过 dlopen 打开动态链接库
    libjvm = dlopen(jvmpath, RTLD_NOW + RTLD_GLOBAL);

        //移除部分#if 代码
            //ifn->CreateJavaVM 函数指针调用，最终通过 dlsym 调用 libjvm.so 对应的
JNI_CreateJavaVM 函数
    ifn->CreateJavaVM = (CreateJavaVM_t)
        dlsym(libjvm, "JNI_CreateJavaVM");

    //ifn->GetDefaultJavaVMInitArgs 函数指针调用，最终通过 dlsym 调用 libjvm.so 对应的
```

```
JNI_GetDefaultJavaVMInitArgs 函数
     ifn->GetDefaultJavaVMInitArgs = (GetDefaultJavaVMInitArgs_t)
       dlsym(libjvm, "JNI_GetDefaultJavaVMInitArgs");

       //ifn->GetCreatedJavaVMs 函数指针调用，最终通过 dlsym 调用 libjvm.so 对应的
JNI_GetCreatedJavaVMs 函数
     ifn->GetCreatedJavaVMs = (GetCreatedJavaVMs_t)
       dlsym(libjvm, "JNI_GetCreatedJavaVMs");

       return JNI_TRUE;
   }
```

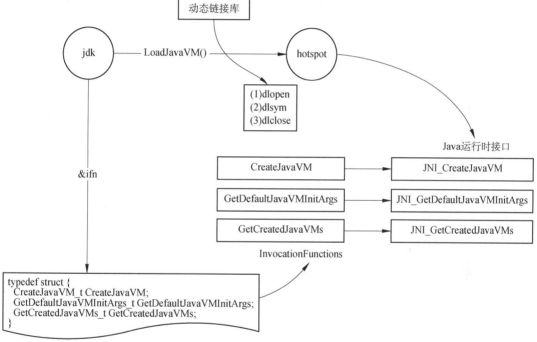

图 8.2　libjvm.so 的加载

libjvm.so 的加载过程如图 8.2 所示。

（1）在 jdk 的 JLI_Launch()函数中，通过 LoadJavaVM()函数加载 libjvm.so 并初始化相关参数。

（2）在 LoadJavaVM()函数内部：使用 dlopen 打开动态链接库 libjvm.so。按照规约 dlsym 通过符号找到函数的地址。通过 InvocationFunctions 结构体保存链接库的引用。调用获取的函数地址，例如 ifn->CreateJavaVM= (CreateJavaVM_t)dlsym(libjvm, "JNI_CreateJavaVM")。

8.1.3 JVMInit()函数

JVMInit()函数示例代码如下。

```
int
JVMInit(InvocationFunctions* ifn, jlong threadStackSize,
        int argc, char **argv,
        int mode, char *what, int ret)
{
    ShowSplashScreen();
    return ContinueInNewThread(ifn, threadStackSize, argc, argv, mode, what, ret);
}
```

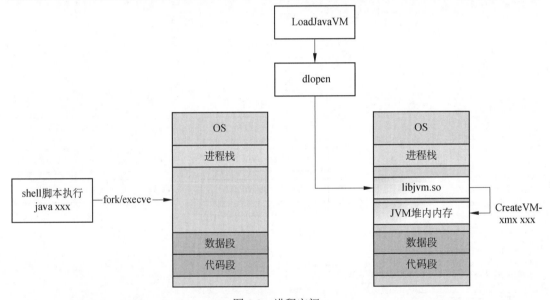

图 8.3　进程空间

进程空间如图 8.3 所示。

（1）Java 堆内内存：由-XMX 参数指定，malloc()开辟的 JVM 自己的工作空间。

（2）Java 堆外内存：Java 工具命令启动，分配进程时创建的 C 堆内存。

8.1.4 ContinueInNewThread()函数

ContinueInNewThread()函数示例代码如下。

```
int
ContinueInNewThread(InvocationFunctions* ifn, jlong threadStackSize,
```

```
                    int argc, char **argv,
                    int mode, char *what, int ret)
{
        //移除部分内容
    { /* Create a new thread to create JVM and invoke main method */
        //调用 ContinueInNewThread0 函数创建一个 JVM 实例并执行 Java 主类的 main()方法
    rslt = ContinueInNewThread0(JavaMain, threadStackSize, (void*)&args);
        /* If the caller has deemed there is an error we
         * simply return that, otherwise we return the value of
         * the callee
         */
        return (ret != 0) ? ret : rslt;
    }
}
```

在调用 ContinueInNewThread0()函数时，传递了 JavaMain 函数指针和调用此函数所需的参数 args。通过创建 Thread 线程来实现对线程栈的可控管理。

8.1.5　ContinueInNewThread0()函数

ContinueInNewThread0()函数示例代码如下。

```
/*
 * Block current thread and continue execution in a new thread
 */
int
ContinueInNewThread0(int (JNICALL *continuation)(void *), jlong stack_size, void *
args) {
    int rslt;
        //移除部分内容
    if (pthread_create(&tid, &attr, (void *(*)(void*))continuation, (void*)args) ==
0) {
        void * tmp;
        //当前线程会在这里阻塞
        pthread_join(tid, &tmp);
        rslt = (int)tmp;
    }
        //移除部分内容
    pthread_attr_destroy(&attr);

    return rslt;
}
```

在 Linux 操作系统中，创建一个 pthread_t 线程，然后使用这个新创建的线程执行 JavaMain()函数。

ContinueInNewThread0()函数的第一个参数 int (JNICALL*continuation)(void*)接收的是

JavaMain()函数的指针。ContinueInNewThread0()进程空间如图 8.4 所示。

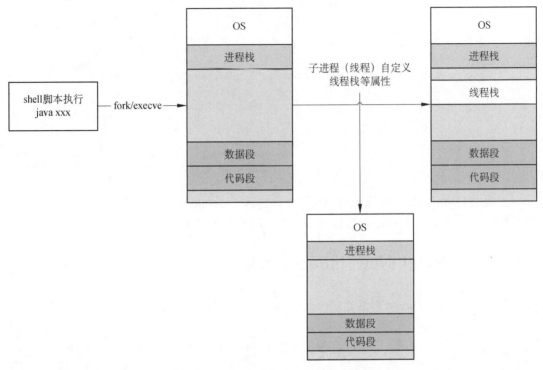

图 8.4　ContinueInNewThread0 进程空间

8.1.6　JavaMain()函数

JavaMain()函数示例代码如下。

```
int JNICALL
JavaMain(void * _args)
{
    //InitializeJVM()函数初始化 JVM，给 JavaVM 和 JNIEnv 对象正确赋值
    //通过调用 InvocationFunctions 结构体的 CreateJavaVM() 函数指针来实现，该指针在
LoadJavaVM()函数中指向 libjvm.so 动态链接库中的 JNI_CreateJavaVM()函数
    //当 JNI_CreateJavaVM()函数执行成功，表示 JVM 启动
    if (!InitializeJVM(&vm, &env, &ifn)) {
        JLI_ReportErrorMessage(JVM_ERROR1);
        exit(1);
    }

    // 加载 JavaMainClass（Java 主类）
    mainClass = LoadMainClass(env, mode, what);
    appClass = GetApplicationClass(env);
```

```
    // 在 JavaMainClass 中查找 main()方法唯一 ID
    mainID = (*env)->GetStaticMethodID(env, mainClass, "main",
                              "([Ljava/lang/String;)V");

    // 创建针对平台的参数数组
    mainArgs = CreateApplicationArgs(env, argv, argc);

    //调用 Java 主类中的 main () 方法
    (*env)->CallStaticVoidMethod(env, mainClass, mainID, mainArgs);

    ret = (*env)->ExceptionOccurred(env) == NULL ? 0 : 1;
    LEAVE();
}
```

JavaMain()函数的主要作用是初始化 JVM，找到 Java 的 main()方法，然后调用并执行。

（1）调用 InitializeJVM()函数初始化 JVM，涉及 2 个重量级的变量：JavaVM 和 JNIEnv。

☑　JavaVM：一个结构体，它拥有一组函数指针。这几个函数为 JVM 提供了连接线程、断开线程和销毁虚拟机等重要功能。

☑　JNIEnv：一个重量级类型，容纳了大量的函数指针成员。在 InitializeJVM()函数调用过程中，给 JNIEnv **penv 赋值，指向相应的 JNI 接口函数。具体的接口函数可以查看 hotspot/src/share/vm/prims/jni.cpp。JNIEnv **penv 提供了 C 语言和 JVM 的交互方法。

（2）调用 LoadMainClass()函数获取 Java 程序的启动类。

（3）使用 GetStaticMethodId()函数查找 Java 启动方法，实质上是获取 Java 主类中的 main()方法。

（4）调用 JNIEnv 中定义的 CallStaticVoidMethod()函数，最终调用 JavaCalls::call()函数执行 Java 主类中的 main()方法。

8.2　类 加 载 器

在第 7 章中提到，Java 源码通过 Javac 编译生成字节码，然后将字节码送入 JVM 中运行。字节码文件是一种基于栈的执行指令集，需要 JVM 加载并解释后才能执行。同时也引入了《JVM 规范手册》，介绍了字节码文件是如何定义的。在了解了 Java 字节码的基本概念后，我们可以进一步探讨类加载机制。

从 JVM 的角度来看，只存在两种不同的类加载器。

（1）Bootstrap ClassLoader，这个类加载器在 jvm.cpp 中使用 C++实现。Bootstrap ClassLoader 加载器解决了第一个类需要加载器的"鸡生蛋，蛋生鸡"的悖论问题。它直接使用 C++语言实现，不需要具体类加载器。

（2）java.lang.ClassLoader 这些由 Java 语言实现的类加载器独立于 JVM 外部，并且全都继承自抽象类 java.lang.ClassLoader。

从 Java 开发者的角度来看，Java 类加载器介绍最多的是以下两点。

（1）三层类加载器。

（2）双亲委派模型。

本节将基于 Hotspot 源码介绍以下内容。

（1）什么是 Bootstrap ClassLoader？

（2）什么是三层类加载器？

（3）什么是双亲委派模型？

8.2.1　Bootstrap ClassLoader 类加载器

在上一节中，介绍了在 JavaMain()函数中通过 LoadMainClass()加载 Java 主类，即在 LoadMainClass()函数中，可以找到 Java 主类是如何被加载到 JVM 中的。

代码路径 jdk/src/share/bin/java.c。

```
static jclass
LoadMainClass(JNIEnv *env, int mode, char *name)
{
    //加载库函数 LauncherHelper
    jclass cls = GetLauncherHelperClass(env);
    //调用 sun.launcher.LauncherHelper.java::checkAndLoadMain 加载并校验主类
    NULL_CHECK0(mid = (*env)->GetStaticMethodID(env, cls,
            "checkAndLoadMain",
            "(ZILjava/lang/String;)Ljava/lang/Class;"));
    //Returns a new Java string object for the specified platform string.
    str = NewPlatformString(env, name);

    result = (*env)->CallStaticObjectMethod(env, cls, mid, USE_STDERR, mode, str);
    //移除部分代码
    return (jclass)result;
}
```

代码路径 jdk/src/share/bin/java.c。

```
jclass
GetLauncherHelperClass(JNIEnv *env)
{
    if (helperClass == NULL) {
        //通过 BootStrap 类加载器加载库函数
        NULL_CHECK0(helperClass = FindBootStrapClass(env,
            "sun/launcher/LauncherHelper"));
    }
    return helperClass;
```

```
}
```

代码路径 jdk/src/solaris/bin/java_md_common.c。

```
/*
 * The implementation for finding classes from the bootstrap
 * class loader, refer to java.h
 */
static FindClassFromBootLoader_t *findBootClass = NULL;

jclass
FindBootStrapClass(JNIEnv *env, const char* classname)
{
    if (findBootClass == NULL) {
        findBootClass = (FindClassFromBootLoader_t *)dlsym(RTLD_DEFAULT,
            "JVM_FindClassFromBootLoader");
        if (findBootClass == NULL) {
            JLI_ReportErrorMessage(DLL_ERROR4,
                "JVM_FindClassFromBootLoader");
            return NULL;
        }
    }
    return findBootClass(env, classname);
}
```

代码路径 hotspot/src/share/vm/prims/jvm.cpp。

```
JVM_ENTRY(jclass, JVM_FindClassFromBootLoader(JNIEnv* env,
                                    const char* name))
  JVMWrapper2("JVM_FindClassFromBootLoader %s", name);

  // Java libraries should ensure that name is never null...
  if (name == NULL || (int)strlen(name) > Symbol::max_length()) {
    // It's impossible to create this class; the name cannot fit
    // into the constant pool.
    return NULL;
  }

  TempNewSymbol h_name = SymbolTable::new_symbol(name, CHECK_NULL);
  Klass* k = SystemDictionary::resolve_or_null(h_name, CHECK_NULL);
  if (k == NULL) {
    return NULL;
  }

  if (TraceClassResolution) {
    trace_class_resolution(k);
  }
  return (jclass) JNIHandles::make_local(env, k->java_mirror());
JVM_END
```

在上述代码的层层调用逻辑中，抽取其中类加载器的主要业务逻辑：LoadMainClass()

函数，该函数负责加载 LauncherHelper.java 类，该类在 rt.jar 目录下 sun\launcher\LauncherHelper。

```
jclass cls = GetLauncherHelperClass(env);
```

通过 FindBootStrapClass 加载 LauncherHelper 类。

```
FindBootStrapClass(env,"sun/launcher/LauncherHelper")
```

FindBootStrapClass 就是 BootStrap 类加载器。它是在 jvm.cpp 中用 C++语言实现的。Hotspot 中并没有 BootLoader，这只是一个概念，使用 JVM 内部的 CPP 代码直接加载类。如果开发者想通过 Java 的库函数获取 BootLoader，将会返回 null。

```
findBootClass = (FindClassFromBootLoader_t *)dlsym(RTLD_DEFAULT,
"JVM_FindClassFromBootLoader");
```

JVM_FindClassFromBootLoader()函数最后将类加载到 SystemDictionary 中，并返回 Klass，标志着类加载代码逻辑执行完毕。

Bootstrap ClassLoader 类加载过程总结如下。

（1）证实结论：Bootstrap ClassLoader，这个类加载器是实现的在 jvm.cpp 中用 C++语言。这个 Bootstrap ClassLoader 加载器解决了第一个类需要加载器的"鸡生蛋，蛋生鸡"的悖论问题。

（2）JVM 类加载过程：收到类加载请求时，没有自己尝试加载这个类，而是将这个请求委派给父类加载器完成。Java 中每一个层次的类加载都是如此。这个过程称为双亲委派模型。例如，加载 LauncherHelper.java 类，通过 FindBootStrapClass 委派给 Bootstrap ClassLoader 来加载这个请求。

为什么需要双亲委派模型，以及为什么最后需要 SystemDictionary 来映射 klass。相关内容如图 8.5 和图 8.6 所示。

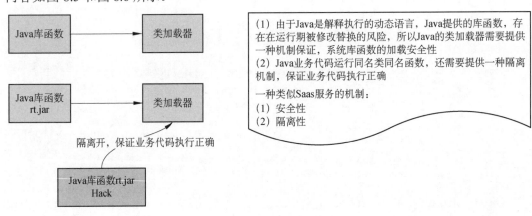

图 8.5　类加载问题

引入层级类加载逻辑，所有类
加载满足约束：父类加载器，
永远优先当前类加载器的加载类
（逻辑上的父子关系）

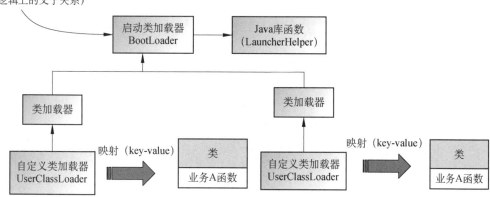

图 8.6　类加载问题的解决方案

8.2.2　三层类加载器

在上一节中，我们介绍了 LoadMainClass()函数，加载 LauncherHelper.java 类，然后 NULL_CHECK0(mid = (*env)->GetStaticMethodID(env, cls, "checkAndLoadMain"," (ZILjava/lang/String;)Ljava/lang/Class;"));，调用了 LauncherHelper 的 checkAndLoadMain()函数，加载并校验主类。

代码路径 jdk/src/share/classes/sun/launcher/LauncherHelper.java，考虑我们只关注类加载相关逻辑，因此对代码进行了删减。

```
public enum LauncherHelper {
    private static final ClassLoader scloader = ClassLoader.getSystemClassLoader();

    public static Class<?> checkAndLoadMain(boolean printToStderr, int mode, String what) {
        initOutput(printToStderr);
        // get the class name
        String cn = null;
        // 通过命令行启动 Java 应用程序是，可以传入指定的具体类文件定义的.class 文件。也可以是
多个.class 文件打包的.jar 文件
        switch (mode) {
        case LM_CLASS:
            cn = what;
            break;
        case LM_JAR:
            cn = getMainClassFromJar(what);
            break;
```

```
            default:
                // should never happen
                throw new InternalError("" + mode + ": Unknown launch mode");
        }
        cn = cn.replace('/', '.');
        Class<?> mainClass = null;
        try {
            //main 函数所在的 class，其中 scloader 对应的类加载器的定义在私有成员，scloader 类加
载器是 AppClassLoader 加载器
            mainClass = scloader.loadClass(cn);
        } catch (NoClassDefFoundError | ClassNotFoundException cnfe) {

        }
        // set to mainClass
        appClass = mainClass;

        /*
         * Check if FXHelper can launch it using the FX launcher. In an FX app,
         * the main class may or may not have a main method, so do this before
         * validating the main class.
         */
        if (mainClass.equals(FXHelper.class) ||
                FXHelper.doesExtendFXApplication(mainClass)) {
            // Will abort() if there are problems with the FX runtime
            FXHelper.setFXLaunchParameters(what, mode);
            return FXHelper.class;
        }

        validateMainClass(mainClass);
        return mainClass;
    }
```

从上述代码逻辑中可以看到，mainClass 通过 scloader 加载器进行加载。scloader 类加载器的执行逻辑如下。

（1）scloader 在 ClassLoader.java 中通过 getSystemClassLoader()被加载。

（2）执行 initSystemClassLoader()函数，sun.misc.Launcher 的 l.getClassLoader()加载对应的类加载器。

代码路径 jdk/src/share/classes/java/lang/ClassLoader.java。

```
public static ClassLoader getSystemClassLoader() {
    initSystemClassLoader();
    if (scl == null) {
        return null;
    }
    SecurityManager sm = System.getSecurityManager();
    if (sm != null) {
        checkClassLoaderPermission(scl, Reflection.getCallerClass());
```

```
        }
        return scl;
    }

    private static synchronized void initSystemClassLoader() {
        if (!sclSet) {
            if (scl != null)
                throw new IllegalStateException("recursive invocation");
            sun.misc.Launcher l = sun.misc.Launcher.getLauncher();
            if (l != null) {
                Throwable oops = null;
                //launcher 获得的类加载器就是 AppClassLoader
                scl = l.getClassLoader();
                //移除部分逻辑代码
            }
            sclSet = true;
        }
    }
```

代码路径 jdk/src/share/classes/sun/misc/Launcher.java。

```
public class Launcher {
    private static URLStreamHandlerFactory factory = new Factory();
    private static Launcher launcher = new Launcher();
    private static String bootClassPath =
        System.getProperty("sun.boot.class.path");

    public static Launcher getLauncher() {
        return launcher;
    }

    private ClassLoader loader;

    public Launcher() {
        // Create the extension class loader
        ClassLoader extcl;
        try {
            extcl = ExtClassLoader.getExtClassLoader();
        } catch (IOException e) {
            throw new InternalError(
                "Could not create extension class loader", e);
        }

        // Now create the class loader to use to launch the application
        try {
            loader = AppClassLoader.getAppClassLoader(extcl);
        } catch (IOException e) {
            throw new InternalError(
                "Could not create application class loader", e);
```

```
        }

        // Also set the context class loader for the primordial thread.
        Thread.currentThread().setContextClassLoader(loader);

        // Finally, install a security manager if requested
        String s = System.getProperty("java.security.manager");
        if (s != null) {
            SecurityManager sm = null;
            if ("".equals(s) || "default".equals(s)) {
                sm = new java.lang.SecurityManager();
            } else {
                try {
                    sm = (SecurityManager)loader.loadClass(s).newInstance();
                } catch (IllegalAccessException e) {
                } catch (InstantiationException e) {
                } catch (ClassNotFoundException e) {
                } catch (ClassCastException e) {
                }
            }
            if (sm != null) {
                System.setSecurityManager(sm);
            } else {
                throw new InternalError(
                    "Could not create SecurityManager: " + s);
            }
        }
    }


/*
 * Returns the class loader used to launch the main application.
 */
public ClassLoader getClassLoader() {
    return loader;
}


/*
 * The class loader used for loading installed extensions.
 * 负责加载%JAVA_HOME%\lib\ext 目录中，或者被 java.ext.dirs 系统变量所指定的路径中所有的类库
 */
static class ExtClassLoader extends URLClassLoader {
    //.....
}


/**
 * The class loader used for loading from java.class.path.
 * runs in a restricted security context.
 * ClassLoader 类中的 getSystemClassLoader() 方法的返回值，所以有些场合也称它为"系统类加载器"。
```

```
 * 它负责加载用户类路径（ClassPath）所有的类库，开发者同样可以直接在代码中使用这个类加载器。
 * 如果应用程序中没有自定义自己的类加载器，一般情况下这个就是程序中默认的类加载器。
 */
static class AppClassLoader extends URLClassLoader {
 //....
 }
}
```

将所有的代码逻辑进行简化，可以用图 8.7 表示。

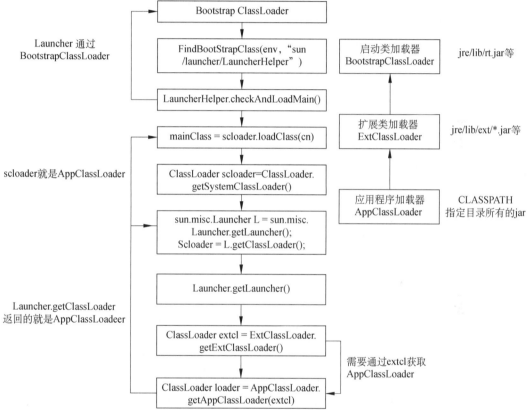

图 8.7　三层类加载模型

三层类加载器模型指的是，对于 Java 应用，绝大多数的 Java 程序都会使用以下 3 个系统提供的类加载器进行加载。

（1）Bootstrap Class Loader（启动类加载器）。

（2）ExtClassLoader（扩展类加载器）。

（3）AppClassLoader（应用程序类加载器）。

8.2.3　双亲委派模型

在上一节中，我们介绍了三层类加载模型，以及在 Launcher.java 中定义的 ExtClassLoader 和 AppClassLoader，类定义的结构如下。

```java
static class ExtClassLoader extends URLClassLoader {
    //.....
}

static class AppClassLoader extends URLClassLoader {
    //.....
}
```

它们都继承自 URLClassLoader。

```java
public class URLClassLoader extends SecureClassLoader implements Closeable {}
```

URLClassLoader 继承自 SecureClassLoader，而 SecureClassLoader 继承自 ClassLoader。

```java
public class SecureClassLoader extends ClassLoader {}。
```

上述类继承关系，证明了我们之前的结论。

java.lang.ClassLoader 这些由 Java 实现的类加载器，独立于 JVM 外部，并且全都继承自抽象类 java.lang.ClassLoader。在代码 jdk/src/share/classes/java/lang/ClassLoader.java 的 loadClass()方法中。

```java
protected Class<?> loadClass(String name, boolean resolve)
    throws ClassNotFoundException
{
    synchronized (getClassLoadingLock(name)) {
        // First, check if the class has already been loaded
        Class<?> c = findLoadedClass(name);
        if (c == null) {
            long t0 = System.nanoTime();
            try {
                if (parent != null) {
                    c = parent.loadClass(name, false);
                } else {
                    c = findBootstrapClassOrNull(name);
                }
            } catch (ClassNotFoundException e) {
                // ClassNotFoundException thrown if class not found
                // from the non-null parent class loader
            }

            if (c == null) {
                // If still not found, then invoke findClass in order
```

```
        // to find the class.
        long t1 = System.nanoTime();
        c = findClass(name);

        // this is the defining class loader; record the stats
        sun.misc.PerfCounter.getParentDelegationTime().addTime(t1 - t0);
        sun.misc.PerfCounter.getFindClassTime().addElapsedTimeFrom(t1);
        sun.misc.PerfCounter.getFindClasses().increment();
    }
}
if (resolve) {
    resolveClass(c);
}
return c;
}
}
```

这段代码的逻辑清晰易懂：首先检查请求加载的类型是否已经被加载，若没有则调用父加载器的 loadClass()方法，若父加载器为空则默认使用启动类加载器作为父加载器。假如父类加载器加载失败，并抛出 ClassNotFoundException 异常，则调用自己的 findClass()方法尝试进行加载。

所有类加载器都继承自 ClassLoader，加载过程都是一致的，即双亲委派模型。它的工作过程是：如果一个类加载器收到类加载的请求，它首先不会尝试自己加载这个类，而是将这个请求委派给父类加载器完成。每个层次的类加载器都是如此，因此所有的加载请求最终都应该传送到最顶层的启动类加载器，只有当父加载器反馈自己无法完成这个加载请求（它的搜索范围中没有找到所需的类）时，子加载器才尝试自己完成加载。

为什么需要双亲委派模型？

（1）Java 中的类随着它的类加载器一起具备了一种带有优先级的层次关系。

（2）例如，类 LauncherHelper 存放在 rt.jar 中，无论哪个类加载器要加载这个类，最终都是委派给处于模型最顶端的 Bootstrap ClassLoader 类加载器进行加载。

（3）如果没有使用双亲委派模型，都由各个类加载器自行加载，那么如果用户自己也编写了一个名为 java.lang.Object 的类，并放在程序的 ClassPath 中，那系统就会出现多个不同的 Object 类，Java 类型体系中最基础的行为也就无从保证，应用程序将变得混乱。

8.3　Hotspot CreateVM

虚拟机是通过 APP 应用方式进行模拟的计算机，JVM 底层代码涉及 CPU 和操作系统的相关逻辑。这里只关注 x86 架构、64 位系统以及 Linux 操作系统的相关逻辑。

在前面的章节中，LoadJavaVM()函数通过 dlopen 加载 libjvm.so，再通过 dlsym 调用对

应的 JNI_CreateJavaVM 函数来创建 Java 虚拟机。

```
//ifn->CreateJavaVM 函数指针调用，最终通过 dlsym 调用 libjvm.so 中对应的 JNI_CreateJavaVM 函数
ifn->CreateJavaVM = (CreateJavaVM_t)dlsym(libjvm, "JNI_CreateJavaVM");
代码路径 hotspot/src/share/vm/prims/jni.cpp 对应的 JNI_CreateJavaVM 函数，核心代码：
jint result = JNI_ERR;
result = Threads::create_vm((JavaVMInitArgs*) args, &can_try_again);
代码路径 hotspot/src/share/vm/prims/runtime/thread.cpp
jint Threads::create_vm(JavaVMInitArgs* args, bool* canTryAgain) {
  //通过画图的方式描述 createVM 的函数执行过程
  return JNI_OK;
}
```

createVM 过程是 JVM 启动过程中的重要组成部分。createVM 执行过程涉及绝大多数的 Hotspot 内核模块。因此，了解这个过程对于理解 Hotspot 整体架构有重要的意义，图 8.8 描述了系统初始化的完整过程。

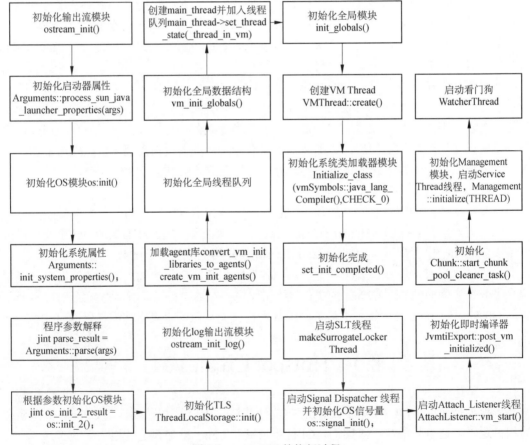

图 8.8　createVM 的执行过程

接下来，我们将对其中的重要步骤进行详细描述。

8.3.1　初始化系统属性及 SystemProperites

初始化系统属性的代码如下。

```
// Initialize the output stream module
// 初始化输出流模块
ostream_init();

// Process java launcher properties.
// 初始化 Java 启动器系统属性
Arguments::process_sun_java_launcher_properties(args);

// Initialize the os module before using TLS
// 初始化 OS 模块
os::init();

// Initialize system properties.
// 初始化系统属性
Arguments::init_system_properties();
```

os::init()函数需要初始化随机种子、页面信息、CPU 数量，并设置物理内存大小。为什么需要设置这些数据？这些数据的设置在 MySQL，Redis，JVM 源码中共同出现了。当 APP 需要自行管理缓存数据或利用页面进行一些特定操作时，必须通过 os::init()设置这些数据。

```
// this is called _before_ the most of global arguments have been parsed
void os::init(void) {
  char dummy;   /* used to get a guess on initial stack address */
//  first_hrtime = gethrtime();

  // With BsdThreads the JavaMain thread pid (primordial thread)
  // is different than the pid of the java launcher thread.
  // So, on Bsd, the launcher thread pid is passed to the VM
  // via the sun.java.launcher.pid property.
  // Use this property instead of getpid() if it was correctly passed.
  // See bug 6351349.
  //优先获取当前启动进程的进程号，因为启动进程可能和当前的线程不是同一个进程
  //JavaMain 是通过创建新线程的方式启动的
  pid_t java_launcher_pid = (pid_t) Arguments::sun_java_launcher_pid();
  _initial_pid = (java_launcher_pid > 0) ? java_launcher_pid : getpid();

    //获取每秒时钟的滴答数
  clock_tics_per_sec = CLK_TCK;
    //初始化随机种子
  init_random(1234567);
```

```
ThreadCritical::initialize();
  //设置页大小
Bsd::set_page_size(getpagesize());
if (Bsd::page_size() == -1) {
  fatal(err_msg("os_bsd.cpp: os::init: sysconf failed (%s)",
            strerror(errno)));
}
//设置页大小
init_page_sizes((size_t) Bsd::page_size());

//获取 CPU 的数量
//计算物理内存的大小
Bsd::initialize_system_info();

// main_thread points to the aboriginal thread
// 获得指向原生线程的指针，并将其保存在全局变量
Bsd::_main_thread = pthread_self();
  // 系统时钟初始化
Bsd::clock_init();
initial_time_count = javaTimeNanos();
}
```

Arguments::init_system_properties 用于设置 JVM 的属性和系统属性。在 Java 中，调用 System.getProperty 方法获取的所有属性值都在此方法中设置。源码在 hotspot/src/share/runtimes/arguments.cpp 中。

```
// Initialize system properties key and value.
void Arguments::init_system_properties() {

  PropertyList_add(&_system_properties, new SystemProperty("java.vm.specification.
name",
                      "Java Virtual Machine Specification", false));
  PropertyList_add(&_system_properties, new SystemProperty("java.vm.version", VM_Version::
vm_release(), false));
  PropertyList_add(&_system_properties, new SystemProperty("java.vm.name", VM_Version::
vm_name(), false));
  PropertyList_add(&_system_properties, new SystemProperty("java.vm.info", VM_Version::
vm_info_string(), true));

  }
```

Arguments 首先定义了一个全局变量 _system_properties 来存储 JVM 的系统属性。站在 JVM 开发者的角度，createVM 还未完成，此时需要一套机制来承载存放 java 对应的系统属性值。因此，需要全局变量 _system_properties。

定义了 class SystemProperty: public CHeapObj<mtInternal>的 C++类，用来管理和存放系统或用户的属性。

Java 何时读取这些属性？createVM 执行成功后，开始执行 Java 的 main 方法时，可以

通过 System.getProperty 方法读取上面设置的属性。

```
public static void main(String[] args) {
    System.out.println(System.getProperty("java.class.path"));
}
```

跟踪 System.getProperty 的具体实现，可以发现对应的 properties 方法通过本地修饰的 initProperties 方法进行属性初始化。最后在 initializeSystemClass()调用 initProperties。注释告诉我们 initializeSystemClass()在线程初始化后被调用。

```
private static Properties props;
public static native Properties initProperties(Properties props);

//Initialize the system class. Called after thread initialization.
private static void initializeSystemClass(){
 initProperties(props);  // initialized by the VM
}
```

native 关键字在 JDK 源码层面是比较常见的，因此非常有必要清楚 native 的作用。

Java 开发者希望使用汇编或者其他低级语言 C 语言或者 C++语言实现一些高性能逻辑。为了满足这些需求，Java 设计了 JNI（Java Native Interface）。当 Java 方法被 native 关键字修饰时，该方法按照 JNI 规范调用规则执行时，会调用 JVM 中的函数（JNI 函数）。

JNI 的约定：两合一约定。

（1）类与类合：例如，Java 的 System 类有方法含有 native 关键字，那么其必定存在一个 System.c 中的方法与之对应。在 Jvm 源码中，通过搜索该类名即可找到。这种类与类的对应关系，称为类与类合。

（2）方法与方法合：当方法被关键字 native 修饰时，必定存在 Java+下画线+包名隔开加下画线+类名+方法名与之对应。这种方法与方法的对应关系，称为方法与方法合。例如：native Properties initPropertie(Properties props)方法在 System.c 中存在 Java_java_lang_System_initProperties 与之对应。

（3）Class<? >.registerNatives 约定：当类存在 native 关键字时，必定存在静态代码块 registerNatives。当类加载时，虚拟机调用静态代码块的 Class<? >.registerNatives，该方法告诉虚拟机两者的对应关系。后续调用 native 修饰的方法时，虚拟机可以根据之前注册的关系找到该方法。运行时的调用过程如下。

（1）使用 dlopen 打开动态链接库。

（2）按照约定，使用 dlsym 通过符号名找到函数的地址。

（3）保存对链接库的引用。

（4）调用获取的函数地址。

在 JVM 代码中 Java_java_lang_System_initProperties，负责将 libjvm 的属性值复制到 Java 的 props 对象中。

```
JNIEXPORT jobject JNICALL
Java_java_lang_System_initProperties(JNIEnv *env, jclass cla, jobject props)
{
    PUTPROP(props, "java.version", RELEASE);
    PUTPROP(props, "java.vendor", VENDOR);
    // 把 Arguments::init_system_properties 的属性值复制到 Java 的 props 对象中
    ret = JVM_InitProperties(env, props);
}
```

关于 Arguments::init_system_properties，介绍如下。

（1）初始化属性通过 _system_properties 全局变量保存。

（2）Arguments 类中提供 system_properties()函数返回 _system_properties。

（3）查找 system_properties()函数调用的 caller。

（4）发现在 JVM_InitProperties 函数中，会遍历 Arguments::system_properties()，并将初始化属性保存到 props 中。

```
JVM_ENTRY(jobject, JVM_InitProperties(JNIEnv *env, jobject properties))
  JVMWrapper("JVM_InitProperties");
  ResourceMark rm;

  Handle props(THREAD, JNIHandles::resolve_non_null(properties));

  // System property list includes both user set via -D option and
  // jvm system specific properties.
  // 把 Arguments::init_system_properties 的属性值复制到 java 的 props 对象中
  for (SystemProperty* p = Arguments::system_properties(); p != NULL; p = p->next())
{
    PUTPROP(props, p->key(), p->value());
  }
```

最后，通过初始化系统属性的闭环源码操作过程，在 Java 开发者角度和 JVM 开发者角度，我们都能理解 JNI 规范的两合一约定。

8.3.2 给 JVM 的主干添加枝叶——程序参数解释

如图 8.8 所示的 createVM 执行过程，展示了 JVM 的 createVM 执行主干逻辑。本节描述了 createVM 的枝叶逻辑。它们的关系如图 8.9 所示。

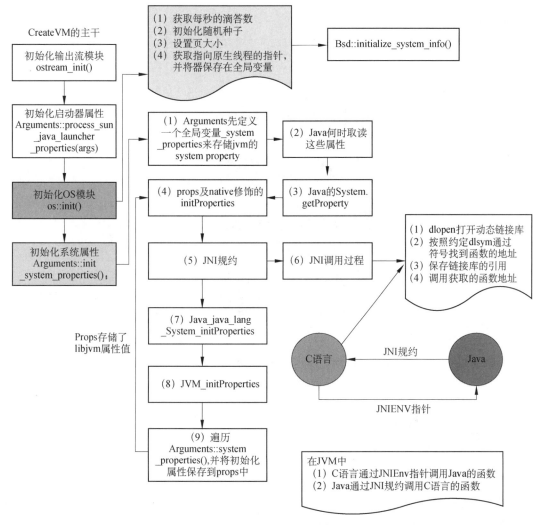

图 8.9　createVM 的初始化属性枝叶

　　Arguments::init_system_properties 作为 CreateVM 的枝叶，涵盖了大量的代码实现细节。对于需要遍历所有的 CreateVM 主干及其细节，短短一个章节中显然不可能详细描述。读者需要自己去阅读感兴趣的源码，以完善自己的混沌树。

　　如果想自己去阅读源码，那么我们应该如何给 createVM 的主干添加枝叶呢？

　　前文介绍了通过 Java -Xmx xxx 设置 JVM 堆内内存，那么在 createVM 的过程中，-Xmx 的参数解析执行过程是怎么样的呢？

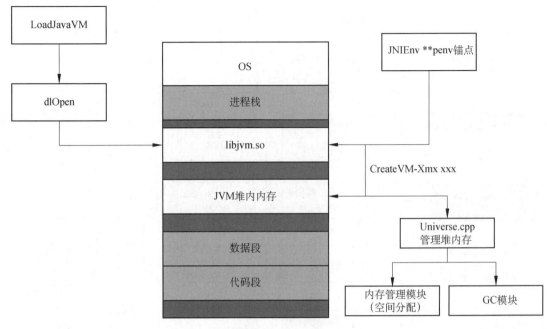

图 8.10　Universe

　　如图 8.10 所示，在 JVM 源码中，存在 hotspot/src/share/vm/memory/universe.cpp 类，用来管理 JVM 堆内内存。通过对 Universe 类的追根溯源，我们来探究-Xmx xxx 是如何设置 JVM 堆内内存的。

　　合理猜测 Universe 类中存在 init 方法，在 init 方法内进行参数设置。全局搜索 init，发现存在 Universe::initialize_heap()函数。

```
jint Universe::initialize_heap() {
//GC 模块，分代策略（年轻代，老年代）
GenCollectorPolicy *gc_policy;
//标记清除策略，串行逻辑，gc 中最简单的实现
gc_policy = new MarkSweepPolicy();
//策略的初始化，依赖-Xmx 参数的设置，因此需要跟踪 gc_policy->initialize_all()方法
gc_policy->initialize_all()
return JNI_OK;
}
```

　　移除无关代码，在所有的 if-else 代码逻辑中，串行的代码逻辑最简单。所以保留串行逻辑代码 gc_policy = new MarkSweepPolicy();。在研究对应代码时，摒弃不相关模块信息，有助于避免迷失在代码细节中，防止晕头转向最终放弃源码阅读。

　　跟踪 gc_policy->initialize_all() 方法，根据面向对象的知识，gc_policy = new MarkSweepPolicy() 向上转型为 GenCollectorPolicy *gc_policy，因此我们只需关注 GenCollectorPolicy 的 initialize_all()函数。

查找方法符号时，若当前类没有，那么向上查找父类的实现。

```
virtual void initialize_all() {
 CollectorPolicy::initialize_all();
 initialize_generations();
}
```

继续查找 CollectorPolicy::initialize_all()。

```
public:
 virtual void initialize_all() {
   initialize_alignments();
   initialize_flags();
   initialize_size_info();
  }
```

接着查找 initialize_size_info()函数。

```
void CollectorPolicy::initialize_size_info() {
 if (PrintGCDetails && Verbose) {
  //_min_heap_byte_size 对应-Xms 最小堆内存
  //_max_heap_byte_size 对应-Xmx 最大堆内存
  //_initial_heap_byte_size 动态扩容
  gclog_or_tty->print_cr("Minimum heap " SIZE_FORMAT "  Initial heap "
   SIZE_FORMAT "  Maximum heap " SIZE_FORMAT,
    _min_heap_byte_size, _initial_heap_byte_size, _max_heap_byte_size);
 }

 DEBUG_ONLY(CollectorPolicy::assert_size_info();)
}
```

找到关键点_max_heap_byte_size，接下来只需找到设置了这个属性的类。通过反向查找 caller。

```
CollectorPolicy::CollectorPolicy() :
   _space_alignment(0),
   _heap_alignment(0),
   _initial_heap_byte_size(InitialHeapSize),
   _max_heap_byte_size(MaxHeapSize),
   _min_heap_byte_size(Arguments::min_heap_size()),
   _max_heap_size_cmdline(false),
   size_policy(NULL),
   _should_clear_all_soft_refs(false),
   _all_soft_refs_clear(false)
{}
```

再次通过反向查找 MaxHeapSize 的 caller，会找到多个 Arguments 对应的方法。根据方法名的含义，选择 Arguments::parse_each_vm_init_arg 函数。

```
jint Arguments::parse_each_vm_init_arg(const JavaVMInitArgs* args,
                          SysClassPath* scp_p,
```

```
                                    bool* scp_assembly_required_p,
                                    Flag::Flags origin) {
    if {
    } else if (match_option(option, "-Xmx", &tail) || match_option(option,
"-XX:MaxHeapSize=", &tail)) {
        julong long_max_heap_size = 0;
        ArgsRange errcode = parse_memory_size(tail, &long_max_heap_size, 1);
        if (errcode != arg_in_range) {
          jio_fprintf(defaultStream::error_stream(),
                    "Invalid maximum heap size: %s\n", option->optionString);
          describe_range_error(errcode);
          return JNI_EINVAL;
        }
        FLAG_SET_CMDLINE(uintx, MaxHeapSize, (uintx)long_max_heap_size);
      // Xmaxf
      }
  }
```

最后，查找是谁调用了 Arguments::parse_each_vm_init_arg 函数，将整个逻辑接入 CreateVM 的主干逻辑中。

（1）Arguments::parse_vm_init_args 函数调用了 Arguments::parse_each_vm_init_arg 函数。

```
jint Arguments::parse_vm_init_args(const JavaVMInitArgs* args) {
  // Parse JavaVMInitArgs structure passed in
  result = parse_each_vm_init_arg(args, &scp, &scp_assembly_required, Flag::COMMAND_
LINE);
  if (result != JNI_OK) {
    return result;
  }
  return JNI_OK;
}
```

（2）最终，Arguments::parse 调用了 Arguments::parse_vm_init_args，回到了主干流程。

```
jint Arguments::parse(const JavaVMInitArgs* args) {
    parse_vm_init_args(args);
  if (result != JNI_OK) {
    return result;
  }
  return JNI_OK;
}
```

最后，我们继续完善 CreateVM 的主干流程图，如图 8.11 所示。

通过对-Xmx 并入 createVM 主干流程的梳理可以发现,通过 ELF 的知识推导 Java 进程空间分布，通过动态链接库知识推导 JVM 堆内内存的分配逻辑，JVM 的 Universe 类关联到-Xmx 的参数解析过程。

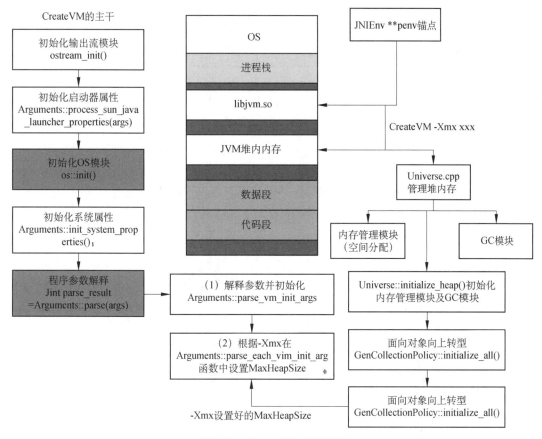

图 8.11　-Xmx 并入主干流程

这个关联过程就是混沌学习法的精髓：点连线，主干知识的掌握后期可以通过反向查找对应的知识点，通过点连线关联到主干上。随着知识点的关联增多，混沌知识树会越来越庞大，学习效率也会越来越高。接下来我们将继续了解 JVM 的 createVM 主干逻辑。在 Linux 接收网络数据时，也使用过反向查找的技能。

8.3.3　线程安全点

在 create_vm 函数中，OS 第二阶段初始化最主要的作用是分配一个 4KB 的轮询页（polling page）。其作用如图 8.12 所示。

```
jint os_init_2_result = os::init_2();
```

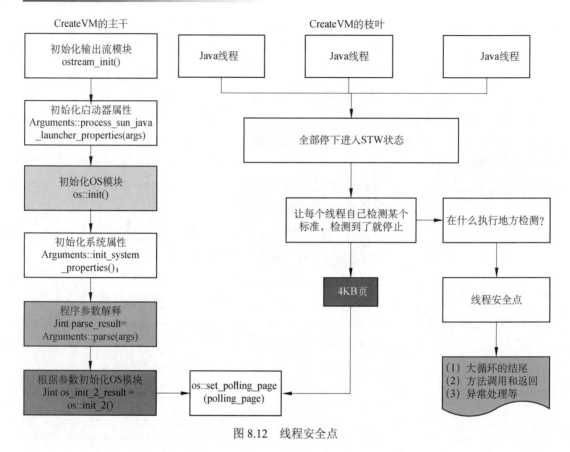

图 8.12 线程安全点

反向查找 set_polling_page 的 caller，可以发现 os.hpp 文件中有许多 polling_page 相关函数。

```
    static void   set_polling_page(address page) { _polling_page = page; }
    static bool   is_poll_address(address addr)  { return addr >= _polling_page && addr
< (_polling_page + os::vm_page_size()); }
    static void   make_polling_page_unreadable();
    static void   make_polling_page_readable();
```

可以找到 make_polling_page_unreadable()函数，这个函数的作用是将轮询页设置为不可访问状态。

```
// Mark the polling page as unreadable
void os::make_polling_page_unreadable(void) {
 if( !guard_memory((char*)_polling_page, Linux::page_size()) )
   fatal("Could not disable polling page");
};
```

这里传入的值 PROT_NONE 为空，代表该页属性不可访问。

```
bool os::guard_memory(char* addr, size_t size) {
    return Linux_mprotect(addr, size, PROT_NONE);
}
```

进一步查找 make_polling_page_unreadable 的 caller，可以发现 SafepointSynchronize:: begin 执行该方法。即线程安全点会将轮询页设置为不可访问状态。

```
// Roll all threads forward to a safepoint and suspend them all
void SafepointSynchronize::begin() {
    if (UseCompilerSafepoints && int(iterations) == DeferPollingPageLoopCount) {
        guarantee (PageArmed == 0, "invariant") ;
        PageArmed = 1 ;
        os::make_polling_page_unreadable();
    }
}
```

8.3.4　初始化全局线程队列及 vm_init_globals

初始化全局线程队列的代码如下。

```
// Initialize Threads state
//保存了所有的Java线程
_thread_list = NULL;
//Java线程的数量
_number_of_threads = 0;
//非守护线程的数量
_number_of_non_daemon_threads = 0;
```

vm_init_globals 的代码如下。

```
void vm_init_globals() {
    check_ThreadShadow();
    //Java基础数据类型初始化 检测并设置变量大小
    basic_types_init();
    //分配全局事件缓存区，初始化事件队列
    eventlog_init();
    //互斥量初始化，初始化全局锁
    mutex_init();
    //Java内部内存初始化，能有效避免malloc/free抖动影响
    chunkpool_init();
    //性能初始化，统计Java性能
    perfMemory_init();
}
```

8.3.5　JavaThread

JavaThread 用于保存当前线程在 JVM 中的状态信息，如图 8.13 所示。

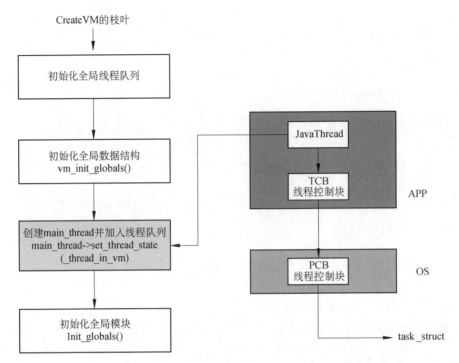

图 8.13　JavaThread

```
// Attach the main thread to this os thread
 JavaThread* main_thread = new JavaThread();
main_thread->set_thread_state(_thread_in_vm);
// must do this before set_active_handles and initialize_thread_local_storage
// Note: on solaris initialize_thread_local_storage() will (indirectly)
// change the stack size recorded here to one based on the java thread
// stacksize. This adjusted size is what is used to figure the placement
// of the guard pages.
main_thread->record_stack_base_and_size();
main_thread->initialize_thread_local_storage();
main_thread->set_active_handles(JNIHandleBlock::allocate_block());
```

8.4　初始化全局模块 init_globals

　　JVM 采取模块化开发方式，全局模块初始化涵盖所有 JVM 模块信息，是 JVM 的核心逻辑，示例代码如下。

```
//全局模块初始化
jint init_globals() {
  HandleMark hm;
```

```
  management_init();
  bytecodes_init();
  classLoader_init();
  codeCache_init();
  VM_Version_init();
  os_init_globals();
  stubRoutines_init1();
  jint status = universe_init();        // 依赖于 codeCache_init 和
                                        // stubRoutines_init1 和 metaspace_init.

  if (status != JNI_OK)
    return status;

  interpreter_init();                   // 在加载任何方法之前
  invocationCounter_init();             // 在加载任何方法之前
  marksweep_init();
  accessFlags_init();
  templateTable_init();
  InterfaceSupport_init();
  SharedRuntime::generate_stubs();
  universe2_init();                     // 依赖于 codeCache_init 和 stubRoutines_init1
  referenceProcessor_init();
  jni_handles_init();
#if INCLUDE_VM_STRUCTS
  vmStructs_init();
#endif // INCLUDE_VM_STRUCTS

  vtableStubs_init();
  InlineCacheBuffer_init();
  compilerOracle_init();
  compilationPolicy_init();
  compileBroker_init();
  VMRegImpl::set_regName();

  if (!universe_post_init()) {
    return JNI_ERR;
  }
  javaClasses_init();    // 必须在初始化之后发生
  stubRoutines_init2(); // 注意：程序需要两阶段 init 调整的标志已经设置好了，所以现在就转存标志了

  //所有由 VM_Version_init 和 os::init_2
  if (PrintFlagsFinal) {
    CommandLineFlags::printFlags(tty, false);
  }

  return JNI_OK;
}
```

对这段代码进行分析。

HandleMark hm;：创建一个 HandleMark 对象，用于管理 JVM 中的句柄。

management_init();：进行管理模块的初始化，用于管理和监控 JVM 的运行状态。

bytecodes_init();：进行字节码相关的初始化，包括解析和处理字节码指令。

classLoader_init();：进行类加载器的初始化，用于加载和处理 Java 类。

codeCache_init();：进行代码缓存的初始化，用于存储编译后的代码。

VM_Version_init();：进行虚拟机版本相关的初始化，获取和设置虚拟机的版本信息。

os_init_globals();：进行操作系统相关的全局初始化，如处理操作系统的特定设置。

stubRoutines_init1();：进行存根例程的初始化，存根例程是一些特定功能的汇编代码实现。

universe_init();：进行宇宙空间的初始化，包括堆的初始化、元空间的初始化等。

interpreter_init();：进行解释器的初始化，用于解释执行 Java 方法。

invocationCounter_init();：进行方法调用计数器的初始化，用于优化热点方法的执行。

marksweep_init();：进行标记-清除算法的初始化，用于老年代的垃圾回收。

accessFlags_init();：进行访问标志的初始化，用于控制类和成员的访问权限。

templateTable_init();：进行模板表的初始化，用于支持泛型类型的实例化。

InterfaceSupport_init();：进行接口支持的初始化，用于处理接口类型的方法调用。

SharedRuntime::generate_stubs();：生成共享运行时存根，用于优化特定的运行时操作。

universe2_init();：进行宇宙空间的第二阶段初始化，与代码缓存和存根例程相关。

referenceProcessor_init();：进行引用处理器的初始化，用于处理对象引用的垃圾回收。

jni_handles_init();：进行 JNI 句柄的初始化，用于管理 JNI 层面的对象引用。

vmStructs_init();：进行 VM 结构的初始化，用于支持虚拟机内部的结构体定义。

vtableStubs_init();：进行虚函数表存根的初始化，用于支持虚函数的动态调用。

InlineCacheBuffer_init();：进行内联缓存的初始化，用于提高方法调用的性能。

compilerOracle_init();：进行编译器 Oracle 的初始化，用于控制编译器的行为。

compilationPolicy_init();：进行编译策略的初始化，用于决定何时以及如何进行方法的编译。

compileBroker_init();：进行编译器代理的初始化，用于管理和协调编译任务。

VMRegImpl::set_regName();：设置虚拟机寄存器的名称。

if (!universe_post_init()) { return JNI_ERR; }：进行宇宙空间的后期初始化，如果失败则返回错误状态。

javaClasses_init();：进行 Java 类的初始化，必须在虚函数表初始化之后进行。

stubRoutines_init2();：对存根例程进行第二阶段初始化。注意，存根例程需要两阶段初始化。

if (PrintFlagsFinal) { CommandLineFlags::printFlags(tty, false); }：如果需要打印最终

的标志位信息，则打印标志位。

返回 JNI_OK 表示全局初始化成功。

在 init_globals()函数中进行各个模块的初始化，包括管理模块、字节码处理、类加载器、代码缓存、垃圾回收、虚拟机版本等。通过这些初始化操作，确保 JVM 在开始执行 Java 程序前处于正确的状态，并准备处理 Java 程序的各种操作和需求。

8.4.1　JVM 解释器模块

最简单的 JVM 可以只包括类加载器和解释器：类加载器加载字节码（如 iconst_1，iadd）并传给 JVM，解释器按照字节码执行（基于栈的操作指令集）计算结果。

1. 字节码模块 bytecodes_init()

（1）在 Bytecodes::initialize()函数中，定义字节码指令的以下属性。

bytecode name：字节码名称。

format：表示字节码的格式和长度。

wide：表示字节码是否可以加 wide 修饰符。Null 表示不可以加，wbii 表示可以加。

result tp：表示指令执行后的结果类型。

stk：表示对栈深度的影响。

traps：表示字节码执行时是否能被阻塞（can_trap）。

```
void Bytecodes::initialize() {
  if (_is_initialized) return;
  assert(number_of_codes <= 256, "too many bytecodes");

  // initialize bytecode tables - didn't use static array initializers
  // (such as {}) so we can do additional consistency checks and init-
  // code is independent of actual bytecode numbering.
  //
  // Note 1: NULL for the format string means the bytecode doesn't exist
  //         in that form.
  //
  // Note 2: The result type is T_ILLEGAL for bytecodes where the top of stack
  //         type after execution is not only determined by the bytecode itself.

  // Java bytecodes
  // bytecode          bytecode name         format   wide f.   result tp stk traps
  def(_nop            , "nop"              , "b"    , NULL    , T_VOID   , 0, false);
  def(_aconst_null    , "aconst_null"      , "b"    , NULL    , T_OBJECT , 1, false);
  def(_iconst_m1      , "iconst_m1"        , "b"    , NULL    , T_INT    , 1, false);
  def(_iconst_0       , "iconst_0"         , "b"    , NULL    , T_INT    , 1, false);
  def(_iconst_1       , "iconst_1"         , "b"    , NULL    , T_INT    , 1, false);
```

（2）字节码的枚举

```
// NOTE: replicated in SA in vm/agent/sun/jvm/hotspot/interpreter/Bytecodes.java
class Bytecodes: AllStatic {
public:
  enum Code {
    _illegal            = -1,

    // Java bytecodes
    _nop                = 0, // 0x00
    _aconst_null        = 1, // 0x01
    _iconst_m1          = 2, // 0x02
    _iconst_0           = 3, // 0x03
    _iconst_1           = 4, // 0x04
    _iconst_2           = 5, // 0x05
    _iconst_3           = 6, // 0x06
    //移除部分

    number_of_java_codes,
  };
```

通过一段 Java 代码来看看编译后的 Java 字节码文件的结构。然后，通过与 RISC 和 CISC 的汇编代码进行对比，可以了解基于寄存器的指令集和基于栈的指令集的区别。

```
public class Demo {
    public static void main(String[] args) {
        int a = 1;
        a = a + 1;
    // 基于寄存器的指令集
    // RISC
    // movl $1,(%ebp - 4)
    // movl (%ebp - 4),%eax
    // addl $1,%eax
    // movl %eax,(%ebp - 4)

    // CISC
    // addl $1,(%ebp)
    }
}
```

执行命令 javap -verbose Demo 得到基于栈的指令集，这实际上是在字节码模块 bytecodes_init()中定义的字节码数据。

```
public static void main(java.lang.String[]);
    descriptor: ([Ljava/lang/String;)V
    flags: (0x0009) ACC_PUBLIC, ACC_STATIC
    Code:
      stack=2, locals=2, args_size=1
        0: iconst_1
        1: istore_1
```

```
    2: iload_1
    3: iconst_1
    4: iadd
    5: istore_1
    6: return
 LineNumberTable:
   line 3: 0
   line 4: 2
   line 5: 6
```

2. C++解释器

上述编译的 Java 字节码指令集：iconst_1，istore_1，iload_1，iadd，如果使用 C++解释器，其工作流程如图 8.14 所示。

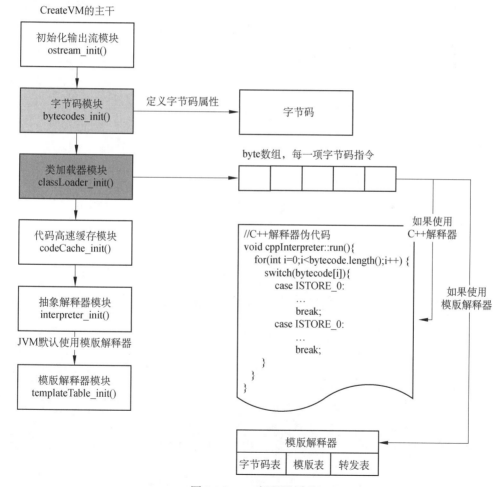

图 8.14　C++解释器原理

源码路径：hotspot/src/share/vm/interpreter/bytecodeInterpreter.cpp。

```
  register intptr_t*          topOfStack = (intptr_t *)istate->stack(); /* access with STACK
macros */
  register address            pc = istate->bcp();
  register jubyte opcode;
  register intptr_t*          locals = istate->locals();
  register ConstantPoolCache* cp = istate->constants();// method()->constants()->
cache()
```

3. 模板解释器原理

模板解释器是基于汇编方式实现的解释器，使用预先准备好的汇编模板，在虚拟机创建时初始化。例如，在虚拟机创建时，为 iadd 和 istore_0 申请两片内存，并设置为可读、可写、可执行，然后向内存写入模拟 iadd 和 istore_0 执行的机器码。在字节码执行遇到 iadd 和 istore_0 时，就会跳转到相应内存，执行该内存预先保存的机器码。

模板解释器的核心优势在于直接使用平台相关的寄存器来提升性能并进行优化。

TemplateTable::initialize()模版表初始化如下。

```
void TemplateTable::initialize() {
  if (_is_initialized) return;

  // 初始化表
  TraceTime timer("TemplateTable initialization", TraceStartupTime);

  _bs = Universe::heap()->barrier_set();

  // 为了更好的可续性
  const char _    = ' ';
  const int  ____ = 0;
  const int  ubcp = 1 << Template::uses_bcp_bit;
  const int  disp = 1 << Template::does_dispatch_bit;
  const int  clvm = 1 << Template::calls_vm_bit;
  const int  iswd = 1 << Template::wide_bit;
  // 模版表
  //                             interpr. templates
  // Java spec bytecodes    ubcp|disp|clvm|iswd in   out  generator        argument
  def(Bytecodes::_nop        , ____|____|____|____, vtos, vtos, nop    , _        );
  def(Bytecodes::_aconst_null        , ____|____|____|____,     vtos, atos,
aconst_null ,_    );
  def(Bytecodes::_iconst_m1 , ____|____|____|____, vtos, itos, iconst   , -1  );
  def(Bytecodes::_iconst_0   , ____|____|____|____, vtos, itos, iconst       ,
0    );
  def(Bytecodes::_istore   , ubcp|____|clvm|____, itos, vtos, istore   , _    );
}
```

TemplateTable::def 函数在设置入口时进行初始化，代码如下。

```
void TemplateTable::def(Bytecodes::Code code, int flags, TosState in, TosState out,
void (*gen)(int arg), int arg) {
  // 应该考虑掉这些常数
  const int ubcp = 1 << Template::uses_bcp_bit;
  const int disp = 1 << Template::does_dispatch_bit;
  const int clvm = 1 << Template::calls_vm_bit;
  const int iswd = 1 << Template::wide_bit;
  // 决定要使用哪个表
  bool is_wide = (flags & iswd) != 0;
  // 确保宽指令具有vtos入口点
  // 由于它们极少被执行，因此没有必要为宽指令额外设置 5 组调度表——为简化直观，它们都使用同一组表
  assert(in == vtos || !is_wide, "wide instructions have vtos entry point only");
  Template* t = is_wide ? template_for_wide(code) : template_for(code);
  // 设置入口
  t->initialize(flags, in, out, gen, arg);
  assert(t->bytecode() == code, "just checkin'");
}
```

预先准备好的 istore_0 汇编模版如下。

```
void TemplateTable::istore() {
  transition(itos, vtos);
  locals_index(rbx);

  //__是 C++语言中的宏定义 _masm->，虚拟机启动时将这个宏定义的汇编代码在内存中保存为机器码
  __ movl(iaddress(rbx), rax);
}
```

8.4.2　代码高速缓存模块

CodeCache 模块用于代码高速缓存。JVM 在内存中分配了一块区域，用作代码缓存区，即 Code Cache。它用来保存那些运行时生成的、可在目标机器上执行的机器码。为了统一管理这些运行时生成的机器码，Hotspot VM 抽象一个 CodeBlob 体系，由 CodeBlob 作为基类表示所有运行时生成的机器码，并衍生各种子类。

nmethod：JIT 编译后的 Java 方法。

BufferBlob：解释器等使用的代码片段。

SingletonBlob：单例代码片段。

RuntimeStub：用于调用 JVM 运行时方法的代码片段。

CodeCache 模块初始化如图 8.15 所示。

```
void CodeCache::initialize() {
  //按照系统的内存页大小对 CodeCache 的参数取整
  //CodeCacheExpansionSize表示CodeCache扩展一次内存空间对应的内存大小，x86下默认值是2304KB
  CodeCacheExpansionSize = round_to(CodeCacheExpansionSize, os::vm_page_size());
```

```
//InitialCodeCacheSize 表示 CodeCache 的初始大小，x86 启用 C2 编译下，默认值是 2304KB
InitialCodeCacheSize = round_to(InitialCodeCacheSize, os::vm_page_size());

//ReservedCodeCacheSize 表示 CodeCache 的最大内存大小，x86 启用 C2 编译下，默认值是 48MB
ReservedCodeCacheSize = round_to(ReservedCodeCacheSize, os::vm_page_size());

//完成 heap 属性的初始化
if          (!_heap->reserve(ReservedCodeCacheSize,          InitialCodeCacheSize,
CodeCacheSegmentSize)) {
  vm_exit_during_initialization("Could not reserve enough space for code cache");
}

//将 CodeHeap 放入一个 MemoryPool 中管理起来
MemoryService::add_code_heap_memory_pool(_heap);

//初始化用于刷新 CPU 指令缓存的 Icache，即生成一段用于刷新指令缓存的汇编代码，此时因为 heap 属性
已初始化完成，所以可以从 CodeCache 中分配 Blob 了
icache_init();

// Windows 上为 CodeCache 中的运行时生成的代码注册结构化异常处理（SEH），主要是 win64 使用
os::register_code_area(_heap->low_boundary(), _heap->high_boundary());
}
```

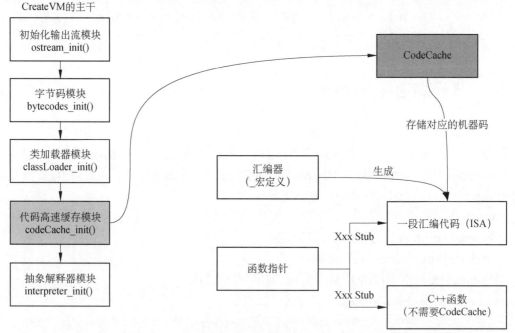

图 8.15　CodeCache 模块初始化

8.4.5　universe_init

universe_init()的主要目的是在 JVM 启动阶段进行堆的初始化、元空间的初始化、数据结构的创建等。这些操作确保 JVM 在开始执行 Java 程序前处于正确的状态。

```
jint universe_init() {
  // 确保在 initialize_vtables 前没有完全初始化
  assert(!Universe::_fully_initialized, "called after initialize_vtables");

  // 确保 LogHeapWordSize 的值与 HeapWord 的大小相匹配
  guarantee(1 << LogHeapWordSize == sizeof(HeapWord),
      "LogHeapWordSize is incorrect.");

  // 确保 oop 的大小不小于 HeapWord 的大小
  guarantee(sizeof(oop) >= sizeof(HeapWord), "HeapWord larger than oop?");

  // 确保 oop 的大小是 HeapWord 大小的倍数
  guarantee(sizeof(oop) % sizeof(HeapWord) == 0,
      "oop size is not not a multiple of HeapWord size");

  // 记录 Genesis 阶段的时间
  TraceTime timer("Genesis", TraceStartupTime);

  // 在引导过程中禁止 GC
  GC_locker::lock(); // do not allow gc during bootstrapping

  // 计算硬编码的 Java 类偏移量
  JavaClasses::compute_hard_coded_offsets();

  // 初始化堆
  jint status = Universe::initialize_heap();
  if (status != JNI_OK) {
    return status;
  }
  //保存非 Java 对象的所有一切的元数据信息
  Metaspace::global_initialize();

  // Create memory for metadata.  Must be after initializing heap for
  // DumpSharedSpaces.
  // 初始化 ClassLoaderData 的空指针
  ClassLoaderData::init_null_class_loader_data();
```

```
// We have a heap so create the Method* caches before
// Metaspace::initialize_shared_spaces() tries to populate them.
// 在初始化 Metaspace 共享空间前创建 Method*缓存
Universe::_finalizer_register_cache = new LatestMethodCache();
Universe::_loader_addClass_cache   = new LatestMethodCache();
Universe::_pd_implies_cache        = new LatestMethodCache();

// 如果使用共享空间
if (UseSharedSpaces) {
    // 读取支持共享空间（如共享系统字典、符号表等）的数据结构。完成续取后，除了已映射区域外，不再需
要访问文件，因此可以关闭文件。关闭文件不会影响当前已映射区域
    // 读取支持共享空间的数据结构（共享系统字典、符号表等）
    MetaspaceShared::initialize_shared_spaces();
    StringTable::create_table();
} else {
    SymbolTable::create_table();
    StringTable::create_table();
    ClassLoader::create_package_info_table();
}

return JNI_OK;
}
```

对这段代码分析如下。

确保在 initialize_vtables 前没有完全初始化：通过断言（assert）检查 Universe::_fully_initialized 是否为假。如果已经完全初始化，则触发断言失败。

确保 LogHeapWordSize 的值与 HeapWord 的大小相匹配：通过 guarantee 函数验证 LogHeapWordSize 的值是否正确，即 1 << LogHeapWordSize 是否等于 sizeof(HeapWord)。这是为了确保在 JVM 内部的内存管理中，对字节大小的期望是正确的。

确保 oop 不小于 HeapWord：通过 guarantee 函数验证 oop 是否大于等于 HeapWord。oop 是指向 Java 对象的指针类型，而 HeapWord 是 JVM 中内存管理的基本单位。

确保 oop 是 HeapWord 的倍数：通过 guarantee 函数验证 oop 是否是 HeapWord 的倍数。这是为了确保在 JVM 内部的内存管理中，对象的大小与内存单位的对齐是一致的。

记录 Genesis 阶段的时间：创建一个 TraceTime 对象，用于记录 Genesis 阶段的时间。TraceStartupTime 是一个跟踪类的标识符，用于表示启动时间的跟踪。

在引导过程中禁止 GC：通过调用 GC_locker::lock()函数禁止在引导过程中进行垃圾回收。这是为了确保在 JVM 初始化期间不干扰对象的创建和初始化过程。

计算硬编码的 Java 类偏移量：通过调用 JavaClasses::compute_hard_coded_offsets()函数计算硬编码的 Java 类偏移量。这些偏移量用于在运行时快速访问类的字段和方法。

初始化堆：调用 Universe::initialize_heap()函数初始化 JVM 的堆。这个函数负责分配堆

空间、设置分代回收策略等。

全局初始化元空间：通过调用 Metaspace::global_initialize()函数全局初始化元空间。元空间是用于存储类的元数据信息的区域

初始化 ClassLoaderData 的空指针：调用 ClassLoaderData::init_null_class_loader_data()函数来初始化 ClassLoaderData 的空指针。这是为了确保在类加载器数据结构初始化前，空指针被正确设置。

在初始化 Metaspace 共享空间之前创建 Method 缓存：在初始化 Metaspace 共享空间前创建，用于缓存 Method 的对象。这些缓存对象用于优化方法调用。

读取支持共享空间的数据结构：如果使用共享空间（UseSharedSpaces 为真），则调用 MetaspaceShared::initialize_shared_spaces()函数读取支持共享空间的数据结构，如共享系统字典、符号表等。同时调用 StringTable::create_table()函数创建字符串表。

如果不使用共享空间：如果不使用共享空间（UseSharedSpaces 为假），则调用 SymbolTable::create_table()函数创建符号表，调用 StringTable::create_table()函数创建字符串表，以及调用 ClassLoader::create_package_info_table()函数创建包信息表。

```
//移除 ifelse 分支，保留主体逻辑
jint Universe::initialize_heap() {
  // 使用分代回收
  GenCollectorPolicy *gc_policy;

  // default old generation
  gc_policy = new MarkSweepPolicy();

  // 初始化 GC 算法
  gc_policy->initialize_all();

  // 负责 Java 对象分配的 CollectedHeap 引用（用于内存管理）
  Universe::_collectedHeap = new GenCollectedHeap(gc_policy);

  // 初始化 collectedHeap
  jint status = Universe::heap()->initialize();
  if (status != JNI_OK) {
    return status;
  }
  return JNI_OK;
}
```

这段代码的作用是通过分代回收策略和 GC 算法初始化 JVM 的堆。它创建了一个 GenCollectedHeap 对象，作为内存管理和对象分配的入口，并执行一些必要的初始化操作。这些操作包括选择 GC 算法、配置 GC 参数、分配堆内存等。这样，JVM 在启动时就具备了一个初始化的堆，可以用于对象的分配和垃圾回收。

创建分代回收策略：在这段代码中，首先创建了一个 GenCollectorPolicy 类型的指针变

量 gc_policy。GenCollectorPolicy 是一个抽象类，用于实现不同的分代回收策略。在这里，默认使用的是 MarkSweepPolicy，即标记-清除算法，适用于老年代的垃圾回收。

初始化 GC 算法：通过调用 gc_policy->initialize_all()初始化分代回收策略。这个方法负责设置和配置 GC 算法中的各种参数和数据结构。

创建 CollectedHeap 对象：使用 gc_policy 作为参数，创建一个 GenCollectedHeap 对象，并将其赋值给 Universe::_collectedHeap。GenCollectedHeap 是 JVM 中负责内存管理和对象分配的核心类，它封装了堆的相关操作。

初始化 collectedHeap：调用 Universe::heap()->initialize()方法初始化 collectedHeap 对象。该方法执行一系列的初始化步骤，包括设置堆的大小、分配内存空间等。

返回状态值：根据初始化的结果，如果初始化成功，则返回 JNI_OK，否则返回相应的错误状态码。

```
jint GenCollectedHeap::initialize() {
//初始化钩子函数
CollectedHeap::pre_initialize();

int i;
_n_gens = gen_policy()->number_of_generations();

// 虽然 GC 代码中没有限制 HeapWordSize 必须是某个特定值，但系统中有多个其他部分错误地假设了这一
点（例如，在某些情况下，oop->object_size 不正确地以 wordSize 单位返回大小，而不是 HeapWordSize）
// 确保 HeapWordSize 等于 wordSize
guarantee(HeapWordSize == wordSize, "HeapWordSize must equal wordSize");

// 堆必须至少与几代一样对齐
// 计算分代对齐的字节数
size_t gen_alignment = Generation::GenGrain;

_gen_specs = gen_policy()->generations();

// 确保各代的大小都按照对齐要求进行对齐
for (i = 0; i < _n_gens; i++) {
  _gen_specs[i]->align(gen_alignment);
}

// 为堆分配空间
char* heap_address;
size_t total_reserved = 0;
int n_covered_regions = 0;
ReservedSpace heap_rs;

size_t heap_alignment = collector_policy()->heap_alignment();

heap_address = allocate(heap_alignment, &total_reserved,
```

```
                           &n_covered_regions, &heap_rs);

  if (!heap_rs.is_reserved()) {
    vm_shutdown_during_initialization(
      "Could not reserve enough space for object heap");
    return JNI_ENOMEM;
  }

  _reserved = MemRegion((HeapWord*)heap_rs.base(),
                        (HeapWord*)(heap_rs.base() + heap_rs.size()));

  // 这样做很重要，以确保并发读取器不会暂时认为堆中存在某些东西。（在断言中见过这种情况发生。）
  // 设置堆的起始和结束地址
  _reserved.set_word_size(0);
  _reserved.set_start((HeapWord*)heap_rs.base());
  size_t actual_heap_size = heap_rs.size();
  _reserved.set_end((HeapWord*)(heap_rs.base() + actual_heap_size));

  // 创建 Remembered Set
  _rem_set = collector_policy()->create_rem_set(_reserved, n_covered_regions);
  set_barrier_set(rem_set()->bs());

  _gch = this;

    // 为每个分代初始化内存区域
  for (i = 0; i < _n_gens; i++) {
    ReservedSpace this_rs = heap_rs.first_part(_gen_specs[i]->max_size(), false,
false);
    _gens[i] = _gen_specs[i]->init(this_rs, i, rem_set());
    heap_rs = heap_rs.last_part(_gen_specs[i]->max_size());
  }
  clear_incremental_collection_failed();

  return JNI_OK;
}
```

这段代码是 GenCollectedHeap 类中初始化堆的重要步骤，包括分配堆空间、创建 Remembered Set（记忆集）、初始化各个分代等操作，为后续的对象分配和垃圾回收提供必要的基础。

初始化钩子函数：通过调用 CollectedHeap::pre_initialize()函数执行一些初始化操作，准备分代收集堆的数据结构。

获取分代策略和分代数目：通过 gen_policy()->number_of_generations()获取分代收集策略的数量，一般情况为 2 代。

堆的对齐和大小设置：确保 HeapWordSize 等于 wordSize，以保证系统中多个部分对堆字节大小的期望是一致的。然后，根据分代粒度（Generation::GenGrain）对各个分代的大小进行对齐。

分配堆空间：通过调用 allocate()函数为堆分配一块连续的内存空间，满足堆的对齐要求。分配的过程中还记录了总共预留的内存空间大小、涵盖的区域数等信息。

设置堆的起始和结束地址：根据分配得到的内存空间，设置堆的起始和结束地址，以及堆的大小。

创建 Remembered Set：调用 collector_policy()->create_rem_set()函数创建 Remembered Set，用于记录各个分代之间的引用关系。

设置 Barrier Set（屏障集）：通过调用 set_barrier_set()函数设置屏障集，用于在对象引用发生变化时进行相应的处理。

初始化各个分代：通过遍历各个分代，在每个分代上初始化内存区域。这里使用_gen_specs[i]->init()函数初始化各个分代的内存区域，该函数根据预留的内存空间进行划分。

清除增量收集失败标志：在初始化过程中，清除增量收集失败的标志位。

函数返回 JNI_OK 表示初始化成功。

8.4.3　StubRountines

StubRoutines 是一个 Holder 类，它包含一系列编译程序或 JVM 运行时系统使用的关键函数的地址，其定义在 hotspot src/share/vm/runtime/stubRoutines.hpp 中。可以通过 StubRoutines 获取这些函数的内存地址，然后通过指针的方式调用目标函数。如图 8.16 所示。

```
// 调用 Java
typedef void (*CallStub)(
  address   link,
  intptr_t* result,
  BasicType result_type,
  Method* method,
  address   entry_point,
  intptr_t* parameters,
  int       size_of_parameters,
  TRAPS
);

static CallStub call_stub() { return CAST_TO_FN_PTR(CallStub, _call_stub_entry); }
```

CallStub 是这个函数的别名，实际上解释器执行字节码的终极入口点。CAST_TO_FN_PTR 宏定义用于完成指针类型转换。

stubRoutines_init1 和 stubRoutines_init2 相关内容介绍如下。

我们重点关注 StubRoutines 类的两个静态初始化方法 initialize1 和 initialize2 的实现，以此为入口了解该类的用法。

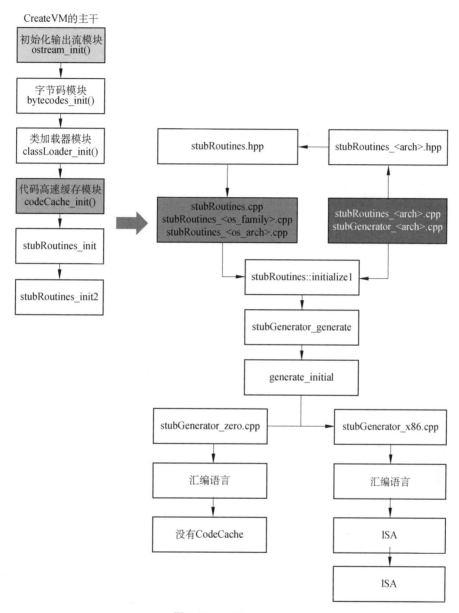

图 8.16　stubRountines

```
void StubRoutines::initialize1() {
  if ( _code1 == NULL) {
    //资源标识，当它的析构函数被调用时，用于释放所有被构造后的资源
    ResourceMark rm;

    //跟踪启动时间
```

```
      TraceTime timer("StubRoutines generation 1", TraceStartupTime);

      //创建一个保存不会重定位的本地代码的 Blob
      _code1 = BufferBlob::create("StubRoutines (1)", code_size1);

      if (_code1 == NULL) {
        //创建失败抛出 OOM_MALLOC_ERROR
        vm_exit_out_of_memory(code_size1, OOM_MALLOC_ERROR, "CodeCache: no room for
StubRoutines (1)");
      }
      CodeBuffer buffer(_code1);

      //生成字节码解释模板
      StubGenerator_generate(&buffer, false);
    }
  }
  void StubRoutines::initialize2() {
    if (_code2 == NULL) {
      ResourceMark rm;
      TraceTime timer("StubRoutines generation 2", TraceStartupTime);
      _code2 = BufferBlob::create("StubRoutines (2)", code_size2);
      if (_code2 == NULL) {
        vm_exit_out_of_memory(code_size2, OOM_MALLOC_ERROR, "CodeCache: no room for
StubRoutines (2)");
      }
      CodeBuffer buffer(_code2);
      //跟 initialize1 不同的是，这里传入的是 true，其他的都一样
      StubGenerator_generate(&buffer, true);
    }
  void StubGenerator_generate(CodeBuffer* code, bool all) {
    StubGenerator g(code, all);
  }
  public:
   StubGenerator(CodeBuffer* code, bool all) : StubCodeGenerator(code) {
     // 使用特殊的汇编器替换标准汇编器：
     _masm = new MacroAssembler(code);

     _stub_count = !all ? 0x100 : 0x200;
     if (all) {
       generate_all();
     } else {
       generate_initial();
     }

     // 确保此存根对所有本地调用都可用
     if (_atomic_add_stub.is_unbound()) {
       // 如果有必要，将生成第二次
       (void) generate_atomic_add();
```

```
  }
 }
```

8.4.6　marksweep_init

marksweep_init 是垃圾回收算法中的初始化过程，代码如下。

```
virtual void initialize_all() {
 //初始化所有
 CollectorPolicy::initialize_all();

 //初始化代，由子类（新生代，老年代）实现，我们来分析 MarkSweepPolicy 的初始化逻辑
 initialize_generations();
}

public:
 virtual void initialize_all() {
  //初始化对齐
  initialize_alignments();

  //初始化标志位
  initialize_flags();

  //初始化大小
  initialize_size_info();
 }
```

在垃圾回收算法中，CollectorPolicy 是一个抽象类，它定义了垃圾回收策略的接口。

initialize_all()函数是 CollectorPolicy 类中的一个虚函数，用于初始化垃圾回收策略的各个方面。具体到 MarkSweepPolicy 类，它是一种实现了 CollectorPolicy 接口的垃圾回收策略，用于老年代的垃圾回收。

在 MarkSweepPolicy 类中，initialize_all()函数进一步调用了 initialize_alignments()、initialize_flags()和 initialize_size_info()等函数，用于初始化垃圾回收算法的对齐、标志位和大小等方面的信息。

```
void MarkSweepPolicy::initialize_generations() {
 //分为2代
 _generations = NEW_C_HEAP_ARRAY3(GenerationSpecPtr, number_of_generations(), mtCC,
0, AllocFailStrategy::RETURN_NULL);
 if (_generations == NULL) {
  vm_exit_during_initialization("Unable to allocate gen spec");
 }

 if (UseParNewGC) {
  _generations[0] = new GenerationSpec(Generation::ParNew, _initial_gen0_size,
_max_gen0_size);
```

```
    } else {
      _generations[0] = new GenerationSpec(Generation::DefNew, _initial_gen0_size,
_max_gen0_size);
    }
    //标记清除压缩算法
    _generations[1] = new GenerationSpec(Generation::MarkSweepCompact, _initial_gen1_
size, _max_gen1_size);

    if ( _generations[0] == NULL || _generations[1] == NULL) {
      vm_exit_during_initialization("Unable to allocate gen spec");
    }
  }
```

MarkSweepPolicy 类中的 initialize_generations()函数，用于初始化垃圾回收策略中的分代信息。

分代数组的分配：通过 NEW_C_HEAP_ARRAY3 函数分配了一个 GenerationSpecPtr 类型的数组 _generations，其大小为 number_of_generations()，即两代（新生代和老年代）。如果分配失败，则调用 vm_exit_during_initialization()函数退出虚拟机初始化过程。

分代对象的初始化过程如下。

（1）根据 UseParNewGC 的设置，将新生代设置为 Generation::ParNew 或 Generation:: DefNew。

（2）将老年代设置为 Generation::MarkSweepCompact，即标记-清除-压缩算法。

分代对象的分配检查：检查新生代和老年代的分代对象是否成功分配。如果分配失败，则调用 vm_exit_during_initialization()函数退出虚拟机初始化过程。

8.5　小　　结

本章要点总结如下。

☑　介绍了 Hotspot 的启动过程，以 JavaMain()函数为突破点，开启了我们对 JVM 源码的阅读。

☑　介绍了类加载器，从 JVM 虚拟机的角度出发，介绍了三层类加载器和双亲委派模型，为我们深入理解 JVM 原理奠定了基础。

☑　介绍了 create_vm()函数，在整个 JVM 源码中，create_vm 函数是其核心部分，它完成了 JVM 系统中大多数模块的初始化工作。

☑　介绍了 JVM 如何初始化全局模块，并针对主要模块进行了详细解读。

☑　结合构建混沌树的主干和枝叶的方法，将所学知识进行关联，如图 8.17 所示。

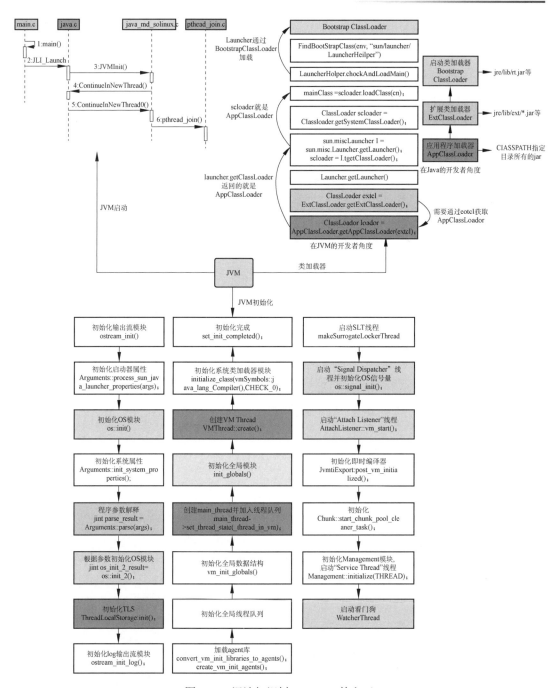

图 8.17　混沌知识树——JVM 的主干